"十二五"普通高等教育本科国家级规划教材

普通高等教育工业设计专业"十三五"规划教材

JIAOHU SHEJI

交互设计

（第二版）

李世国　顾振宇　编　著

U0237856

中国水利水电出版社
www.waterpub.com.cn

内 容 提 要

本书全面介绍了交互设计的起源、基本概念和交互系统的组成以及交互设计过程中的主要方法、原则和评估技术。全书共9章，第1～4章阐述了交互设计的基础，包括对交互设计的认知、交互系统的要素、交互系统设计的目标、识别用户需求与用户研究方法、行为与交互行为特征等；第5章介绍了现代人机交互技术和应用，以及目前备受关注的物联网概念与相关技术；第6～8章论述了在交互设计中常用的方法、工具和流程，讲述了常用工具的使用方法和实例；第9章介绍了典型设计案例，包括用户分析、原型设计、交互行为设计及交互界面设计等方面。

本书适用于工业设计和产品设计专业的师生作为基础课教材，也可供有兴趣的读者作为参考。本书配套有教学课件，欢迎各位读者登陆 http://www.waterpub.com.cn/softdown 免费下载。

图书在版编目（ＣＩＰ）数据

交互设计 / 李世国，顾振宇编著. -- 2版. -- 北京：
中国水利水电出版社，2016.4（2024.1 重印）
普通高等教育工业设计专业"十三五"规划教材
ISBN 978-7-5170-4229-7

Ⅰ．①交… Ⅱ．①李… ②顾… Ⅲ．①人-机系统－系
统设计－高等学校－教材 Ⅳ．①TP11

中国版本图书馆CIP数据核字 (2016) 第069437号

书　　名	普通高等教育工业设计专业"十三五"规划教材 **交互设计（第二版）**	
作　　者	李世国　顾振宇　编著	
出版发行	中国水利水电出版社 （北京市海淀区玉渊潭南路1号D座　100038） 网址：www.waterpub.com.cn E-mail：sales@waterpub.com.cn 电话：（010）68367658（营销中心）	
经　　售	北京科水图书销售中心（零售） 电话：（010）88383994、63202643、68545874 全国各地新华书店和相关出版物销售网点	
排　　版	中国水利水电出版社微机排版中心	
印　　刷	清淞永业（天津）印刷有限公司	
规　　格	210mm×285mm　16开本　14印张　340千字	
版　　次	2012年1月第1版　　2015年3月第3次印刷 2016年4月第2版　　2024年1月第6次印刷	
印　　数	14001—15000册	
定　　价	68.00元	

序

工业设计的专业特征体现在其学科的综合性、多元性及系统复杂性上，设计创新需符合多维度的要求，如用户需求、技术规则、经济条件、文化诉求、管理模式及战略方向等，许许多多的因素影响着设计创新的成败，较之艺术设计领域的其他学科，工业设计专业对设计人才的思维方式、知识结构、掌握的研究与分析方法、运用专业工具的能力，都有更高的要求，特别是现代工业设计的发展，在不断向更深层次延伸，越来越呈现出与其他更多学科交叉、融合的趋势。通用设计、可持续设计、服务设计、情感化设计等设计的前沿领域，均表现出学科大融合的特征，这种设计发展趋势要求我们对传统的工业设计教育做出改变。同传统设计教育的重技巧、经验传授，重感性直觉与灵感产生的培养训练有所不同，现代工业设计教育更加重视知识产生的背景、创新过程、思维方式、运用方法，以及培养学生的创造能力和研究能力，因为工业设计人才的能力是由发现问题的能力、分析问题的能力和解决问题的能力综合构成的，具体地讲就是选择吸收信息的能力、主体性研究问题的能力、逻辑性演绎新概念的能力、组织与人际关系的协调能力。学生们这些能力的获得，源于系统科学的课程体系和渐进式学程设计。十分高兴的是，由中国水利水电出版社出版的"普通高等教育'十二五'规划教材"，有针对性地为工业设计课程教学的教师和学生增加了学科前沿的理论、观念及研究方法等方面的知识，为通过专业课程教学提高学生的综合素质提供了基础素材。

这套教材从工业设计学科的理论建构、知识体系、专业方法与技能的整体角度，建构了系统、完整的专业课程框架，此种框架既可以被应用于设计院校的工业设计学科整体课程构建与组织，也可以应用于工业设计课程的专项知识与技能的传授与培训，使学习工业设计的学生能够通过系统性的课程学习，以基于探究式的项目训练为主导、社会化学习的认知过程，学习和理解工业设计学科的理论观念，掌握设计创新活动的程序方法，构建支持创新的知识体系并在项目实践中完善设计技能，"活化"知识。同时，这套教材也为国内众多的设计院校提供了专业课程教学的整体框架、具体的课程教学内容以及学生学习的途径与方法。

这套教材的主要成因，缘起于国家及社会对高质量创新型设计人才的需求，以及目前我国新设工业设计专业院校现实的需要。在过去的二十余年里，我国新增数百所设立工业设计专业的高等院校，在校学习工业设计的学生人数众多，亟须系统、规范的教材为专业教学提供支撑，因为设计创新是高度复杂的活动，需要设计者集创造力、分析力、经验、技巧和跨学科的知识于一体，才能走上成功的路径。这样的人才培养目标，需要我们的设计院校在教育理念和哲学思考上做出改变，以学习者为核心，所有的教学活动围绕学生个体的成长，在专业教学中，以增进学生的创造力为目标，以工业设计学科的基本结构为教学基础内容，以促进学生再发现为学习的途径，以深层化学习为方法，以跨学科探究为手段，以个性化的互动为教学方式，使我们的学生在高校的学习中获得工业设计理论观念、专业精神、知识技能以及国际化视野。这套教材是实现这个教育目标的基石，好的教材结合教师合理的学程设计能够极大地提高学生们的学习效率。

改革开放以来，中国的发展速度令世界瞩目，取得了前人无可比拟的成就，但我们应当清醒地认识到，这是以量为基础的发展，我们的产品在国际市场上还显得竞争力不足，企业的设计与研发能力薄弱，产品的设计水平同国际先进水平仍有差距。今后我国要实现以高新技术产业为先导的新型产业结构，在质量上同发达国家竞争，企业只有通过设计的战略功能和创新的技术突破，创造出更多自主品牌价值，才能使中国品牌走向世界并赢得国际市场，中国企业也才能成为具有世界性影响的企业。而要实现这一目标，关键是人才的培养，需要我们的高等教育能够为社会提供高质量的创新设计人才。

从经济社会发展的角度来看，全球经济一体化的进程，对世界各主要经济体的社会、政治、经济产生了持续变革的压力，全球化的市场为企业发展提供了广阔的拓展空间，同时也使商业环境中的竞争更趋于激烈。新的技术及新的产品形式不断产生，每个企业都要进行持续的创新，以适应未来趋势的剧烈变化，在竞争的商业环境中确立自己的位置。在这样变革的压力下，每个企业都将设计创新作为应对竞争压力的手段，相应地对工业设计人员的综合能力有了更高的要求，包括创新能力、系统思考能力、知识整合能力、表达能力、团队协作能力及使用专业工具与方法的能力。这样的设计人才规格诉求，是我们的工业设计教育必须努力的方向。

从宏观上讲，工业设计人才培养的重要性，涉及的不仅是高校的专业教学质量提升，也不仅是设计产业的发展和企业的效益与生存，它更代表了中国未来发展的全民利益，工业设计的发展与时俱进，设计的理念和价值已经渗入人类社会生活的方方面面，在生产领域，设计创新赋予企业以科学和充满活力的产品研发与管理机制；在商业流通领域，设计创新提供经济持续发展的动力和契机；在物质生活领域，设计创新引导民众健康的消费理念和生活方式；在精神生活领域，设计创新传播时代先进文化与科技知识并激发民众的创造力。今后，设计创新活动将变得更加重要和普及，工业设计教育者以及从事设计活动的组织在今天和将来都承担着文化和社会责任。

中国目前每年从各类院校中走出数量庞大的工业设计专业毕业生，这反映了国家在社会、经济以及文化领域等方面发展建设的现实需要，大量的学习过设计创新的年轻人在各行各业中发挥着他们的才干，这是一个很好的起点。中国要由制造型国家发展成为创新型国家，还需要大量的、更高质量的、充满创造热情的创新设计人才，人才培养的主体在大学，中国的高等院校要为未来的社会发展提供人才输出和储备，一切目标的实现皆始于教育。期望这套教材能够为在校学习工业设计的学生及工业设计教育者提供参考素材，也期望设计教育与课程学习的实践者，能够在教学应用中对它做出发展和创新。教材仅是应用工具，是专业课程教学的组成部分之一，好的教学效果更多的还是来自于教师正确的教学理念、合理的教学策略及同学习者的良性互动方式上。

2011 年 5 月

于清华大学美术学院

第二版前言
Second Preface

　　本书作者通过多年实际教学和科研工作，在《交互设计》第一版的基础上对本书内容进行了全新升级，是教育部人文社会科学研究规划基金项目的后续成果之一。

　　本书从系统的角度将交互设计界定为交互系统设计，将交互设计定位于产品设计中的全过程，用原型设计与评估一系列迭代过程来更新工业设计中概念开发与模型制作模式。将交互设计定位于基于工业设计理念的更新、科学的交互设计方法的运用、交互式产品的开发三个层面。结合当前国内交互设计的研究现状、文献研究、专题研究、理论和实践相结合的方法构建了交互设计教学体系。针对设计类学生的知识结构和特点对章节的布局、内容、知识点以及课程设计作品等进行了精心的设计。《交互设计》第一版出版以来，得到了专家的认可和读者的好评，2014年列入"十二五"普通高等教育本科国家级规划教材，2015年获中国轻工业优秀教材一等奖。

　　《交互设计》第二版在体系结构上仍保持第一版的格局，在内容上根据交互设计的研究前沿增加或调整了部分内容，对各章中引用的部分图例根据最新技术和产品的发展进行了更新，对第8章内容做了较大的调整，增加了有关交互设计原型设计工具的最新信息。第9章的内容全部做了调整，更换了比较新的设计作品，附录的内容也全部更新。

　　交互设计是一门不断发展的学科，诸多设计概念、设计原则和设计方法等随着信息技术的进步发生变化，第二版虽然在相关内容上进行了修正和补充，但由于作者水平有限，尚存在诸多不足之处，欢迎读者提出宝贵意见。

编者

2016 年 1 月于无锡

第一版前言
First Preface

　　交互是一种行为，是为了交流、沟通和理解。人与人之间之所以有误会，人使用产品之所以存在问题，都与交互有关。误会之所以产生，缺少的是信息的交互；问题之所以存在，缺少的是人与产品间的相互理解。在计算机领域，为什么要提出"人机交互"呢？因为普通人不理解机器语言，机器也不理解人的自然语言，这就需要人机交互设计来解决这种困惑。人与计算机的交互如此，人与更广泛的其他产品的交互同样如此，如果各方能相互理解，交互就不会有问题。因此，交互设计的提出是为了解决目前人与产品之间在交互方面存在的问题，是为了人与物之间的协调与和谐。

　　交互设计的创始人比尔·莫格里奇提出的"交互设计已死，体验设计长存"说明了什么？飞利浦优质生活事业部交互设计创意总监 Paul Neervoort 认为并非是我们不需要交互设计，而是强调不再必须把交互设计定义为原则了，因为交互设计已经成为人人共知的常识。换句话说，我们需要将交互设计原则融于设计活动之中。

　　交互设计并不只是设计活动中的一个过程，也并不只是关注软件界面设计和网页设计，交互设计的思想、原则和方法应贯穿在整个工业设计过程之中，是"为沟通和交互而设计"（马萨诸塞艺术与设计学院动态媒体系信息设计专业教授 Jan Kubasiewicz），"设计的对象是人的活动"（卡内基梅隆大学设计哲学博士辛向阳）。

　　设计心理学、认知心理学、人类学、人机工程学、人机交互、信息科学和工程学等多学科融合产生了交互设计。本书以这些学科理论为基础，从交互系统、用户研究、交互技术、设计方法和应用等方面进行分析和阐述，介绍了与交互设计相关的著名学者观点、重要的交互设计原则和技能，其中也包含了许多作者的观点、深入的分析、系统的归纳、有一定学术价值的见解和有应用价值的操作方法。

　　本书的总体结构和统稿由江南大学设计学院李世国负责。第 1 章由上海交通大学媒体与设计学院顾振宇博士撰写，第 7 章第 2 节的主要内容由淘宝网用户研究技术研发部的资深用户体验研究员费钎撰写，其余各章节由李世国撰写。研究生王玉珊、关一脉、赵玉航、朱璟、赵婷、张慧忠、于明霞和高玉鹏等参加了书中部分图形的绘制工作。

　　在本书的编写过程中，得到了中国水利水电出版社编辑的大力支持和帮助，清华大学美术学院工业设计系主任刘振生教授提出了许多宝贵的意见，在此向他们表示衷心的感谢。

　　由于编者水平有限，书中难免会有不当之处，请读者批评指正。

本书得到了 2010 年度江苏高校哲学社会科学重点研究基地重大项目（工业设计创新系统理论研究编号：2010JDXM005）和 2011 年度教育部人文社会科学研究规划基金项目（编号：11YJA760037）的资助。

编者
2011 年 10 月于无锡

作者简介

李世国　江南大学设计学院　教授

211-3 期建设工业设计方向首席教授，加拿大西蒙菲莎大学交互艺术与技术学院高级访问学者，入选江苏省"333 工程"。

获国家科技进步三等奖一项，主持并完成国家"九五"重点科技攻关子项目两项、江苏省"333 工程"资助一项，其他科研项目 30 余项。

先后在《装饰》《包装工程》和《机械设计》等杂志上发表论文 90 余篇。

主编国家标准一部，出版著作五部、译著五部。

从事工业设计、交互设计和计算机辅助设计方面的研究。

顾振宇　上海交通大学媒体与设计学院　研究员

1994 年毕业于无锡轻工业学院（现江南大学）工业设计专业，同年留校任教。

2000—2006 年，担任香港理工大学设计系主任 John Hamilton Frazer 教授的助理。

2006 年在香港理工大学获得博士学位，对互动媒体和信息产品的设计和开发有多年的研究。

2008 年在上海交通大学建立交互设计实验室，目前在该实验室主持和承担相关领域纵向和横向多项课题。

目 录
Contents

序

第二版前言

第一版前言

第1章 概述 ··· 001
  1.1 交互设计的起源 ··· 001
  1.2 交互设计的设计本质 ····································· 008
  1.3 交互设计中的系统观 ····································· 009
  1.4 交互设计的基本目标 ····································· 010
  1.5 交互设计的意义与流程 ·································· 011
  1.6 交互形式——追求自然的交互 ······················· 012
  1.7 对交互设计有较大影响的学者 ······················· 014
  本章思考题 ··· 015
  本章参考文献 ·· 016

第2章 交互系统与设计目标 ·································· 017
  2.1 交互系统 ·· 017
  2.2 交互系统设计的基本构架 ······························ 019
  2.3 交互系统设计的和谐关系 ······························ 021
  2.4 交互系统设计的目标 ····································· 025
  本章小结 ··· 033
  本章思考题 ··· 033
  本章课程作业 ·· 033
  本章参考文献 ·· 033

第3章 以人为本与用户需求 ·································· 035
  3.1 如何理解以人为本 ······································· 035
  3.2 用户的概念 ··· 036
  3.3 从不同视角理解用户 ····································· 038

3.4　如何识别用户需求 ·· 047

本章小结 ·· 054

本章思考题 ··· 054

本章课程作业 ··· 054

本章参考文献 ··· 055

第 4 章　用户行为与交互形式 ··· 056

4.1　行为与交互行为 ·· 056

4.2　交互行为的过程与用户的认知"鸿沟" ································· 058

4.3　交互行为特征与交互行为 ·· 062

本章小结 ·· 077

本章思考题 ··· 077

本章课程作业 ··· 077

本章参考文献 ··· 078

第 5 章　交互技术和应用 ·· 079

5.1　技术的意义与价值 ··· 079

5.2　现代人机交互技术 ··· 082

5.3　物联网技术简介 ·· 093

本章小结 ·· 103

本章课程作业 ··· 104

本章参考文献 ··· 104

第 6 章　交互设计方法 ·· 106

6.1　Dan Saffer 提出的 4 种交互设计方法 ······························· 106

6.2　以用户为中心的设计方法 ·· 110

6.3　以目标为导向的设计方法 ·· 115

6.4　卡片分类法 ·· 118

6.5　创新设计方法 ··· 124

本章小结 ·· 129

本章思考题 ··· 129

本章课程作业 ··· 130

本章参考文献 ··· 130

第 7 章　交互设计过程 ·· 131

7.1　交互设计过程模型 ··· 131

7.2　交互设计过程中的用户研究 ·· 136

7.3 交互设计过程中的需求建立 ………………………………………………… 151

7.4 设计阶段的有关工具 ……………………………………………………… 156

本章小结 ……………………………………………………………………… 161

本章思考题 …………………………………………………………………… 161

本章课程作业 ………………………………………………………………… 161

本章参考文献 ………………………………………………………………… 162

第 8 章　原型构建与设计评估 ……………………………………………… 163

8.1 原型的意义与类型 ……………………………………………………… 163

8.2 原型设计工具 …………………………………………………………… 166

8.3 交互设计过程中的评估 ………………………………………………… 172

本章小结 ……………………………………………………………………… 181

本章思考题 …………………………………………………………………… 182

本章课程作业 ………………………………………………………………… 182

本章参考文献 ………………………………………………………………… 182

第 9 章　交互设计作品 ……………………………………………………… 184

附录 1　交互设计课程大作业 ……………………………………………… 198

附录 2　面向老年人的手机交互设计（节选）……………………………… 201

第1章
Chapter1

概述

　　什么是交互设计？交互设计定义了两个或多个互动个体之间交流的内容和结构，使之相互配合，共同达成某种目的。这些个体指的是人及其使用的产品和接受的服务。交互设计试图去创造和建立人与产品及服务之间有意义的关系，以"在充满社会复杂性的物质世界中嵌入信息技术"为中心（embedding information technology into the ambient social complexities of the physical world.—McCullough，Malcolm）。

　　交互性，并不仅限于以信息技术为核心的产品系统，还包括其他非电子类产品、服务和组织。本质上，所有人都拥有交互的能力，人们从成为一个物种以来一直离不开交互，因为大部分人类的交流方式，不管是语言的还是非语言的，都具有交互性。但是"交互"成为一个设计话题仅仅是最近30年的事情，与计算机、信息和通信技术的发展密切相关。

1.1　交互设计的起源

　　交互设计起源于计算机的人机界面设计。

　　从1666年英国人Samuel Morland发明了可以计算加数及减数的一部机械计数机开始，到20世纪中期电子计算机的出现，计算机只是替代人从事数据计算的一台机器。设计这些笨重的计算机器的唯一目的是使机器运行速度更快，计算能力更强。直到20世纪70年代，计算机一直属于少数专业技术人员操控的特殊机器，这些技术人员非常了解这些机器的运作机制。他们的工作是把一个复杂的计算过程加以分解，从数值计算和逻辑电路的基本操作的角度，撰写一连串令普通人费解的编码，并用穿孔纸带输入（这种纸带最早发明于自动控制提花纺织机械，如图1-1-1所示），控制计算机的运行，计算机的工作主要是科学计算，离普通人的生活很遥远。

　　在计算机的发展史上，1972年是一个节点，之后的计算机习惯上

图1-1-1　早期用于计算机输入和程序记录的穿孔纸带

被称为第四代计算机。由于大规模集成电路，以及后来的超大规模集成电路的出现，计算机功能更强，体积更小。1972 年 4 月 1 日，英特尔推出 8008 微处理器，奠定了计算机微型化的基石。同一年，C 语言开发完成，其语法与自然语言比较接近，这是一种非常强大的语言，可用于开发系统软件，其主要设计者是 UNIX 系统的开发者之一 Dennis Ritche。同年，美国高级研究计划署（ARPA）推出互联网始祖 ARPANET，Internet 革命拉开序幕。

但对于交互设计而言更具标志性的事件是 1972—1973 年间推出的 Xerox Alto 计算机，Alto 是首台基于图形界面的计算机，也是第一台努力适应人类的思维和使用习惯，从普通使用者的理解力和能力角度设计的计算机，Alto 由施乐研究中心（Xerox PARC）开发，它拥有一个位图显示器、鼠标，内置了以太网卡和硬盘，带有键盘，还有"所见即所得"的文本处理器。要知道，10 年后 Macintosh 和 Windows PC 才受此启发相继出现，甚至连公认的第一台个人计算机 MITS Altair（仍旧采用二进制操作界面）2 年后才问世。在 1973 年，用于办公、生活和娱乐等目的的个人计算机市场还并不存在，所以施乐的管理层并没有意识到 Alto 的重要意义。Alto 的商用版本 Star 在近 10 年后才推向市场，可是为时已晚，它面对的是与 Macintosh 之间的竞争，当时很多 Alto 的开发人员已转投到了 Apple 门下。

Star 以及 Apple 的 Lisa，奠定了以窗口（Windows）、菜单（Menu）、图标（Icons）和指示装置（Pointing Devices）为基础的图形用户界面，也称 WIMP 界面的基本形态。图形用户接口（Graphical User Interface，GUI）与早期计算机使用的命令行界面相比，图形界面对于用户来说更为简便易用。GUI 的广泛应用是当今计算机发展的重大成就之一，它极大地方便了非专业用户的使用，人们从此不再需要死记硬背大量的命令，取而代之的是通过窗口、菜单和按键等方式方便地进行操作。

1.1.1 计算机成为设计的对象

1979 年出现了首批真正的个人计算机程序，其中包括 VisiCorp 公司的 VisiValc，这是第一种基于个人计算机的电子数据表，Micropro 公司的 Wordstar 文字处理软件。正是由于这样的一批应用软件使得计算机从爱好者的玩具变成了现代办公室必备的设备。个人计算机开始普及，应用软件越来越多，易用性的问题便凸显出来。在 1981 年 Xerox Alto 机器的商用版本 Star 的开发中，交互界面的设计问题受到重视。从 Star 开始，"设计"开始被有意识地应用到解决人机交互界面问题中。1981 年，Bill Maggridge 设计出第一台笔记本电脑"Grid Compass"，随后 1984 年他在一次会议中提出交互设计的概念，一开始只是想着将软件与用户界面设计的结合，因此称为"软面"（soft face），随后更名为"交互设计"（Interaction Design）。

由于计算机软硬件的复杂性已经超出了普通人的理解和认知能力，计算机对于很多人而言是一个黑盒子，人们只能通过其中软件的界面看到操作结果，所以当软件缺少人性化的设计时，挫折、沮丧、甚至抓狂便成了常有的事。当时，大多数的软件程序的开发和设计工作都是由程序员主导来完成，通常程序员和普通用户对某个软件的认识会存在差异，导致程序员设计出的软件用户很难理解，用户需要去适应这些非常"专业"的程序。大多数软件如此糟糕的一个主要原因是根本没有经过设计。程序的架构常常更强调程序功能内部实现，而不是软件的外部设计和交互方式。一些参与软件编程的计算机专业人士和一些设计师开始对这一问题进行了深刻的思考。设计师 Mitchell Kapor 于 1991 年在《Dr. Dobbs Journal》杂志上发表了《软件设计宣言》一文，引起了西方计算机软件领域的广泛注意。Kapor

认为需要把软件设计看作是一种职业，而不是经理或者程序员的附属工作。他将软件设计与软件编程的差别类比为建筑师和工程师之间的差异。建筑师是一种专门职业，全面负责建筑的修建，建筑与工程作为学科是对等的，但是实际设计和修建建筑的过程中，首先要找建筑师，而不是工程师。因为好的建筑的要素在很大程度上不是工程所要解决的问题。工程所要解决的是类似材料稳固性、财政预算和可构建性等。在计算机程序中，各种组件和应用程序要素的选择必须由合适的整体使用条件和用户需求所决定，通过某种智能和有意识的设计过程驱动，这一切都是通过软件设计人员而不是编程人员来做到的。罗马建筑评论家 Vitruvius 指出，设计良好的建筑应该是能够展现出稳固、实用和愉悦的建筑。对于好的软件也是这样。稳固：程序不能有影响其功能的错误；实用：程序应该满足所期望的实用要求；愉悦：使用程序的体验应该是愉快的。

早期，从使用者认知的角度改善易用性的一个成功尝试是 Star 系统，David E. Liddle（Star 系统的开发者之一）首先在软件界面设计中使用图形比拟。他把图形用户界面分成 3 个方面的组件：信息的显示、控制（命令机制）和用户概念模型。第 1 种组件是信息显示，即处理要在屏幕上显示的内容。这种组件把所有这些相对琐碎的问题，例如窗口边框和按钮应该具有什么样的外观，应该使用什么样的字体以及在哪里显示等封装起来。这种组件很重要，但是从易用性的立场来看，并不是至关重要的。信息显示是 3 种独立组件中重要性最低的。

第 2 种组件是控制机制，即用来调用命令的机制。对于跨不同语言的程序，设计一致的命令调用极为重要。从易用性角度看，这种组件要比信息显示重要得多。

对于恰当设计来说，最重要的组件是第 3 种组件，即用户概念模型。其他所有一切都要服从于使这种概念模型整体、清晰、明确和充实的目标。用户概念模型代表用户很可能想要的内容以及用户很可能会如何响应。与物理世界的比拟关联并不是用户概念模型的关键要素，比拟至关重要的作用在于使用户能够把这种抽象的东西与自己的工作关联起来。一般来说，比拟的作用，尤其是图形或图标的比拟，是使人们可以利用辨认而不是回忆的方法进行操作。人们能够看到屏幕上的对象和操作，可以很好地控制对象和操作，但是如果要求他们记住输入一串命令来完成某种任务，就会发现这是他们的软肋。

1. 表现模型

用户概念模型的思想，与唐纳德·诺曼（Donald Norman）心智模型理论是一致的。Norman 认为一个产品一般存在 3 种模型：系统实现模型、系统表示模型和用户心智模型。机器和程序实际工作的原理和细节被 Donald Norman 和其他人称为系统模型（System model），即 Alan Cooper 所说的实现模型，它描述了程序和机器中功能实现、实际的工作机制。

对于设计师来说，最重要的工作是为系统建立一个面向用户的表现模型。表现模型（Represented model）将系统的功能通过形式语言诚实地展现给用户，Donald Norman 称之为设计师模型（Designer's model）。"形式追随功能"作为现代主义设计的信条被遵从，该原则对于设计我们日常生活中的大多数物品是有效的，如对于传统的计算设备——算盘，其系统实现和表现模型是完全一致的。但是，随着信息化时代的到来，"非物质化"成为一个趋势，人们对于一个复杂产品，如计算机，其内部的大规模集成电路的运作，既无从感知，亦无法想象。

好在很多时候，用户并不需要知道产品的实际工作细节来掌握它的使用方法，对于用户而言，心智模型或者概念模型指的是产品系统在用户心目中的运作机制，通常是用户对系统的一种简化的、类比的理解和想象。心智模型是一种机制，在其中人们能够以一种想象的物件及其动作间的因果联系来描述系统存在的目的和形式，解释系统的功能和观察系统的状态，以及预测未来的系统状态。人们对于世界的理解方式是通过询问：这是什么？为什么这样？这样有什么目的呢？这个东西是如何运作的？它会造成什么后果呢？

表现模型是用户了解机器的形式符号，设计师的一个重要目标是使表现模型对用户而言，应尽可能容易理解和记忆，使得用户能顺利构建起关于系统的心智模型，这有助于用户以较小的认知来正确地操作产品。

2. 交互的语汇

所有交互使用一类固定的双方能理解的语汇系统。对程序员而言，最早的二进制机器语言及后来的汇编语言指令集合，属于面向机器（系统模型）的语言，非常细节化且忠实描述了机器的每个动作，后来的高级语言，如 C 语言，使得一个程序简化很多，很接近自然语言，可读性很好。在此基础上，接着出现了面向对象语言 C++，以及可视化、图形化编程，使得一个程序的结构越来越面向人的思维和现实世界问题。对于一个普通用户，例如，想象一下怎么用鼠标删除桌面上的某些东西，你可能会说，"我选择文件然后把它拖到回收站里"。但是，系统所理解的你期望做的事情和你实际的动作有点不同，不过这不要紧，重要的是你明白你能执行什么动作，而且系统能够以同样的方式明白并按照你所期待的来执行这些动作。建立一个有意义的、有效率的交互系统，就像创造一种语言或者一种代码，要求双方当事人同意在某一动作中的符号和要求的意义。

图 1-1-2　牵牛星 Altair-8800 计算机

1975 年米兹（mits）公司创办者爱德·罗伯兹（Ed Roberts）推出了世界上第一台个人计算机（见图 1-1-2）。Altair-8800 没有显示器和键盘，更加见不到鼠标，用户只能用二进制机器语言为这台计算机编程。先将程序的 16 进制操作码和操作数转换成二进制，通过拨动面板上的开关来输入，先拨好地址码，接着再拨好数据码，最后按下写入键程序输入完毕，每拨动一遍相当于输入一个字节。计算完成后面板上的几排小灯泡忽明忽暗，就像舰船上用的灯光信号一样表示输出的结果。

早期的计算机，因采用二进制数值直接输入和输出，所以需要专门的知识才能解读。现代计算机交互界面的一个重要特点是，其语言系统更多地体谅到人，更直观地描述需要解决的问题，把机器如何实现的中间过程和实现细节遮蔽起来，只有与解决问题有关的需要用户决策的操作和过程被描述出来，并以易于认知的表现形式，透明地展现给用户。

图形用户界面使得计算机的表现模型、交互的语言变得丰富、形象和富有表现力。但糟糕的图形界面设计也带来了新的认知麻烦，甚至多于其带来的便利。因此，如何设计好用的、有吸引力的图形用户界面，成为软件开发的首要工作之一。大量的案例研究发现，使用者的错误和困惑通常是由于系统表现模型的不恰当和双方不一致的语汇系统引起的。

通常，系统的开发者由于缺乏足够的知识经验，其设计的表现模型和交互语汇系统，常常导致普通的使用者认知困难和错误理解，在开发者角度，这些缺陷通常很难发现。为解决这个问题，从用户的角度出发，"以用户为中心"的设计理念和方法被引入到软件交互的设计过程中。

施乐在 1972 年推出了 Xerox Alto 计算机（见图 1-1-3）。该计算机拥有一个位图显示器、视窗（Windows）、鼠标；内置了以太网卡和硬盘，带有键盘，Word 处理软件。Alto 首次使用了窗口设计。Alto 被认为是操作系统 GUI 界面发展史上的里程碑，它拥有视窗（Windows）和下拉菜单（Pull-Down MENU），并通过鼠标（Mouse）进行操作，真正打破了困扰业界已久的人机阻隔，极大提升了操作效率。

早期交互设计研究人的心智模型，并在此研究基础上设计界面、语汇系统及交互方式，用人机界面将用户

图 1-1-3　Xerox Alto 计算机

的行为传达给计算机，将计算机的行为解释给用户，来满足人对软件使用的需求。交互设计的策略之一是当用户与系统交互时，把他们试图做什么与他们更熟悉的其他东西关联起来。作为一个交互设计师，需要提供良好的线索，帮助用户明白这是怎么回事。这时交互设计所追求的是易用性，以及技术上的可能性和合理性。

1.1.2　计算机成为一种媒介材料

拥有一个功能的、表现的和有吸引力的界面是交互设计的一部分。界面的吸引力是让一个交互展开的重要组成部分，交互设计不应该只是修修补补，锦上添花，而是应该从更基础的层面看待其使命。

1. 无处不在的交互

随着超大规模集成电路和微处理器技术的进步和成本降低，计算机进入寻常百姓家的技术障碍已突破。1989 年，Tim Berners-Lee 创立 World Wide Web 雏形，他工作于欧洲物理粒子研究所。通过超文本链接，新手也可以轻松上网浏览。这大大促进了互联网的发展。1997 年 1 月 8 日，Intel 发布了 Pentium MMX，对游戏和多媒体功能进行了增强。人们对计算机的印象发生改变，计算机真正开始改变人们的生活。

Tom Igoe 在《Physical Computing》一书中写道，"电脑应该将所有的物理形式用来迎合我们对计算的需要"。在普通人的观念中，计算机是个比电视机多个键盘和鼠标的家伙，显然这个认识是比较狭隘的。我们将讨论人与"计算机"的交互，所说的"计算机"包括自动提款机、手机、洗衣机和汽车等一切植入各种处理芯片的物品，事实上与 Alto 电脑几乎同时起步的，一个非常重要的趋势是全面的数字化，这是由于微控器件的大量普及所带来的后果。微控制器是将微型计算机的主要部分集成在一个芯片上的微型计算机。微控制器诞生于 20 世纪 70 年代中期，经过多年的发展，其成本越来越低，而性能越来越强大，同时发展成为一个非常庞大的家族，从自动楼道灯使用的数字逻辑触发器到智能

图 1-1-4 西门子洗碗机（摄于 Helsinki AALTO 大学）

手机里面的 ARM 芯片都是它的成员。它们渗入到人们日常生活的每一个方面，塑造了日常消费电子产品的形状和使用方式，比如从 MP3 播放器、游戏设备、汽车导航系统到物联网冰箱。

因此，交互设计已经不仅仅是为显示器里的图形界面设计，交互设计是信息时代的工业设计。在普适计算和物联理论的基础上，交互已经变得无处不在。如图 1-1-4 所示的西门子洗碗机，在用于公共场合时碰到了一个麻烦，它无法告诉人们里面的碗碟是干净的、用过的，还是正在清洗。于是使用者们便想了一个办法，用便笺纸（黄色和粉色）做了一个简单的状态标示。

2. 设计体验

交互设计逐渐发展成为一种理念，那就是将信息和通信技术看成一种新的艺术媒介，如同木材对于家具设计师，可以被用来创造一种新的体验和生活方式，这是交互设计更加终极的使命。从人的需求出发，分析发掘潜在的用户需求和技术的成熟性、经济性之间的最佳匹配点，为开发指明方向。基于技术的支持和用户行为的研究设想和实验新的生活样式并提供更好的用户体验。

要做一个好的交互设计，设计师首先需要将设计出美观的令人赏心悦目产品的关注点转移到理解人类的行为和需求上面来。通过对人的研究来发掘潜在需求，设计师应该能够在与现实中的人们接触沟通基础上得到灵感从而进行产品创新。设计师必须尽可能了解环境、活动和其他正在发生的事情，人们的注意力集中在哪儿，之前和之后发生了什么，他们的目标是什么等。大部分好作品都致力于适应使用环境、个人特征和生活规律，也都尝试超越现有需求，满足潜藏的或隐藏的需要。按照 Terry Winograd 的说法"现在我们不再会是要求设计师去特定设计一个花瓶，而是去设计一种欣赏鲜花的方式，一种体验的过程，这种方式必须是与人们的生活方式相结合起来的"。一些最新的概念设计，如一个电子的墓碑，一个可以预报天气的浴室镜或者吐司炉，一个可以即时打印新闻小报的卫生纸卷盒，一系列概念创新都基于从"人的行为"出发的设计理念。

3. 交互设计的常见话题

（1）数据的可视化。作为越来越以信息为中心的社会的一员，设计师必须要处理那些海量的数据，数据可视化是一个日益重要的主题。图形、图像使用户更好地理解数据，因为它不仅让用户领悟数据的要点，更让用户理解数据要点之间的关系，并发现数据中蕴含的模式，从而加强了用户综合处理和理解信息的能力。当构思数据和与数据的交互时，设计师必须考虑到需要呈现的是什么数据，用户会如何诠释这些数据，他们会想对它做什么，以及他们想如何与之互动。

（2）工作的效率。更快地完成工作，把很多任务和散乱的东西梳理和整合在一起是界面设计很重要的一个驱动力。操作系统的桌面模拟允许使用者按照一种符合其自然认知能力和生活中熟悉的主题环境来开展工作。但如何使交互在一个很小的屏幕或者根本没屏幕的界面上得到实现也是一个逐渐被关注的问题。这些类型的交互应用往往趋向于关注实用性和功能性，使用户能够更有效率地完成任务、组织信息和保存信息。

（3）创造体验。创造体验的价值是交互设计更普遍的目标。通常使用新颖的方式连接听觉和视觉刺激，来创造娱乐用户的场面或者带有娱乐性的交互。体验式交互在很多电脑游戏里很明显，在这些游戏里，用户可以在游戏里扮演一个角色，并且通过这个角色的视角浏览游戏中的世界。体验当然远不限于游戏领域，比如一把会发出打号子声音的开罐器也可以被认为是一种创新的体验设计。很多互动装置或许是一些趣味性较强、实用性较弱的设计，常常还会包含媒介间的转换，使人们可以画出声音，通过声音形成图像，现实物体变成虚拟物体，或者反过来虚拟变成现实。

（4）人与人之间的交流。设计师不仅需要设计人与物之间的交互，也要学习设计人与人交流的新方式。最明显的例子就是近年来流行的社交网站（Social Network Site），如 Facebook、Myspace、人人网和开心网等。根据美国社会心理学家 Stanley Milgram 提出的六度分割理论，利用网络低廉快速的平台，倡导网络实名制，将现实生活中的人脉关系建立在网络平台之上，使得人与人之间的交流沟通更加便利。

基于用户地点信息的互动，如 foursquare 和 cab4me 等，这是一种用户之间合作的互动应用程序。许多基于网络的应用还用到使用户之间互相驱动合作的模式。这类系统中，相互作用趋于方便沟通，并确保从一个用户发出的信息能被另一位用户接受。这些应用程序可以使用基于聊天的或大型多人游戏的方式，互动可以很引人注目。

（5）控制物理世界。通过各种传感器和制动器，设计师可以把物理世界中所有的东西植入计算机，使之有感知和有反馈，既能完成如开关灯般简单的工作，也能够完成如控制机器人这样复杂的工作。人类与之互动的方式更多地基于自然的行为，比如拍手和抚摸。

家庭自动化（home automation）的话题在持续发热，在一个房间里安装各种传感器，如温度传感器可用于动态监测室温，运动传感器可以检测到生命体的存在，或者湿度传感器可用于控制抽湿机。通过使用更复杂的传感器和系统，如电子标签、照相机、麦克风和传感网等，在一个空间内跟踪记录各种变化，还可以使用这些数据来更全面地控制这个环境，使之更加舒适，使环境配置更正确，知道什么时候改变其状态，或者什么时候去维持其状态。

近年来建筑师们开始探讨什么是感应性建筑（reactive architecture）。感应性建筑指的是通过建筑方面的实践与计算机技术的结合来达到房屋和环境能够对用户、环境因素和外部命令做出反应。不少建筑师和技术人员正在设计可以由用户用命令进行配置改变的或使空间本身更互动的空间和建筑。这些类型的空间通常被称为智能房间或自能（enabled）建筑，它们对于建筑师和工程师来说都是个重要的研究领域。当然，计算机技术不必局限于室内空间。室外空间如公园、步行道、广场和街道，也可以作为使用有趣的技术干预的、好玩的、有教益的或激发灵感的场所。但是，始终考虑为空间以及用户如何从事这种互动而设计的应用的合适性，这是非常重要的。在公共空间，这显得尤为重要，因为用户应可以选择是否与它进行交互。

（6）非线性叙事。用交互的方式来播放电影、讲述一个故事或者一段历史是在交互设计中开始浮现的一个颇有趣味的主题。这类工作典型地依赖界面，在这些界面里，用户可以通过从数据可视化或游戏中学来的方法控制叙事的流程和方向，这种叙述带来一系列新的挑战。

（7）微交互。由 Dan Safferr 提出的微交互是指在使用场景中使用一种功能和完成一件事的交互。

主要应用的场景有：只完成一项任务；连接不同的设备；只影响一个数据；控制正在进行的过程；调整某项设置；查看或创建一小部分内容；打开或关闭某个功能等。微交互由触感发器、规则、反馈、循环与模式四个部分组成。其设计理念是将复杂的产品设计简化为由多个微交互组成，或者将复杂功能的产品分解为专注于一件事的"最小化的可行产品"。

1.2 交互设计的设计本质

交互设计属于设计学发展中的一个分支，同时是多个学科的交叉。交互设计所必需的基础知识涉及计算机、传感、通信、人机界面技术和设计心理学知识等领域，相关的研究领域包括：设计理论、人机工效学领域的可用性测试研究、计算机技术领域的 HCI 研究、认知心理学领域的研究等。这些领域的研究都对交互设计有推动作用。例如工业设计中的通用性设计（Universal design）和计算机领域的普适计算思想，都对人机交互设计有重要的指导意义。

交互设计的思维方法建构于工业设计以用户为中心的方法，同时加以发展，传统的设计师把产品作为一个对象（Object）看待，静态的造型和材料，运用效果图作为设计表现手段。而交互设计更多地面向行为和过程，把产品看作一个事件（Event），强调过程性思考的能力，流程图、状态转换图和故事板等成为重要设计表现手段，更重要的是掌握软件和硬件的原型实现的技巧方法和评估技术。

1.2.1 交互设计与工业设计

工业设计的核心原理和交互设计是重合的，工业设计的很多理念和工作方法在交互设计中被采用，尤其是以用户为中心的工作方法。广义上，工业设计师的责任是定义产品、使用者及环境的相互关系，通过产品创造新的生活方式，满足人们的需求。不可或缺的工作内容是通过设计产品的形式向使用者传达产品功能品质等信息，即为一个产品找到其恰当的表现形式，创造出适用于用户和目标市场的不同的结构外观和风格。

但是另一方面，随着产品越来越信息化，伴随软件作为产品成为用户体验的一部分，工业设计师无法再设计出独立于软件使用而可以体验的硬件产品。按下硬件上的一个按钮会引发屏幕显示出图像，软件设计和硬件设计之间缺乏紧密结合的话，用户体验会受到挫折。其次，现在对设计师技能的要求已经超越了仅仅对外形的设计。许多公司所面对的挑战不再是科技能够做什么，而是科技应该做什么。设计师的创造力能够扩展到对一些概念进行全新定义的更具战略性角色上面。包括定义这些新产品类型应该是什么样，和预想人们如何使用它们。

交互的设计涉及很多建模过程，比如一个系统怎样正常工作，用户将如何接近他努力完成的目标，以及如何配置界面，以允许所有这些不同的操作。设计师确保交互过程简单直接，如一切用户所期望的，通过清晰明确的方式尽快地传达给用户，大多数任务型应用就是这样起作用的。或者，给人快乐或者挑战就是交互的目的，无论哪种方式，深入理解用户的交互情景会帮助设计师创造一个更好的系统和一个更好的体验。

1.2.2 艺术与交互

新媒体艺术里的交互是在最近20年被人们激烈的讨论甚至争论的主题，而现在我们在艺术作品里看见的那些交互一直不断地在扩大艺术与交互的定义。就像很多电脑游戏能被当做是艺术，很多艺术作品也能被当做是工业设计，还有一直不断扩张的项目也可以被归类进艺术画廊或者设计展览。

区分交互艺术、工业设计和交互设计并没有很大的意义。虽然这些不同领域的专业各不相同，但是其实他们都有同样的目的。他们的目的是为用户设计产品或者体验，最重要的是他们有着同样的工具以及工作流程，就是先从草图到模型，最后再到最终成品的展示。

一方面，艺术能被完全地、有功能性地利用在很多地方，但是它们终究还是艺术；另一方面，许多设计师正在设计一些不但有功能性，同时它的存在也有发人深省的用意的作品。让使用者去思考这个设计其实跟艺术更有关联。

1.3 交互设计中的系统观

交互可定义为两个或两个以上活动的参与者之间的信息交流。交互活动的参与者，一方是某个有感知和反馈的物体系统，这是交互设计的对象。另一方是与系统发生交互的人，被称为用户（User），交互设计的目的是设计某种让人能够以有意义的方式与之互动的系统。作为一个交互设计者，必须去理解用户想要做的以及系统应如何反应。系统可以是任何东西：一个游戏，一份菜单，一系列连接的感应器与灯，一个复杂的物理互动器械，甚至是另一群人。如汽车的油门踏板、控制器、发动机和仪表板构成了一个输入反馈循环系统，设计师需要着重解决的是在人和机器之间建立沟通，即机器如何更好地感知和认知人的意图，人如何更好地了解机器的状态。油门踏板或者刹车，不仅仅是输入的设备，同时也是反馈的设备（反作用力的大小甚至振动）。一个最新的发明，基于对人的行为分析，设计具有防止被误踩（当做刹车）的机制的油门踏板，属于典型的运用交互设计思想防止危险操作的案例。

在交互设计中另一个需要理解的关键概念是"反馈循环"。这类似于生物调节系统的一种行为，出汗让人们的身体凉快，呼吸让氧气在身体内流通，而眨眼让眼睛免于干燥。当需要更多氧气，人们的身体会加强呼吸。人们并不需要告诉他们的身体去做这些事，身体自己会做。为了保持恒定的氧气量，身体会自行发出信号让呼吸更深、更频繁直到达到一个合适的水平。身体对自身有所反馈，并对身体自身发出信号来让它一次又一次呼吸更多，直到身体不再需要发出这种信号。也可以想象当你骑在自行车上时，你给予你自己的反馈。你时刻不在精密调整你的身体平衡，在一个不断的循环中，你的大脑给你的身体提供数据，同时你的身体也给你的大脑反馈数据，以此帮助你保持平衡。如果没有反馈，系统将无法自我调节，因为它们不知道它们在做什么。

让我们从通信来看交互。电视或广播：它们只是一个你有了特定的器械在特定地点、特定时间能够听到的信号。这些广播的播报无视于你或其他人是否在听，而是以它们自己的节奏，在它们自己的时间播放。

当设计师为用户提供了一种方法，使他的数据输入系统并对系统产生了实质性的影响，而系统也对他做出回应，交互就产生了。反应式交互就是研究用户会对系统做什么和系统会做出什么反应。这就是交互的开始。无论用户做了什么，系统必须对此产生回应。哪怕是一句"无法理解"或告知数据错误，这些都可以置入系统内。例如，许多应用程序都可以监控机器性能，检查其运行情况。你可以把它想象成这是两个人的互动，例如主人对仆人发号施令。

更复杂的交互模式是系统不停地执行任务，同时用户输入命令调整任务。许多工业监管系统和游戏引擎的基础部分就是这样运作的。这种运作方式的难点是用户需要每时每刻都了解系统如何运作，了解如何对系统做出修改，并明白对某个部分的修改可能影响到系统的另一个部分。用户向系统输入信息，系统进行反馈，然后用户可以进行下一步操作。在很多实时监测应用程序上可以发现这一模式。

最复杂的交互模式——完美的交谈，这是一种人类彼此之间已经掌握的一种做法，一个简单的例子就是移动导航设备。当用户旅行中主动用设备查询信息时，设备就不断地更新当前的位置，并展示给用户，告知用户方向信息。实现这种人与系统的交互模式是现在交互设计最紧迫的挑战。最合适的模式取决于交互当时的用户、任务以及背景之间的相互关系。

1.4 交互设计的基本目标

当系统将信息传送给用户或用户传送给系统时，交互便发生了。这些信息可以是文本、语音、色彩、视觉反馈、机械和物理输入或反馈。基于这一原则，眨眼就如同按下一个按钮一样，是清晰又重要的信息。交互设计师常挂在嘴边的是如何通过一种对用户和系统来说简单又清晰的方式来构造与接受信息。

1.4.1 避免误解产生

创建交互应用最困难的任务之一是去理解系统怎样看待来自用户的信息以及用户怎样看待系统提供的信息。交互性程度很高的应用能为用户和系统完成更多任务，也能允许更复杂的信息传递，但同时用户和系统对话时也更容易搞不清楚对方的意思。当一方的信息不能被理解时，帮助另一方理解信息以及怎样解决问题是很重要的。如果读者不理解别人对他说的话，会要求他重复一遍。如果读者请求进入一个不存在的网页，服务器会回应读者一个错误页面，告诉读者那个网页不存在。每一方拥有的自由度越高，错误的和意外的信息出现的可能性越大，因此培养一方了解对方理解了哪些信息以及这种理解是怎样建立的就变得更有必要了。

交互系统的丰富程度和创建它的困难程度有这么一个相互关系：交互信息越丰富，越容易报错。如果你在使用一种新的控制器或界面，你必须要确保提供给用户渠道，让用户知道你的系统是什么，它怎么工作以及他们能用它来做什么。

1.4.2 为了更好的体验

避免交互过程中的误解，只是交互设计的一个基本方面，其重点在于产品界面和文档的易学习性、易用性和满意度等方面，而现在交互设计一个更吸引人的话题是完整的用户体验，包括产品的品牌、审美、趣味性和愉悦。这种发展的依据是用户的阶梯形需求，功能性在最底部（有用），易用性在中间（好用），而愉悦和情感的满足在顶部（想用）。作为愉悦性设计的倡导者，Patrick Jordan 形容从功能性到愉悦的进步与马斯洛（Maslow）的人类需求层次相类似，在低层需求满足以后人们就去追求更高层次的需求。最新的一些情感化设计、愉悦性设计和趣味学等方面的书籍和文章都表明了这一趋势。

经由对交互系统的再设计，改善产品和服务的用户体验。交互设计以人性为基点，运用设计思维和工作方法，拓展信息和通信技术对于我们生活的新价值，在技术和需求间找到新的结合点，创造全新的生活方式、产品应用和服务。

1.5　交互设计的意义与流程

1.5.1　交互设计的描述

如同建筑领域土木工程师集中研究建筑结构的设计，而建筑师则设计人们居住在此结构内的生活方式一样，在计算机的世界里，工程师主要担当了设计计算机系统的角色，确保了系统的稳定性，而交互设计师则设计使用者与计算机系统和产品的交互方式，确保系统可用和有吸引力。

"交互"一词最初源于比尔·莫格里奇（Bill Morridge）（IDEO 的创始人之一），他把它定义为对产品使用行为，任务流程图和信息结构的设计，实现技术的可用，易于理解以及令人们使用的更加愉悦。McAra-McWilliam 交互设计领域的先驱之一，这样描述交互，"交互设计师需要理解人们，理解他们如何体验事物，如何无师自通，如何学习"。

交互设计的新思维和工作的新方式，正如工业设计专业的产生是以机器化大生产和制造业的发展为背景，交互设计的起步是由于信息产业的发展、计算机的个人化和普遍化所引发的一系列与"设计"有关的问题。这些问题的解决，既沿用了传统工业设计以用户（人）为中心的设计理念和方法，又发展出一系列交互设计所特有的思维模式和工作方法，以及针对信息媒介的特点。

1.5.2　交互工作的创作流程

真实的交互工作的创作流程大致上是由以下的过程结合而成的。

1. 用户研究和设计调研——发现问题

通过用户调研和人种志手段（介入观察、非介入观察，采访等），交互设计师调查了解用户及其相关使用的场景，以便对其有深刻的认识（主要包括用户使用时候的心理模式和行为模式），从而为后继设计提供良好的基础。

2. 概念设计

概念设计通过综合考虑用户调研的结果、技术可行性及商业机会，交互设计师为设计的目标创建概念（目标可能是新的软件、产品、服务或者系统）。整个过程可能来回迭代进行多次，每个过程可能包含头脑风暴、交谈（无保留的交谈）和细化概念模型等活动。设计师必须详细地描绘出心目中产品怎么做，这个交互带给用户的感觉以及产品的最终功能。

3. 设计

创建界面流程时，交互设计师通常采用 Wireframe 来描述设计对象的功能和行为。在 Wireframe 中，采用分页或者分屏的方式（附有相关部分的注解）来描述系统的细节。界面流程图主要用于描述系统的操作流程。对于它们如何呈现给用户，如何对用户的行为做出反应有明确的认识，并且清楚的了解用户的行为是如何通过这个系统与产品产生关联的。画有关用户和系统之间的行为和反应的流程图表非常有帮助。同时，画这个系统不同部分的流程图表以及这些是如何呈现在用户眼前，用户如何使用它们，以及它们是如何与用户发生联系的图表也是非常有帮助的。

4. 实验和原型

决定了产品的外观及功能，设计师必须通过做实验得出究竟需要什么部件以及哪些现有的函数库或代码可以帮助完成原型。大多数的项目都需要不同的技术，但几乎所有的单个程序模块都已经有现成的了，可以借用现成的，这在 20 年前是不现实的，但现在已经实现了。交互设计师通过设计原型来测试设计方案。原型大致可分三类：功能测试的原型、感官测试原型以及实现测试原型。总之，这些原型用于测试用户和设计系统交互的质量。原型可以是实物的，也可以是计算机模拟的；可以是高度仿真的，也可以是大致相似的。

5. 测试

一旦完成了产品的原型，测试是很重要的。测试是创造一个情景让用户使用产品并观察他们的使用情况。通过用户测试发现设计的缺陷，设计师需要根据测试情况对方案进行合理的修改。

1.6 交互形式——追求自然的交互

文本命令行和提示符界面直到现在还在使用，用户在一个终端输入命令代码，然后运行，结果在屏幕上以文本的形式显示。这种交互理念是通过一个被计算机预定识别的命令系统来实现的。使用者必须掌握丰富的知识，或者至少适应于从空白界面上请求帮助。

以键盘为基础的交互行为仍然是最普遍的。热键的概念，例如"Ctrl+Z"执行"撤销"，被许多程序员所喜爱，并且普遍存在于文档、图像处理软件以及浏览器等所有应用程序中。

真正的用户界面改革并没有很多：键盘，Doug Englebar 鼠标（我们今天所使用鼠标的原型），Ivan Sutherland 画板，台式机图形用户界面，还有现在的电容触摸屏。这些都是科学技术的进步，它们同时也改变了人们使用电脑的方法。革命性的界面模型不只是一个工具诞生的途径，还重新定义了一个工具如何被使用的可能性。

1. 鼠标操作——图形界面和指点设备

这是最常见的与计算机互动的方法，几乎包括所有常用的应用设计。至今还没有一种新的人机交互模式代替图形用户界面成为主流。用户拖放、双击和 click-and-hold 这些动作在不同的应用程序，背后的意义并非完全标准，也不是完全是固定的。

2. 实体界面

受到计算无处不在及穿戴式计算机和虚拟现实发展的影响，MIT Media Lab 的 H. Lshii 等人对可抓握用户界面（graspable user interface）理论进行了重要发展，于 1997 年提出了有形用户界面的思想。传统的图形用户界面事实上成为隔离物质世界和信息世界之间的屏障，有形用户界面希望在用户、比特和原子之间建立一个无缝交互界面。这与目前主流的图形用户界面有着本质的不同。

3. 存在和机器感知

参与者的在与不在，极其简单，却是一个十分具有直觉性的交互活动、可以由重量、活动、光、

热或者声音而发觉，声光互动滑梯（见图1-6-1）。对这
样简单的存在性与否的反馈可以是一个开关，一个开始
过程，或者是一个过程的结束。虽然一个人的存在很简
单，但是却是交互的一个重要的基石。

4. 触摸界面与多点输入

IPhone、Microsoft Surface（微软开发的第一款平
板电脑）等许多运用多点输入的新产品已被推广。用
两个手指来放大或缩小，转动两个手指来旋转，轻轻
敲击来选择，既非常自然，又很有效率。基于多点触
摸的"星空琴韵"虚拟乐器改变了传统的橱窗展示方
式，更具有吸引力（见图1-6-2）。

5. 手势

图1-6-1 声光互动滑梯
（图片由顾振宇提供）

手势是一个非常吸引人的交互方式。这种不是由键盘或鼠标来驾驭的交互观念是相当有冲击力的，
因为鼠标和键盘通常对特定的交互任务来说是非直观的。手势通常是通过触屏界面、摄像头或笔来实
现的。使用手势操作来建立交互的基本原则一般不会改变，其中的要点是哪些手势是人所熟悉的、习
惯性的，如表示OK的手势。这些手势已经成为一种语言，当成常用的自然语言来进行交互，如用手势
来操控电子书（见图1-6-3）。

图1-6-2 位于上海田子坊，基于多点触摸的"星空琴
韵"互动橱窗中的一个虚拟乐器
（图片由顾振宇提供）

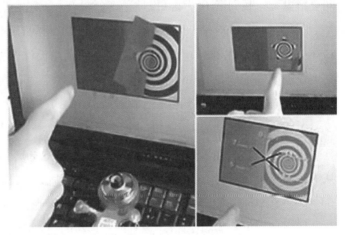

图1-6-3 用自然手势控制屏幕内虚拟电子书
（图片由顾振宇提供）

6. 声音和语音识别

声音识别是通过识别某些声波的特征去执行一些指令或某些任务的计算机程序。这些指令可能是

简单声音开关，也就是说通过声音可以控制开关；也可能是复杂的，如识别含有不同编码的命令。语音识别则是计算机通过声音来辨认词组或指令，最终确定具体的指令是什么。语音识别运用和声音识别大致相同的方法。除了语言，声音本身也可以用来提供输入、体积、音调和持续时间等信息，亦可以促进用户和计算机程序之间的交互。

1.7 对交互设计有较大影响的学者

1. 比尔·莫格里奇

比尔·莫格里奇（Bill Moggridge）是位于美国硅谷的著名的 IDEO 公司主要创立者之一。他于 1982 年设计出第一台笔记本电脑 Grid Compass。他提倡在产品开发过程中运用一种"以用户为中心"的设计过程。随后 1984 年他在一次会议中首次提出"交互设计"的概念，一开始只是想着将软件与用户界面设计的结合，因此称为"软面"（soft face），随后更名为"交互设计"（Interaction Design）。莫格里奇提倡将交互设计看成是一门独立的主流学科，他在 2009 年美国白宫举办的国家设计大奖被授予了终身成就奖，他还因为 1982 年设计出的笔记本电脑 Grid Compass 而获得了 2010 年度英国最具历史的菲利普王子设计奖（Prince Philip Designers Prize）。在设计教育方面，他在皇家艺术学院和伦敦商学院以及斯坦福大学任教，他还是哥本哈根交互设计学院的董事会成员。莫格里奇在 2006 年出版了《交互设计》（《Designing Interactions》）一书，被美国《商业周刊》评为当年十大最佳创新设计书籍。

2. 比尔·韦普朗克

比尔·韦普朗克（Bill Verplank）是一位关注人与计算机互动的设计师和研究员。目前是斯坦福大学的访问学者，同时也参与斯坦福大学的设计学院教学工作。早期，他取得斯坦福大学机械工程和产品设计专业的学士学位，接着在麻省理工学院完成了人机系统领域的研究，获得博士学位。韦普朗克同莫格里奇一起创造了"交互设计"这个词语。

韦普朗克 1978—1986 年在施乐公司工作期间，对用户界面原始图形和鼠标进行了重新设计。1986—1992 年他在 IDEO 公司工作期间，为产品设计的领域引进了用户图形界面设计的思想。在斯坦福大学期间，他同 Terry Winograd 一起创办了一个关于人机交互设计的课程。从 2000 年起，他在斯坦福大学的 CCRMA（音乐和声学计算机研究中心）兼职教课。

3. 吉琳·克兰姆顿·史密斯

吉琳·克兰姆顿·史密斯（Gillian Crampton Smith）在 1968 年从剑桥大学修完哲学和艺术史专业，从事了十年设计师和在杂志社的工作经历让她坚信，设计师在创造性能系技术中应该扮演更为重要的角色。于是 1983 年她在英国圣马丁学院开设了图形设计与计算机的研究生课程。她在 1989 年 RCA 建立了"与计算机有关的设计系"，也就是现在的交互设计系前身。RCA 也因此成为世界上第一个设立培养设计师学习创造交互产品与系统专业课程的院校。2001 年，她在 Ivrea 创建了交互设计研究所，专门从事交互设计的研究和教育。

4. 特里·温诺格拉德

特里·温诺格拉德（Terry Winograd）是斯坦福大学计算机科学系的教授，同时担任人机交互小组的主任，D-school 的教授。从更广阔的角度来看，温诺格拉德教授在斯坦福大学主要在软件设计领域工作，而不是软件工程领域。1991 年，他成立了"关于人、计算机和设计的项目"。为了提高软件设计的研究，他在《软件设计的艺术》中描述了一些研究成果，认为软件设计与编程完全不同，软件设计应该结合软件编程和设计的特性。1995 年，他指导了博士生拉里佩奇。在 1998 年，拉里佩奇创建了谷歌公司。温诺格拉德在 1997 年发表的论文《From Computing Machinery to Interaction Design》影响了很多人，现在，温诺格拉德仍然在斯坦福大学做研究工作，同时教授人机交互的课程。

5. 唐纳德·A.诺曼

唐纳德·A.诺曼（Donald Arthur Norman）是美国西北大学的计算机和心理学教授，是 Nielsen Norman Group 咨询公司的创办人之一，曾经担任苹果电脑公司先进技术部副总裁。诺曼倡导以用户为中心的设计。在其著作《设计心理学》中，诺曼使用"用户为中心的设计"词语，去描述基于用户需求的设计。以用户为中心的设计包括简化任务结构、事物可视化、正确的映射关系和七个阶段的行为等。他的目标是帮助企业制造出不仅满足人们的理性需求，而且同时满足他们的情感需求的产品。诺曼其他的著作包括《Things That Make Us Smart》《The Invisible Computer》《Emotional Design》。

6. 比尔·巴克斯顿

比尔·巴克斯顿（Bill Buxton）本来是学习音乐出身，但却在机缘巧合之下，成为计算机的研究生。后来，巴克斯顿开始投身设计与研究领域，重点探讨人机交互以及科技的人性因素。他曾于 20 世纪 70 年代末在多伦多大学从事研究，开发数字乐器，并大胆采用种种新颖的界面。不久，施乐帕克研究中心留意到他的创新设计，让他参与一些前瞻性研究，如协同工作、交互技术以及普适计算等。后来，巴克斯顿又相继在 SGI 公司和 Alias | Wavefront 公司担任首席科学家。很多重要的想法，如多点触摸，都来自于他的早期的研究。目前，巴克斯顿在微软任职，成为研究的中坚力量。按照比尔·盖茨的说法，巴克斯顿的主要工作有两方面：一是研究；二是致力将设计融入公司文化核心。他的著作《Sketching user experiences》已有中文出版。

7. 约翰·梅达

约翰·梅达（John Meada）是一位数字媒体界的艺术家与设计师。他擅长将电脑程序的尖端的计算性与艺术的优雅表现作完美的结合，个人作品广受国际大奖的肯定。他的著作《Meada@media》广为流传。他于 1996 年开始在麻省理工学院的美学与计算小组（Aesthetics & Computation Group）任教。他已然培育出一批顶尖的当代数字艺术家。他所主导的"简易（Simplicity）计划"是一项实验性的研究项目，意在开发新的设计技术，用于制造简明易用并能给人带来享受的产品。约翰·梅达现在是罗德岛设计学院的校长。

本章思考题

（1）为什么说交互设计起源于计算机的人机界面设计？

（2）交互设计的意义和价值是什么？我们可以从哪些方面来理解交互设计？

（3）为什么说工业设计的核心原理和交互设计是重合的？

本章参考文献

［1］Bill Moggridge. Designing interactions[J]. MIT Press，2006.

［2］McCullough，Malcom. Digital Ground[J]. MIT Press，2005.

［3］唐纳德·A·诺曼．梅琼，译．The Design of Everyday Things[M]. 北京：中信出版社，2003.

［4］Terry Winograd. From computing machinary to interaction design:Springer-Verlag[M]. 1997.

［5］Tom Igoe. Physical computing[M]. Course Technology PTR，2004.

［6］Joshua Noble. Programming Interactivity:A Designer's Guide to Processing[M]. Arduino，and Openframeworks:O'Reilly Media，2009.

［7］Dan Saffer . Designing Gestural Interfaces:O'Reilly Media[M]. 2008.

第2章

交互系统与设计目标

交互设计实质上也是一种系统设计，与绿色设计、低碳设计、慢设计、用户自主设计、和谐化设计及体验设计等诸多设计理念的最大差异在于是以"交互行为"为焦点的设计思想。从关注人、产品和环境为要素的产品设计理念转变为聚焦人与产品之间的"交互行为"，体现了设计视角的变化。无论是有形的实体类产品或者是无形的软件类产品，从"交互"的视角进行产品系统设计，不失为一种十分有用的产品解决方案。

2.1 交互系统

2.1.1 不同视角下的系统概念

系统是由若干有关联个体构成的集合。个体是系统的基本组成要素，系统各个体之间相互依存、相互影响和相互作用，并遵循一定的规则和秩序自成体系。根据系统的形成方式，可分为自然系统和人工系统两大类。自然系统是按自然法则形成的系统，如生态系统、生命系统、天体系统和物质结构系统等。人工系统是按人工设定的规则或规划形成的系统，如交通系统、通信系统、能源系统、医疗系统、消防系统、网络系统、智能系统以及各类产品系统等。

在产品设计语境下，对于以人工造物为主要个体的人工系统来说，工程师和设计师关注的焦点有所不同：工程师关注是系统本身，考虑的要素包括技术、材料、制造、组装和维护，功能的实现方法与途径以及系统的效能等。设计师则更关注如何使系统更能满足用户的需求，这种系统的概念已不局限于技术系统本身，还包括"人""环境"和"用户行为"等诸多方面。前者更多是从具体的、局部的和技术层面上考虑，后者则更偏重于交流、空间和整体等宏观方面的考虑。

无论是从何种视角来理解系统，均可以认为：系统实质是一个有机（事物的各部分如生物体一样互相关联协调而不可分）整体，具有目的性（有一定的整体功能）、整体性（系统所具备的功能是所有组成要素共同作用的结果）、稳定性（在一定条件下结构不变，构成稳定的关系）和适应性（结构和功能受环境变化的影响而发生变化，如生物系统的进化等）。此外，系统的构成要素可以是个体、产品、部件或零件，也可以是有一定子功能的子系统。例如，一个由信息、通信、传感、控制以及计算机等技术构成的智能交通系统可分为交通信息采集、信息分析处理、信息发布等子系统（见图 2-1-1）。

1. 交通信息采集子系统

（1）人工输入。

（2）GPS 车载导航仪。

（3）GPS 导航手机。

（4）车辆通行电子信息卡。

（5）车载摄像机。

（6）红外雷达检测器。

2. 信息分析处理子系统

（1）信息服务器。

（2）专家系统。

（3）GIS 应用系统。

（4）人工决策。

3. 信息发布子系统

（1）互联网。

（2）手机。

（3）车载终端。

（4）电话服务台。

图 2-1-1　由多个子系统构成的智能交通系统

2.1.2　交互系统的基本意义

英国龙比亚大学（Napier university）从事人机系统研究的大卫·比扬（David Benyon）教授在《Designing Interactive Systems》一书中，将由人（People）、人的行为（Activity）、产品使用时的场景（Context）和支持行为的技术（Technology）4 个要素（简称 PACT）构成的系统称为交互系统（Interactive Systems）[1]。PACT 组成的系统之所以称为交互系统，主要是为了强调构建该系统的主要目的是为了支持特定的交互行为，以交互为定语说明了该系统以满足用户与其他组成个体之间的交互行为要求为重点，体现了从"使用产品"到"体验产品"之转变。

比扬认为，"人们总是在一定的场景中使用技术来采取行动"。在这个过程中，"人"是首要的，是交互的主体，是为了某些需求而在一定场景采取的行为，系统允许这样的行为是由于"技术"提供了"机遇"，其关系如图 2-1-2 所示。

行为或行动受技术的制约与影响，技术的变化会导致行为的改变（见图 2-1-3）。以手机发送信息为例，只具有键盘输入技术的手机发送信息只能使用键盘，如果采取手写输入则必须要有手写技术的支持。从键盘输入、手写输入到语音输入技术的变化，导致了行为的改变（见图 2-1-4）。同时，这些交互行为能否顺利完成还必须受到当时场景的影响，如语音输入会受到环境噪音的干扰，过大的噪音会影响语音的正确识别，造成输入错误。

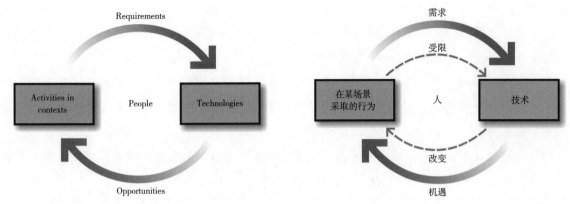

图 2-1-2　交互系统中人、行为、技术和场景的关系
（图片引自：David Benyon,Phil Turner and Susan Turner. Designing Interactive Systems. Pearson Education Limited, 2005）

图 2-1-3　行为受限于技术

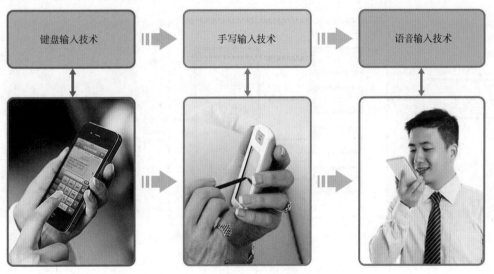

图 2-1-4　技术的变化导致输入行为的改变

2.2　交互系统设计的基本构架

2.2.1　设计交互系统与交互系统设计

交互系统是具有信息双向交流功能的系统总称，是交互设计的最终表现形式。从交互设计的视角，其目标是设计能够满足用户需求的交互系统，我们将这种系统设计称为设计交互系统（Designing Interactive Systems）或交互系统设计。无论称为"设计交互系统"或"交互系统设计"，均是在设计语境下对交互设计的一种更深入和更准确的理解与应用，相当于要求设计团队树立一种整体思维方式，即认为交互系统是由各个局部按照一定的秩序有机组成的，要求以整体和全局的视角把握设计对象。

知识链接：整体思维的三原则

中国古人提出的整体思维（系统思维）在辩证逻辑中作为一种独立的思维方式，其特定的原则和规律可归纳为：

（1）连续性原则，即当思维对象确定后，思维主体就要从许多纵的方面去反映客观整体，把整个客观整体视为一个有机延续而不间断的发展过程。

（2）立体性原则，即当思维对象确立之后，思维主体要从横的方面，也就是从客观事物自身包含的各种属性整体地考察它、反映它，使整体性事物内在诸因素之间的错综复杂关系的潜网清晰地展示出来。

（3）系统性原则，即是从纵横两方面来对客观事物进行分析和综合，并按客观事物本身所固有的层次和结构，组成认识之网，逻辑再现客观事物的全貌。

严格说来，用术语"设计交互系统"比"交互设计"更能体现交互设计的本质，或者说用"交互系统设计"的表达方式更能符合中文习惯，如图 2-2-1 所示表示了交互系统与交互系统设计的关系。

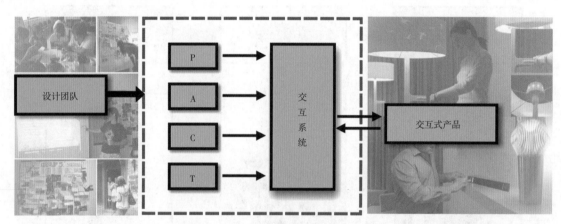

图 2-2-1　交互系统与交互系统设计关系图

交互系统设计必须处理好交互系统 4 个组成要素 PACT 之间的协调关系，它们之间存在的任何不协调，都将对交互行为产生一定程度的影响。交互系统中使用的技术和支持的交互行为总是用一定的载体来体现，将这种载体称为"交互式产品"，是为了与一般意义上的产品相区别，同时也为了强调产品与人和环境之间信息的双向交流特征。交互式产品是设计师的设计目的，对用户来说则是交互系统中一个重要的组成要素。

2.2.2　交互系统设计的组成

用 PACT 的形式来表示交互系统的组成要素，多用于与软件设计、游戏设计和网站设计密切相关的领域。在与工业设计相关的产品设计中，我们完全可以用用户（User）、行为（Activity）、场景（Context）和产品（Product）（简称 UACP）来取代。将"P"变成"U"的理由是，"People"泛指所有用户，采用"User"则更能体现使用交互系统的具体用户；虽然完成特定的交互行为需要一定技术的支持，但用户可见的是以一定形态表示的产品及产品提供的功能而不是技术本身，因此可以认为产品是技术的物化形式，用"Product"来替换"Technology"完全可以包含交互系统中所需要的技术要素。

由 UACP 构成的交互系统设计基本框架（见图 2-2-2）只是一种宏观的表述。从总体上看，用户（U）在系统中处于中心位置，起主导作用，其中的交互行为（A）与产品的功能相关，且受场景的制约。按照如图 2-2-2 所示的框架结构，U、A、C 和 P 之间是互相影响的，虽然存在形形色色的交互系统，但都可以归属于这种框架体系之下。

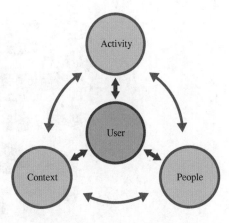

图 2-2-2　交互系统设计的基本框架

2.3　交互系统设计的和谐关系

"以提高人类生活质量和美化人们生活方式为定位的工业设计，尤其注重产品与人的关系之间的和谐"[2]，这种关系和谐是客观事物配合适当和匀称的表现。和谐（harmony）的本义可表述为调和、适应、融洽、协调或一致。儒家的和谐美学思想追求的是"中和之美"，道家的和谐社会思想强调是"无为而治"（遵循客观规律使天下得到治理）。交互设计中的和谐理念聚焦的是以人为主体的交互系统之和谐，包括用户行为与产品支持的行为之间关系的协调、行为与场景之间关系的融洽、产品采用的技术是否适应用户以及系统内外整体协调的权衡和优化。这些和谐关系涉及人、产品、自然环境和社会环境等诸多方面，可以从物质、行为和精神三个主要维度上进行分析。

2.3.1　物质维度的和谐

1. 产品是交互系统和谐的物质基础

所谓产品是有别于自然造物的一类人工造物之总称，从石器开始，人类就一直不断地在造物，为生命的生存、为生活而制造一切的工具和物品[3]。之所以称为"工具"，强调的是为了满足人类"生存"需求，如新石器时代的石斧、石锛、石凿、石矛、石簇以及石制砍砸器等。之所以称为"物品"，则体现了人类为了"生活"的更高追求，如现代的电视、洗衣机、微波炉、可视电话、各类智能产品和各类健身器具等。物品是人工造物的更高形式，物品包含工具。将人工造物称为"产品"与特定的语境有关，用户使用的是"物品"，设计创造的是"产品"。

产品不只是"有形"的实体产品，也包括"无形"的软产品，如各类网络产品、计算机软件和服务体系等。在交互设计中的产品一般指与用户之间存在高度交互关系的"用户驱动型产品"，而不是"技术驱动型产品"，这种所谓的"用户驱动型产品"（见图 2-3-1）就是前面提到交互式产品。

--- **知识链接：技术驱动型产品与用户驱动型产品**[4] -----------

技术驱动型产品的特征是，其核心利益建立在其技术或其实现特定技术任务的能力上，消费者购买产品最有可能的原因是其技术性能。

用户驱动型产品的核心利益来自其界面的功能性和（或）其美学吸引力，通常这类产品具有很高的与用户的交互的作用。

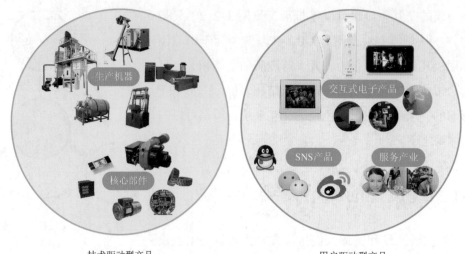

技术驱动型产品 　　　　　　　　　用户驱动型产品

图 2-3-1 技术驱动与用户驱动型产品实例

2. 产品物质要素对和谐关系的影响

产品的功能、性能、外观、材质和技术等是最基本的物质要素，这些要素的配置将对交互系统的和谐关系产生影响。

产品功能的合理配置是交互系统和谐的前提。"产品的功能是指它支持什么样的活动，它能做什么——如果功能不足或者没有益处，那么产品几乎没什么价值" [5] 。产品功能是产品具有使用价值的前提，功能所支持的活动是否完全满足用户目标的要求则反映功能设置的合理性，功能的缺失和冗余都可能会导致和谐关系的失调。

（1）功能冗余导致的不和谐。Cooper 认为："高科技企业——正在努力改进它们的产品——把复杂而不必要的功能加入了产品。" [6] 例如，家用 DVD 配置了众多的输入、输出接口，视频投影仪提供了多种模式的信息接入方式，这其中真正有用的又有多少呢？过多功能也许会为企业带来短期的效益，但却造成了资源的浪费、成本的提升和使用难度的增加。

（2）功能缺失导致的不和谐。产品功能的堆砌并不意味着用户需求的满足，一方面是许多功能可能永不会使用，另一方面是需要的功能却未能配置。例如，有些用户由于工作城市的变动，需要更换新的 SIM 卡。为了不影响与朋友之间的交流，原有 SIM 卡又不能弃用。而现有手机又不支持双卡双待功能，无奈之下只好使用两个手机。显然由于手机功能的缺失，使人们不得不携带多部手机。显然，双卡双待、双卡双模手机就能很好地解决这类问题（见图 2-2-2）。双卡双待手机要求两卡为同一网络，而双卡双模（或称双网双待）手机则可以让一手机可使用两张不同网络的 SIM 卡。

产品性能优劣决定了交互系统满足用户的需求的程度。产品性能表示了实现产品功能的和谐程度，体现在可靠性、可操作性、易用性以及安全性等方面（见图 2-3-3）。产品性能好的产品能充分展现产品功能，最大限度地满足用户的需求。例如，具有触摸屏的手机通常支持手写输入功能，但这种输入方式能否得到用户的认可与识别率高低、识别速度快慢和有无笔顺限制以及用手写或笔写等性能指标有关。如果这些性能指标偏低，则会影响用户对该功能的使用，该功能满足用户需求的程度就较低，反之亦然。

此外，产品的外观包含了形态、体量、色彩、质感和触感等诸方面，是和谐的形式美表现，其和谐性以是否满足人们的审美要求为标准。

图 2-3-2 双卡手机的整合

技术是产品的一个重要属性，技术的和谐性是指产品所使用的技术是否恰当，可从两个方面分析：一是技术与人的和谐关系，判别标准为技术适应人而不是人适应技术；二是技术与生态环境的和谐关系，制造过程中所采用的技术不应对生态环境产生影响。材质的选用同样存在这样的问题，选择绿色材料或可再生材料也是交互设计在物质维度上和谐的一个重要方面。

物质维度的和谐是一个整体的和谐，而不仅仅是追求单项要素的和谐。如产品性能与可用性方面和谐性较高的产品，在产品与环境的和谐性方面可能会较差，这就涉及要素之间的权衡问题。

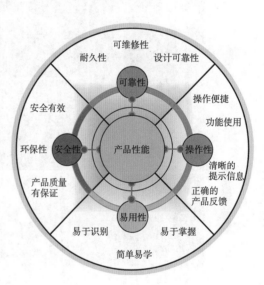

图 2-3-3 产品性能体现

2.3.2 行为维度的和谐

Cooper 认为"交互设计首先旨在规划和描述事物的行为方式，然后描述这种行为的最有效形式"[7]。Cooper 在这里揭示了交互设计的实质，即行为的规划和行为的实现设计。行为规划说明了交互系统为了满足用户目标应采取的行为、方式及其关于这些行为的描述，而行为实现则与设计师对交互方式的设计和交互技术的选择密切相关。

1. 行为维度的和谐与行为规划相关

行为的本意是指受思想支配而表现出来的外表活动，交互系统中的行为也是系统各要素之间活动的一种表现形式，是为了一定目的一系列活动之总和。行为规划确定了交互系统本身应具有的交互行为，其和谐关系的主要方面是：系统提供的交互方式是否满足人的需求，如移动电话的短信功能是否具有语音手写和键盘输入等多种交互方式，以满足不同用户群体的需要；交互行为的类型划分是否合适，包括主要行为和次要行为的定位等。对主要行为应以易用为目标，次要行为则以易学为目的。

人使用任何产品均是一个连续的动态过程，视觉、思维、动作和情绪相互配合形成了很复杂的有机整体，设计必须符合这种行为过程[8]。这里的行为过程就是人与产品的交互的过程，和谐性确定了交互设计的品质，而这种品质是通过系统要素之间的交互关系来体现的。

2. 行为维度的和谐受不同场景的影响

系统行为规划时设定的行为方式并不能说明实际交互的和谐，如移动电话提供的语音输入并不能保证在喧哗的环境顺利完成任务，其信息提示在室外强光下将无法看清，如图 2-3-4 所示。因此，在分析行为维度的和谐时要充分考虑不同场景对交互行为的影响，关注人与行为、行为与产品以及行为与场景的协调。可从交互系统具备的行为规划和行为实现两个层面上展开分析，如行为规划与用户需求，交互行为与用户群，交互行为与场景，交互方式与技术发展，交互行为的便捷性、反馈性、预知性以及防错性等。

图 2-3-4　受场景影响的行为实例

3. 行为维度的和谐的具体表现

交互行为主要表现在交互的流畅性、操作的简捷性、信息反馈的快速和准确性、后续行为的预知性以及操作的防错性等。其中后续行为的预知性是指在交互过程中，用户能事先知晓下一步的动作，以避免出现交互的失误。例如，在 ATM 机上取款后，如果系统能及时告之下一步的取卡操作，就不会出现人走卡留的现象。为了防止错误操作带来危害，Norman 在《设计心理学》一书中提出了物理结构限制、语意限制、文化限制和逻辑限制解决方案。

知识链接：物理结构限制、语意限制、文化限制和逻辑限制

物理结构限制：通过物理上的一定结构将可能的操作方法限定在一定范围内。

语意限制：利用某种情况的含义来限定操作方法。

文化限制：用人们所接受的文化惯例来限定操作方法。

逻辑限制：利用空间或功能上的逻辑关系限定操作方法。

2.3.3 精神维度的和谐

张道一先生认为"人为了自身的生存和生活的美好，通过智慧和造物，在文明的进程中向前迈进"[8]。设计是造物的一个首要过程，交互设计的意义已超越了满足生存的实用范畴，提倡的是为"生活美好"的用户体验。如果说交互系统在物质维度的和谐看重的是"实用之理"，在行为维度的和谐关注的是"交互之顺"，那么在精神维度的和谐期望的则是"体验之感"。

"体验之感"是通过交互行为而产生的非物质感受。从产品的使用、易用升华为快乐地使用和"饱含情感的消费体验"（ZIBA 公司总裁梭罗·凡史杰语），是交互设计目标之一。精神维度的和谐反映交互系统给人们带来的成就感、自豪感、幸福感和时尚感等。成就感是人通过一定的付出而取得成功的一种心理感受，如产品提供的 DIY 功能带来的体验。自豪感是品牌价值的情感体现，反映了用户对产品的情有独钟、拥有的骄傲和表现的欲望等。幸福感是个人的愿望（如功能适用、得心应手、快乐有趣和物有所值等）得到满足的主观感受，是一种认知层面上的感受。时尚感是指拥有产品所具有的风格和交互的方式与流行趋势相一致而带来的感受。这些感受是交互系统带来的情感反应，或伴随着交互活动发生，或通过活动后的反思而获得。

精神维度上的和谐性评价主要围绕用户体验展开，关注"用户与系统交互时的感觉如何"[10]。精神维度上的评价是多元的，产品类型不同，评价因素各异。例如，益智类的产品更多关注的是"支持创造力""有益"和"激励"等，而休闲类产品则更关注"引人入胜""有益"和"有趣"等。

2.4 交互系统设计的目标

目标是个人或群体为了某种追求，期望达到的最终结果或境界。在英文中一般用单词"target"或"goal"表示，但两者有所区别。"target"表示明确的、具体的目标，如受射击的对象，而"goal"则表示需要经过一番努力奋斗才能获得的结果。交互系统设计的目标侧重于用"goal"表示的目标，可以从"可用性"和"用户体验"两个层面上分析。

2.4.1 交互系统设计的"可用性"目标

1. 什么是"可用性"

可用性（Usability）在 ISO 9241/11 中的定义是：产品在特定使用环境下为特定用户用于特定用途时所达到的有效性（effectiveness）、效率（efficiency）和满意度（satisfaction）。按照 ISO 9241 定义，可用性主要由"有效性""效率"和"满意度"三个要素确定。虽然可用性的提出主要源于对计算机软件类产品的测试，强调"以人为本"或"机器适应人"，而不是"人适应机器"的设计理念，但其原则同样适用于各类"用户驱动型"产品。可用性三个要素的具体意义如下。

（1）有效性。产品的功能是否有用，用户在特定环境下使用该产品能否完成预定的任务。如一台冷暖空调能否夏天制冷，冬天供热？能否在极端温度环境下具有这样的功能？这就是有效性问题。

（2）效率。基本含义是指单位时间完成的工作量，事半功倍就是效率高的形象说法。仍以空调为例，能否快速制冷或供热？是省电还是耗电？这就是效率的问题。

（3）满意度。满意是一种心理状态，对产品来说，反映的是用户需求被满足后的愉悦感受状态的量化。

在交互系统中有效性和效率实际上是一个较为客观的指标，但同时也与交互系统中 UACP 要素有关。对于同样一个产品来说，不同的用户在不同的场景下，按照可用性三要素得出的结果会有所不同。例如，一台全自动的洗衣机，虽然洗衣过程是自动的，但是洗衣参数和洗衣程序却需要设置。显然，对不同文化背景的用户在可用性方面会存在差异。至于对满意度的权衡，有客观因素也有主观原因，并且与有效性和满意度有关。可以从两个方面来分析。

1）对于实用类产品，如微波炉、电冰箱、空调和电吹风等，具有良好有效性和效率的产品其满意度必定较高，也就是说满意度与有效性和效率具有较高的关联度。

2）但对于娱乐类、休闲类、学习类产品，如互动游戏机、跑步机、智能手机、个人电脑等，用户更看重其参与性、趣味性和情感，与用户满意度更有关联的是"体验"而不是取决于有效性和效率。因此，交互系统设计中的可用性的构成因素与具体的产品有关，而不能完全用"有效性""效率"和"满意度"三个因素来概括。

2. 有关学者提出的可用性目标

国内外许多学者从不同的视角或领域提出了有关交互设计的可用性目标，其要点如下。

（1）针对人机界面的可用性结构框架。

李乐山教授提出了一种多级可用性结构框架[11]，认为可用性应以符合用户行动特征、符合用户认知特征、符合用户学习特征和减少用户出错四个一级因素考虑，其中一级因素还可以分解为二级和三级因素。

（2）针对界面设计的可用性。

Steven Heim 在《和谐界面——交互设计基础》[12] 中提出，在界面设计中主要的可用性目标是可理解性、可学习性、有效性和效率，其框架结构如图 2-4-1 所示。

1）可理解性：用户易于理解界面所表达的功能，使设计的功能发挥最大的作用，使界面设计具有很好的效率和有效性，并以此作为可用性的最高目标。

2）可学习性：在理解的基础上易于学会使用。只有理解的才可能学会使用，但容易理解的界面不一定意味着容易学会使用。在界面设计中采用符合用户认知习惯的方式来表达设计意图，使用户易于理解和学会使用。

3）有效性（有用性）：可细分为效用、安全性、灵活性和稳定性。

4）效率（可用性）：分为简洁性、可记忆性、可预见性和可见性等方面。

（3）针对交互式产品的可用性。

Preece 认为，可用性要保证交互式产品易学、使用有效果，能给人们带来愉快的体验[13]，可细分为：使用有效果（可行性）、工作效率高（有效性）、能安全使用（安全性）、具备良好的通用性（通用性）、易于学习（易学性）和使用方法易记（易记性）6 个方面（见图 2-4-2）。

（4）针对人机交互的可用性。

Jakob Nielsen 提出可用性具有多种属性，包括可学习性、使用效率、可记忆性、低出错率和主观满意度[14] 等（见图 2-4-3）。学习性（learnability）表示用户可在短期内学会使用，学会之后具有高效率（efficiency），并且在一段时间不用系统后不需要从头学起（可记忆性，memorability）。

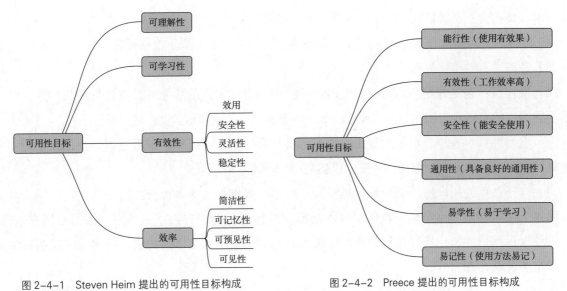

图 2-4-1 Steven Heim 提出的可用性目标构成　　　图 2-4-2 Preece 提出的可用性目标构成

3. 交互系统设计的可用性目标框架

上述有关可用性目标的描述主要是针对用户界面的设计。由于交互设计涉及众多的产品种类，因此上述内容很难适合所有产品的可用性目标，在应用时需要根据实际情况取舍。在可用性层面上，其交互系统设计的目标可以从物质和使用两个维度上进行分析，将可用性要素中"有效性"和"效率"具体化、层次化，其框架结构如图 2-4-4 所示。

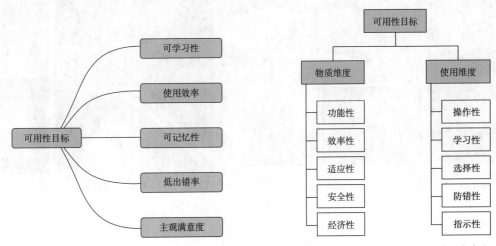

图 2-4-3 Jakob Nielsen 提出的可用性的五个属性　　　图 2-4-4 交互系统设计的可用性目标框架

两个维度的可用性要素之意义如下。

（1）功能性：交互系统所提供的功能满足用户的使用需求，功能的冗余和缺失表明系统功能性的不足，合理的功能配置才能使系统具有良好的功能性。

（2）效率性：衡量交互系统完成特定目标的运行效率高低。用户与产品进行交互时，要达到预定目标，需要一定操作步骤和过程。如果用户能够顺利完成目标，说明交互系统的效率性佳，反之则较差。

（3）适应性：表示交互系统对不同使用情景的自适应用能力，如手机或数码相机 LCD 显示屏亮度可根据环境光线强弱进行调整，说明系统对使用环境具有良好的适应性。自适应用能力需要采用环境感知技术，要求交互系统是具有一定"智慧"的"聪明"系统。

（4）安全性：交互系统必须安全可靠，保证在误操作情况下系统不出现异常。

（5）经济性：性价比指标。

（6）操作性：包括好用和易用方面的内容，特别是对于常用的功能应具有良好的易用性，并可以根据不同用户的喜好对常用功能进行设置，如"一键操作"、自定义"快捷键"等。

（7）学习性：可理解为对不太常用的操作容易学会使用，或交互系统可根据用户的使用习惯和某功能的使用频度自动调整功能选择排序，以提高操作效率。

（8）选择性：为用户使用交互系统达到同一目标，提供可选择多种交互行为，如汉字输入法的全拼、简拼、笔画和五笔字型输入法等。这种选择性可体现在两个方面：一是用户根据习惯自主选择；二是系统根据用户的操作特征自动选择。如极点五笔输入法可以根据用户输入的多个字符逻辑关系自动判断是拼音或五笔。

（9）防错性：系统应具有主动防止错误操作功能，一般可用 Norman 提出的物理结构限制、语意限制、文化限制或逻辑限制等措施。

（10）指示性：提供正确的操作提示，并给出操作正确与否的反馈，如输入显示、语音提示和阻尼等各种反馈（见图 2-4-5）。

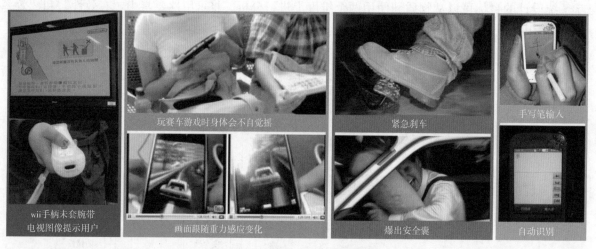

图 2-4-5　操作提示的主要反馈形式

2.4.2　交互系统设计的"用户体验"目标

1. 体验与用户体验

体验（experience）一词有以下三层基本含义。

（1）亲身经历，从实践中认识事物。

（2）通过实践所获得的知识、经验或技能。

（3）现场考察。

体验可定义为人们在特定的时间、地点和环境条件下的一种情绪或者情感上的感受[15]。一般说来，体验可理解为一种过程或行为，这种行为与时间和空间相关，并在人们心理上产生某种反映或感受。

知识链接：情绪和情感

情绪是人对事物的态度中产生的体验。与"情感"一词常通用，但有区别。

情绪与人的自然性需要相联系，具有情景性、暂时性和明显的外部表现；

情感与人的社会性需要相联系，具有稳定性、持久性，不一定有明显的外部表现。

情感的产生伴随着情绪反应，而情绪的变化也受情感的控制。

——引自《在线新华字典》（http://xh.5156edu.com/html5/354402.html）

人一生的体验是多元的，学习、工作、休闲、交友、参观、旅游、购物和娱乐等都是一种体验，只是体验的目的不同罢了。如可劲儿晃荡铁索桥、穿过摇摆不定的索笼、推一推农家乐中的磨子和瞧一瞧难寻觅的风车；或是情感的宣泄，或是追求刺激，或是充满好奇，体验的是快乐（见图2-4-6）。

探索体验（谷物分离风车）　　穿越索笼体验

农家乐体验　　索桥体验

图2-4-6　快乐的旅游体验

所谓的"用户体验"（User Experience，简称 UE 或 UX）专指与产品相关的体验，可以简单地理解为用户使用产品过程中，或使用后在情绪或情感上的感受，具有很强的主观性，但也受客观条件的影响。不能认为用户体验完全是纯主观的，如果缺乏客观的物质条件，体验也无从谈起。由于用户体验与产品相关，所以也可称为产品的用户体验。用户体验也可以从不同视角来理解。

1）从用户的视角，使用产品追求的是物质和精神上双重满足，如果仅仅是物质上的满足，达到"可用性目标"就够了，而"用户体验"目标恰恰是用户精神上的需求。

2）从营销的视角，用户体验是一种与体验经济时相适应的"体验营销"。通过"舞台"（企业服务）、"道具"（产品）和"布景"（环境），使消费者（可能的用户）在特定时间和场合中感受到体验使用产品的美好过程，从而激发购买欲望。例如，通过提供制茶场景，让消费者体验制茶过程，使其愿意为自己的劳动成果买单（见图2-4-7）。

图2-4-7 体验制茶过程

3）从设计的视角，通过以"以人为中心"的设计理念与方法，使产品系统达到用户体验目标的要求。因而，设计视角的用户体验就是用户体验设计，即通过以满足人的物质和精神需求为目标的一种设计。

知识链接：体验营销

　　企业通过产品和服务给消费者带来的一系列感受，这些感受会在消费者头脑当中激发思考并可能引起购买行动，消费者不仅得到了真实的效用，也享受了消费过程的乐趣。

---

2. 有关用户体验的学说

（1）约瑟夫·派恩提出的四种体验类型。

用户体验源于美国经济学家约瑟夫·派恩（B. Joseph Pine）和詹姆斯·吉尔摩（James H. Gilmore）在《体验经济》一书中提出的概念[16]，派恩将用户体验按横向划分可分成四类。

1）娱乐体验（amusement）。

2）教育体验（education）。

3）遁世体验（escape）。

4）审美体验（estheticism）。

不同类型的体验性质和主要形式如图2-4-8所示。

四种体验类型代表了不同的体验目标，在用户参与程度以及与环境的相关性两方面存在差异。教育体验和遁世体验与娱乐体验和审美体验相比，前者用户的参与度较高（有更多的主动性），而后者更多是被动体验，参与度较低。所谓的吸收体验与沉浸体验反映了用户与体验场景的关系，吸收体验表示体验场景对用户产生影响，用户被体验场景所吸引，如在电影院看电影和在体育馆看比赛等；沉浸体验表示用户已融入体验场景，如玩电子游戏、网上聊天等。

（2）营销专家贝恩特·施密特（Bernt.H.Schmitt）提出的5种体验层次。

营销专家恩特·施密特在《体验营销》一书中将体验按纵向划分可分成以下层次。

1）感官体验（sense）：通过视觉、听觉、触觉、味觉和嗅觉获得的体验。

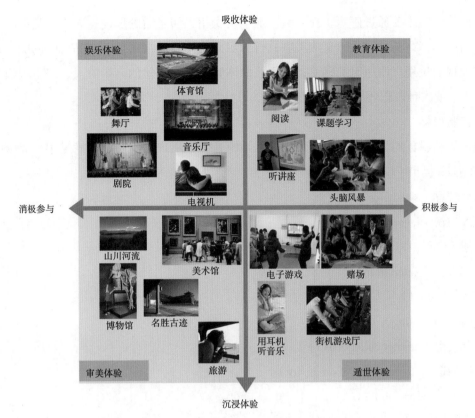

图 2-4-8　派恩提出四种体验类型

2）情感体验（feel）：内心的感觉和情感创造。

3）思考体验（think）：创造认知和解决问题的体验。

4）行为体验（ACT）：影响身体、生活方式并与用户产生互动的体验。

5）关联体验（relate）：包含感官、情感、思维和行为多方面带来的体验。

由感官、情感、思维、行为与关联构成了不同层次的用户体验体系。从营销的角度，关联体验让个人和一个较广泛的社会系统，如亚文化、群体等产生关联，从而建立个人对某种品牌的偏好，同时让使用该品牌的人们形成一个群体。

知识链接：亚文化（地区文化）

亚文化（subculture）是整体文化的一个分支，是由各种社会和自然因素造成的各地区、各群体文化特殊性的一个方面。如因阶级、阶层、民族、宗教、职业差别以及居住环境的不同，都可以在统一的民族文化之下，形成具有自身特征的群体或地区文化。

（3）基于 Norman 提出的情感化设计三个水平的用户体验。

根据 Norman 在《情感化设计》一书提出的本能、行为和反思三个水平，用户体验可分为三个层次。

1）直觉体验（体验作为一种下意识）：用户接受信息的一种本能感受（本能层）。

2）过程体验（体验作为一种过程）：体验的完成带来的令人满意之处（行为层）。

3）经历体验（体验作为一种经历）：过程结束后，体验的记忆将恒久存在（反思层）。

本能层面的体验主要通过感官（视、听、触）接受相关信息后的反应，表现的是即时情感，与交互系统中产品的形态、色彩和质感直接关联；行为层面的体验通过用户与产品之间的交互行为过程和效果相关，表现的是用户使用时的感受；反思层的体验是用户体验的高级阶段，决定用户体验是否有深刻印象，留下使人难以忘怀的情感记忆。

3. 用户体验目标

提出用户体验目标的目的是为了在评价交互系统是否在用户体验层面上满足用户需求时具有可参照之标准，Preece 提出了以下 10 个方面[17]。

（1）令人满意（satisfying）。

（2）令人愉悦（enjoyable）。

（3）有趣（fun）。

（4）引人入胜（entertaining）。

（5）有益（helpful）。

（6）激励（motivating）。

（7）富有美感（aesthetically pleasing）。

（8）支持创造力（supportive of creativity）。

（9）有价值（rewarding）。

（10）情感上满足（emotionally fulfilling）。

Preece 提出的评价用户体验目标主要是针对交互式产品，关于各指标的具体意义并未做详细解释，有些指标表达的意思存在交集。例如，"令人满意"与"情感上满足"，前者可以包括后者的内容。也许作者的意图是强调"情感"，但是不能"令人满意"的交互式产品，是不可能得到"情感上满足"的。我们在采用 Preece 提出的用户体验目标的 10 个方面时，可以根据不同类型的交互式产品来选择其中的若干条指标。

由于用户体验目标的评价较为主观，因此要对交互系统的用户体验目标进行准确的定位还是十分困难的，在实际操作时针对不同的交互系统从直觉体验、过程体验和经历体验三个层面或按照恩特·施密特提出的 5 个层面上构建用户体验目标体系。

图 2-4-9 中列出了针对智能手机的用户体验目标体系的架构，其中的具体目标指标还需要进一步说明，或建立一级指标，使交互系统的可用性目标在评价时具有可操作性以及定性和定量分析。例如，针对"过程体验"层的"操作自然"，可以从交互行为是否与用户的习惯行为匹配（手写输入、语音输入、旋转/放大/缩小/移动）等方面展开。"环境感知"则主要利用交互式产品内置的传感器功能，自动测定使用场景的亮度、温度、位置和方位等物理量的变化，并即时做出相应的反应。如 iPhone 手机接听电话靠近面部时，显示屏自动关闭以减少电量的消耗，离开时则自动显示以便用触摸屏进行其他操作，使用户产生"很爽"的体验。

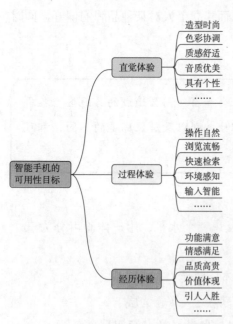

图 2-4-9　智能手机的用户体验目标架构

本章小结

　　交互设计实际上是交互系统的设计。关注的是由用户、行为、场景和产品组成 UACP 系统。交互是一种以用户为主导，由产品支持，并受场景影响的行为，行为的顺利与否，与交互系统的组成要素之间是否和谐有关，可以从物质、行为和精神三个维度上分析。

　　交互系统设计的目标是为了满足用户需求，这种需求可以从"可用性"和"用户体验"两个方面考虑。可用性目标的评价较为客观，而用户体验目标更多受主观因素的影响。在建立目标评价标准时，要考虑不同类型交互系统的差异性。

本章思考题

　　（1）如何从和谐的视角理解交互系统设计的目标，交互系统的和谐与哪些因素有关？

　　（2）在什么情况下可用性目标比用户体验重要？在什么情况下用户体验目标比可用性目标重要？

本章课程作业

　　以一款可使用移动互联网的个人终端产品为例，进行交互系统分析，写出分析报告。具体要求如下。

　　（1）绘制 UACP 系统图，列出系统支持的交互行为。

　　（2）从可用性和用户体验两个维度列出交互系统的目标构架。

　　（3）举例说明在可用性目标和用户体验目标方面可能存在的矛盾。

　　（4）根据产品的功能，设定要完成的三项任务，选择三个不同类型的用户进行交互行为测试，比较不同用户在完成同一项任务时存在的差异及原因。

　　（5）分析报告内容完整，表达形式直观，易于理解。

本章参考文献

　　［1］David Benyon,Phil Turner and Susan Turner.Designing Interactive Systems[M].Pearson Education Limited,2005.

　　［2］张乃仁 . 设计辞典 [M]. 北京：北京理工大学出版社，2002.

　　［3］李砚祖 . 产品设计艺术 [M]. 北京：中国人民大学出版社，2005.

　　［4］Karl T.Ulrich, 等 . 詹涵菁，译 . 产品设计与开发 [M]. 北京：高等教育出版社，2005.

　　［5］Donald A.Norman. 付秋芳，程进三，译 . 情感化设计 [M]. 北京：电子工业出版社，2006.

　　［6］Alan Cooper. Chris Ding, 等 . 交互设计之路——让高科技回归人性 [M]. 北京：电子工业出版社，2006.

　　［7］Alan Cooper, 等 . 刘松涛，等，译 . 交互设计精髓 [M]. 北京：电子工业出版社，2008.

［8］李乐山 . 工业设计思想基础 [M]. 第 2 版 . 北京：中国建筑工业出版社，2007.

［9］李砚祖 . 艺术与科学 [J]. 北京：清华大学出版社，2006.2：10–17.

［10］～［12］Jennifer Preece，Yvonne Rogers and Helen Sharp.INTERACTION DESIGN beyond human–computer interaction.John Wiley&Sons,Inc.2002.

［13］李乐山 . 人机界面设计（实践篇）[M]. 北京：科学出版社，2009.

［14］Steven Heim . 李学庆，等，译 . 和谐界面——交互设计基础 [M]. 北京：电子工业出版社，2008.5：151–153.

［15］Jakob Nielsen. 刘正捷，等，译 . 可用性工程 [M]. 北京：机械工业出版社，2004.

［16］罗仕鉴，朱上上 . 用户体验与产品创新设计 [M]. 北京：机械工业出版社，2010.

［17］约瑟夫·派恩二世 . 夏业良，鲁炜，译 . 体验经济（修订版）[M]. 北京：机械工业出版社，2008.

第3章

Chapter 3

以人为本与用户需求

"以人为本"以满足人的需求为目的，在交互系统中主要体现在可用性和用户体验两个层面。虽然美国社会心理学家亚伯拉罕·马斯洛（Abraham Harold Maslow, 1908—1970）将人的需求分成了生理（饥、渴、衣、住、性）、安全（人身、健康、财产和事业）、感情（友爱和归属）、尊重（社会的承认）和自我实现（实现个人理想和抱负）5层，但任何一个交互系统都不可能同时满足这些需求。从某种意义上说，交互系统所满足的只是全部需求中的"子需求"。在以"人造物"为构成要素之一的交互系统之中，人的概念转换为具体的"用户"，设计师在进行交互设计时的首要任务就是理解用户，认识人的感知与认知的本质，分析用户的思维模型以及正确建立用户需求。

3.1 如何理解以人为本

1. "以人为本"的原意

"以人为本"的原意是以人为根本，是指在万物之中，人是最重要的，是最值得关注的。这里的"本"就是最根本，是第一的，而不是第二的。以人为本的提法源自"人本思想"。西方早期的人本思想，主张用人性反对神性，用人权反对神权，强调把人的价值放到首位。中国古代的人本思想，强调人贵于物，"天生万物，唯人为贵"（汉·刘向《说苑·杂言》）。

2. "以人为本"的两种理解

（1）人本工具论之说。春秋战国时期管仲认为："夫霸王之所始也，以人为本。本治则国固，本乱则国危"（《管仲·中篇·霸言》）。这是从执政者角度出发的"以人为本"，是出于维护统治和保障社会稳定的需要，以人为本是达到这一目的的工具和手段。这种为执政者的"本治"服务的"以人为本"称为"人本工具论"。

（2）人本实质论之说。从人的自身立场出发，以人的自身角度研究问题的"人本观"作为出发点，考虑"一般人"唯一者"个人"的"自由的全面发展"（马克思《德意志意识形态》的边注）。这种"以人为本"的观点有学者称为"人本实质论"[1]。

按照"人本工具论"和"人本实质论"的说法，交互设计中的"以人为本"是指以"用户"

为根本的"人本观"。这种"以人为本"的设计思想，应以"当代人"需求和"跨代人"的需求为前提，充分考虑人类社会的可持续发展。否则，当代人的过度需求，会造成资源的枯竭和生态的恶化。

3.2 用户的概念

提出用户概念的目的是因为"用户知道什么最好。使用产品或服务的人知道自己的需求、目标和偏好，设计师需要发现这些并为其设计"[2]。

3.2.1 何谓"用户"

关于"用户"有以下不同的说法[3]。

（1）用户是人类的一部分。

（2）用户是产品的使用者。

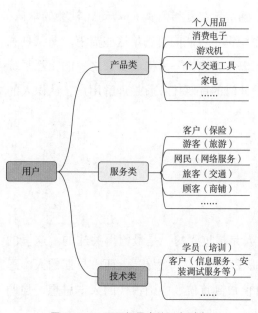

图 3-2-1 不同场景中的用户别称

前者是从广义角度，说明用户是人类的个体，具有人类的共同特征（如感知能力、认知能力、思维能力、行为能力、控制能力和表现能力等），用户在使用产品时可能会反映出这些特征。后者以是否使用产品为条件，凡是使用产品者均是用户。

另一种说法认为"设计者更是用户"[4]，其理由是设计者首先是使用者，其次才是设计者。关于这一说法，我们可以理解为设计者应当从使用者的角度来思考问题，而不是以设计者的角色主观臆测用户的意图。

比较准确说法是，广义的用户是某一种产品或服务或技术的使用者或接受者，包括客户、游客、网民、顾客等。狭义的用户主要指个人用品、消费电子（日常生活中使用的电子产品）、个人交通工具、家电等实体产品类的使用者（见图 3-2-1）。对于服务于大众公共设施类产品，如客运公司的汽车，对于其汽车提供商来说，用户是客运公司的相关人员，而乘客则是客运公司的用户，接受的是一种服务。

3.2.2 交互系统设计中的用户

交互设计中的"用户"与前面所述的"用户"概念有所不同，一般泛指与交互系统相关的个体或群体。可分为直接用户和相关用户两大类（见图 3-2-2）。

（1）直接用户：与交互系统直接相关，包括经常使用交互系统和偶尔使用交互系统的用户。

（2）相关用户：与交互系统间接相关，如决策人员、管理者、拥有者等相关"当事人"（Stakeholders），Jennifer Preece 认为，开发一个成功的产品是同许许多多的人员息息相关[5]，这些当事人与交互系统之间相互影响。

在交互系统设计中，主要应关注的"用户"是与交互式产品直接相关（包括实体产品和软件产品）的最终用户。最终用户是交互系统的主导者和使用者，英文单词"user"或"users"明确无误地表示了这一概念。由于英文单词有单数和复数之分，因而对于具体的交互系统来说，如果是个体用户使用交互系统，通常用"user"表示，抑或是多个个体同时参与交互系统，则用"users"来表示用户（见图3-2-3）；对交互系统设计来说，设计师视野中的用户只能是"users"。虽然 Cooper 提出了"只为一个人设计"[6]的概念，但这里的"一个人"并非是真正意义上的个体，而是某一用户群体的典型代表——用户的具体化。

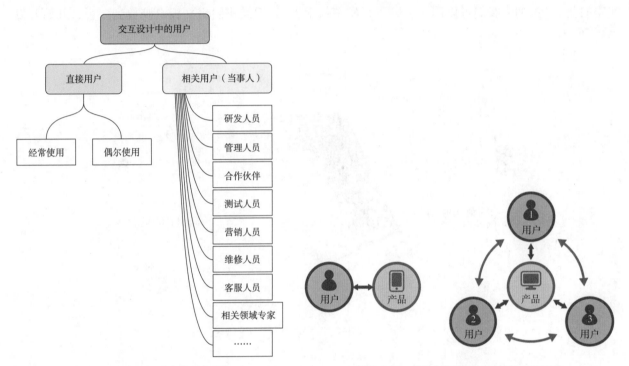

图3-2-2　交互设计中的用户分类　　　　　　图3-2-3　单用户交互系统与多用户交互系统

交互系统中的用户与交互系统设计时要考虑的用户有所不同：对于一个具体的交互系统来说，用户是确定的；在交互系统设计时，设计师或设计团队关注的用户还不可能完全确定，只能属于所谓的"目标用户"。目标用户能否成为最终用户，取决于交互系统设计的目标是否能满足用户（包括最终用户和中间用户）需要。

目标用户还可以进一步分为初学者、中间用户和专家级用户三种类型。三种用户的人数呈正态分布[7]。

（1）在使用产品的过程中三种用户群可能会发生转变，但数量最多、最稳定和最重要为中间用户。这是因为没有人愿意长期作初学者，要么变为中间用户，要么放弃。

（2）在产品交互设计中只关注初学者和高级用户都是有问题的设计，因为这类设计忽略了数量最多、最稳定和最重要的永久中间用户。

总之，在交互系统设计中，树立以用户为本的设计思想是十分必要的，其中最重要的是目标用户中的"中间用户"，但不能忽视当事人一类的用户。美国设计师 Dan Saffer 认为，人类有一个令人惊异的倾向，对于很糟、不便和难用的东西会变得习以为常[8]。目标用户对正在使用或曾经使用的产品会提出许多有价值的意见和新的要求。但是由于其工作经历、知识结构和专业背景等方面的原因，他们对产品需求的认识和了解是有限的。特别是对于以信息技术为特征的高科技产品，由于技术的高速发展和应用成本的不断下降，新产品以及新技术的应用更多源自相关领域的专家。例如，介于笔记本电脑和智能手机之间的移动互联网终端 iPad 平板电脑（见图 3-2-4）概念的提出就源自于苹果 CEO 史蒂夫·乔布斯（Steve Jobs），他说："我当时想到了这个创意，配备具有多点触控功能的玻璃显示器。我问了公司的员工。6 个月后，他们拿回了一个非常棒的显示器。于是，我将它拿到我们一位非常优秀的界面设计师那里。他随后做了一些惯性的滑动操作以及其他操作，我当时想，'天呐，我们可以用这个屏幕开发一款手机。'于是我们将平板电脑放到一边，开始开发手机。"[9]

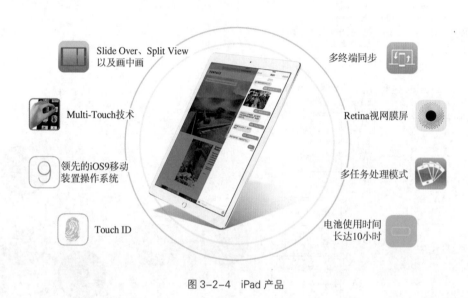

图 3-2-4　iPad 产品

3.3　从不同视角理解用户

理解用户是交互系统设计的首要过程，主要内容包括以下 3 方面。

（1）理解用户总群体的共性：特定群体的文化、信仰、道德、法律、习俗、居住环境、自然条件等属性，这些属性与国家、民族和地区有关，是用户所共有的。

（2）理解用户子群体共性：如按年龄分为儿童、成年、老年等的生理、心理、行为、能力、技能和认知等属性。

（3）理解个体特性：同一子群体中的个体差异特征，如受教育程度或经历的不同引起的认知差异；由于经济条件不同确定的需求差异；身体状况不同造成的行为能力差异等。

3.3.1　从人类学视角理解用户

人类学（Anthropology）是以人作为研究对象，从生物和文化的角度对人进行全面研究的学科，其主要分支是体质人类学和文化人类学。

体质人类学：主要研究人体形态、遗传和生理等。

文化人类学：主要研究人的思想、理念、行为、风俗和习惯等文化属性。

人类学的核心概念是进化、社会和文化，而国内学者一般将人类学称为文化人类学，即社会人类学（或称民族学），将文化作为核心。

┌─ **知识链接：人类学的提出与发展** ─────────────────────

人类学（Anthropology）最早见于古希腊哲学家亚里士多德对具有高尚道德品质及行为的人的描述中。1501年，德国学者亨德用anthropology作为其研究人体解剖结构和生理著作的书名。

人类学由19世纪以前只关注对人体解剖学和生理学的体质人类学，发展到包含体质人类学（自然人类学和人体人类学）、文化人类学（民族学）以及专门研究史前时期的人体和文化的史前人类学3个分支。

——摘自百度百科（http://baike.baidu.com/view/20586.htm）
└──

在交互设计中（尤其是针对实体产品的设计中），从人类学（主要是文化人类学）角度理解用户主要分为两个层面。

1. 理解用户在地域和文化方面的差异

文化差异在不同国家、同一国家的不同地区、同一民族的不同区域都有可能存在（见图3-3-1）。如色彩是否与当地人的信仰、道德、法律和习俗等相适应，表达的信息是否能被用户所理解等。人们的行为习惯在不同国家也存在差异，同样行为表达的意思往往大相径庭。

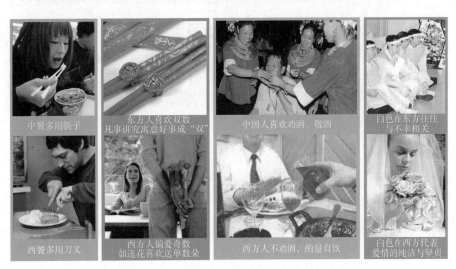

图3-3-1　中外文化差异对比图（主要是行为）

例如，中国人喜欢向别人敬烟，表示尊敬；日本人不喜欢别人敬烟，习惯抽自己的烟。

中国人喜欢"九"字；日本人忌讳"九"字，"九"在日语中发音与"苦"相似。

中国人摇头表示不同意，点头表示同意；但在阿尔巴尼亚、保加利亚、斯里兰卡、印度和尼泊尔等很多地方，人们却以摇头表示同意，点头表示不同意。

中国人以双数为吉利；美国人以单数是吉利。

中国人和日本人喜欢吸尘器在工作时的噪音小，美国人却希望吸尘器工作时能够发出响亮的声音，认为吸尘器越响就越能工作[10]。

同样一个国家在不同地区虽然有同一个文化背景，但在发展过程中受外界因素的影响也会存在差异。如中国大陆称为软件、程序和信息，在台湾地区则称为软体、程式和资讯。

对地域和文化差异的理解实质上是要求设计者树立一种"超界观察"理念，特别是"从一种文化到另一种文化，从一种产品到另一种产品，按受曲线有极大的差异"[11]。

2. 用人类学的方法来理解用户需求

由人类学家提出并用于研究的人类学方法，主要有以下几种。

（1）田野调查（Fieldwork）：亲自进入某一社区，通过直接观察、访谈、居住体验等参与方式获取第一手研究资料的过程（见图 3-3-2）。

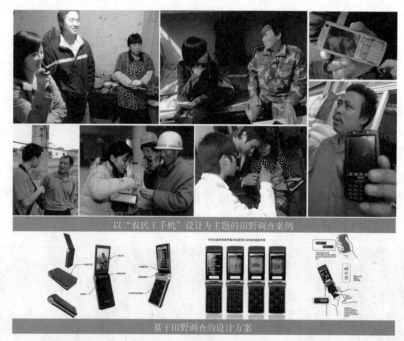

图 3-3-2　田野调查法实例（图片由联想手机工作坊"农民工手机"设计组成员关一脉提供）

（2）背景分析法：也称社区关系研究法，解释某一独特群体的行为时，将行为与更广阔的背景联系起来考察。

（3）跨文化比较研究：也称交叉文化研究、泛文化研究或比较文化研究等。从世界各地不同的民族志报告中抽样，把抽样的资料作统计分析，借以说明或验证假说，探究人类行为的共同性及文化差异性，并从中发现某种规律或通则。

（4）主位与客位研究法：主位研究法称为"自观研究法"，即站在被调查对象的角度，用他们自身的观点去解释他们的文化；客位研究法也称为"他观研究法"，即站在局外立场，用调查者所持的一般观点去解释所看到的文化。

（5）文化残存法（Survival）：Survival 是借自生物学的术语，是泰勒于 1887 年把它应用于人类社会文化的研究上。泰勒认为，残存是仪式、习俗、观点等，被习惯势力从他们所属的社会阶段带入到新的阶段，通过分析研究这些残存物，就可以追溯发展的历史。

（6）PRA 调查法（Participatory Rural Appraisal）：也称参与式农村评估方法，指快速收集村庄资源状况、发展现状和农户意愿，并评估其发展途径的田野调查工具。上述方法的主要特点强调实践性、参与性和探索性，特别田野调查在交互设计中可用于了解用户的行为，获得第一手资料。只是这里的"田野"不只是社区，也可以是与工作、学习和生活等相关的各类场景。在用户需求调查中用到的参与观察、个别访谈、调查座谈会、问卷调查、定点跟踪调查、文献文物收集和概率抽样等均属于田野调查法的具体技术。

知识链接：文化的含义与三层次

文化（Culture）一词源于拉丁文，原意为对植物的驯化和栽培，后引申为对人的育化和培养。现代意义上的文化，是人类在社会发展过程中所创造的物质财富和精神财富的总和。

——张永谊《"文化"乱配"产业"之忧》. 人民论坛 2010.7（下）：第5页

有人类学家将文化分为三个层次：

高级文化，包括哲学、文学、艺术、宗教等；

大众文化，指习俗、仪式以及包括衣食住行、人际关系各方面的生活方式；

深层文化（Deep Culture），指价值观的美丑定义，时间取向、生活节奏、解决问题的方式以及与性别、阶层、职业、亲属关系相关的个人角色。

——摘自百度百科（http://baike.baidu.com/view/3537.htm#1）

3.3.2 从认知心理学视角理解用户

认知心理学（Cognitive Psychology）主要研究人认知的高级心理过程。简单说来，如果把人当做是一个信息加工机器，认知过程就是一个信息加工过程，是从感性到理性的转换过程。这个过程包括注意、感知和识别，记忆，思维和决策等过程。

1. 认知过程的第一阶段：注意、感知和识别

注意（Attention）、感知（Perception）和识别（Recognition）是认知过程的感性阶段，是在一定场景下，某一时刻人受外部世界某种刺激的反应。用一个实例来说明。当你正骑车驶过一地段时，一阵喧天的锣鼓声吸引了你的"注意"，好奇心驱使你下车瞧瞧，原来是体育馆正在举行家电博览会。这个过程至少包含了两个步骤：第一，为什么会"注意"到体育馆，是听觉引起了你的关注，使之能从该区域众多的建筑物中选择出了体育馆，所以"注意"就是对多个事物的选择；第二，下车后进一步通过眼睛的"感知"看到博览会的标识和海报，通过大脑的简单判断，进而对"家电博览会"的主题有了"识别"。这里的"注意"相当于由听觉引起的"远看"，"感知"则是通过视觉的"近瞧"。当然引起"注意"也有可能是"视觉"，如醒目的气球或悬挂的条幅等，"感知"也可能是通过"听觉"对音乐所表达的情感之"识别"。

理解用户的注意、感知和识别特性，有利于使用交互系统快速有效地完成系统目标。如何才能使交互系统达到这样的要求，主要需要考虑以下两个方面：

（1）注意和感知主要通过人的感官，如视觉、听觉和触觉，其中80%的信息来自视觉，因而视觉是信息来源的主要通道，是设计时首先要关注的。

（2）交互系统的界面设计必须与人的认知过程适应，要考虑不同人群的认知特点。选择视觉、听觉和触觉之中的何者来传递信息，与特定人群有关，对于盲人，触觉是首选；对于聋哑人，则视觉是首选。

为便于用户识别界面信息，视觉感知主要从视觉元素大小、图形和色彩等方面综合考虑。研究表明，最佳视力是在 6m 处辨认出 20mm 高的字母，平均视力能够辨认 40mm 高的字母，多数人能在 2m 处分辨 2mm 的间距[12]。有时受界面尺寸的限制，在有限的区域需要放置较多的信息，可采用选择性动态放大的方法来提高识别的正确率，如 iPhone 的软键盘输入，当用户点击输入区时，所选择的字符或数字就会动态放大（见图 3-3-3），从而大大减小了输入错误。

图形（图标）的设计原则是易于区分和理解，并辅之以必要的文字提示，且文字表达的意义无歧义。如 iPhone 手机的设置界面，其中飞机图案图标的文字的描述为"飞行模式"（见图 3-3-4），但用户未必能知晓所谓"飞行模式"所表示的是开启或关闭通话功能之含义。只有联想到乘飞机时要关闭手机的规定时，才能理解"飞行模式"原来是这个意思。

图 3-3-3　iPhone 的动态放大功能

图 3-3-4　iPhone 的"飞行模式"设置界面

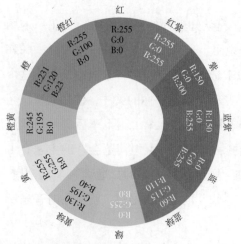

图 3-3-5　色轮中的互补色与类似色

正确应用颜色的搭配也可以提高视觉感知的识别，如选择色轮中的互补色作为主题和背景可以突出主题，且极易识别。如果不要求强调，只要求颜色的协调，则可选择类似色。互补色是色轮中相对的一组颜色，如红色与绿色、蓝色与橙色以及紫色与黄色等；类似色是色轮上相邻的颜色组合，如红—红橙—橙、黄—黄绿—绿、青—青紫—紫等。色轮中的互补色与类似色如图 3-3-5 所示。

2. 认知过程的第二阶段：记忆

记忆（memory）是认知过程的理性阶段，"是回忆各种知识以便采取合适的行动"。《辞海》中对"记忆"的定义是："人脑对经验过的事物的识记、保持、再现或再认"。"识记"是指通过对感官输入信息的编码，以便于信息的接受和"保持"；"再现"或"再认"是对信息的提取和应用，是记忆的最后一个环节。经历过的事情能不能完全记住，取决于多种因素，如多次重复、故地重游、积极思考以及强化学习等都有利于加强记忆。另一方面，通过一定的设计策略也可以激发和提升人的记忆力：

（1）采用形象记忆、逻辑记忆、情绪记忆、运动记忆等方式。如有人分不清"S"和"N"表示磁极时，何者是"南"，何者是"北"？因为不知道 S 和 N 是英文南北的首字母，或根本就未学过英文。此时，若能联想到"北"和"N"均含两竖，就不难记住了。

（2）采用符合人们认知习惯的表达形式，通过识别来引发记忆。如用磁盘符号的图标表示保存，用"！"表示注意，用"？"表示询问等。因而这些符号的意义已经在用户的头脑中根深蒂固，很容易使人想起和理解。

关于神奇的数字 7[13]（Magical Number Seven）：普林斯顿心理学教授乔治·米勒（George Miller）认为人脑最佳的短期记忆（short-term memory）只能记住的信息为 7±2 项，即人的短期记忆能够正确记住的信息上限在 5~9 项之间，有的人最多只能正确记住 5 项，而有的人则可能正确记住 9 项。超过上限，人的大脑不能保证准确无误的记忆，这表示在任何给定时间的短期记忆中，记住比 7±2 更多信息会有困难。Magical Number Seven 法则表明：

（1）需要用户暂时记忆的信息不应超过 7 项（取 7±2 之均值），如果在产品设计中不注意这点可能会给用户造成认知负担。

（2）7±2 只是表示如果需要暂时记忆的信息项数，并不是说明某区域的显示项只能是 7 项，如果超过 7 项信息，则不宜采用要求用户记忆的方式，而可以通过显示可视信息的形式表示。

短时记忆亦称操作记忆、工作记忆或电话号码式记忆。指信息的保持时间一般在 0.5~18s，不超过 1 分钟的记忆，而能保持 1 分钟以上乃至终身的记忆称为长期记忆。

3. 认知过程的第三阶段：思维和决策

思维（thinking）和决策（decision making）包括目标（做什么），有哪些方法，选择何种方法（决策）以及结果的预测等。这一过程的实施与用户的记忆（经验和技能）有关，涉及能否顺利而有效地完成预定目标。

对于对交互系统不甚了解的初级用户来说，通过"认知"转化的经验和技能（记忆）是有限的，在设计时就考虑给出一些附加信息，以利于用户有效地完成任务。如简明的使用说明、动态的操作提示、一目了然的交互界面、直接快捷的一键操作等。如 iPhone 的"Home"键的设置为用户提供了一种非常快捷的返回方式，无论用户位于任何一个操作界面，只要轻轻一按，总是能返回主界面。这里既不存在层层回退的界面构架关系，也没有多余的操作。即使是初级用户，只要有了一次"认知"，就不会有无法退回主界面的困扰。当用户从初级用户转变为中间用户或专家级用户时，随着对"Home"键的"认知"升级，可能会发现更多的有用的功能，如长按"Home"键进入"语音控制"界面；双击进入最基本的操作界面；在待机方式下双击进入音量设计界面等（见图 3-3-6）。

对于交互系统中某些偶尔使用的功能来说，由于此类功能不经常使用，因而通过"认知"转化为记忆的过程是漫长的，让用户为了实现目标进行的"思维"和"决策"在短期内也是困难的。对于这种情形应在设计时予以解决，而不是让用户去查阅说明书。比如，互动电视有邮件要通知用户时，一般是在电视屏幕上显示一个邮件图标（见图 3-3-7），如果用户不打开邮件，这个影响画面的图标始终会存在。要去除讨嫌的图标，必须通过机顶盒遥控器的设置按钮，并经过多次操作才可完成，说不定还得查阅说明书才能成功。由于不经常使用该功能，过一段时间有邮件时可能还要折腾一番。实际上设计时，可以在机顶盒遥控器上设置一个按钮（通常在遥控器上有不少的闲置按钮），或者让邮件图标显示一段时间后自动隐去，或者打开电视机时自动打开邮件，隔一段时间关闭邮件进入正常显示状态。

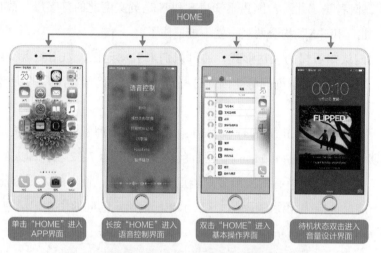

图 3-3-6 iPhone 的 "Home" 键功能

图 3-3-7 互动电视上的电子邮件图标用户不知如何隐去

知识链接：认知过程

　　认知心理学将认知过程看成是一个由信息的获得、编码（Encoding & Coding）、储存、提取和使用等一系列活动过程组成信息加工的系统。

　　信息的获得就是接受直接作用于感官的刺激信息。

　　信息的编码是将一种形式的信息转换为另一种形式的信息，以利于信息的贮存和提取和使用。

　　信息的储存就是信息在大脑中的保持。

　　信息的提取就是依据一定的线索从记忆中寻找所需要的信息并将它取出来。

　　信息的使用就是利用所提取的信息对新信息进行认知加工。

——摘自百度百科（http://baike.baidu.com/view/69807.htm）

4. 交互系统的概念模型与认知差异

概念模型是指真实世界现象与过程的逻辑关系的描述。在交互系统设计中，狭义概念模型主要指 UACP 中产品（P）的概念模型，广义的概念模型指交互系统的概念模型。Norman 提出了以下 3 种概念模型。

（1）设计模型：设计师设想的模型，描述系统如何运行。

（2）系统模型：系统实际如何运行。

（3）用户模型：用户如何理解系统的运行。

系统模型（System Model）或称实现模型（Implementation Model），其原意是用来描述计算机和程序是如何工作的，我们可以理解为根据系统的客观情况建立的一种模型，是描述系统功能的实现方式，反映的是真实情况。设计模型，也称表现模型（Represented Model），是设计师将系统的运行方式和交互方式展现给用户的一种模型，或者说是设计师对系统运行的描述，反映的是设计者的设想。用户模型是用户心理模型（Mental Model），是在用户认知基础上对系统的理解，反映的是用户的想象。在理想情况下，这三种模型的关系是，"系统模型"应能明确地向用户表示"设计模型"，用户能够完全理解"设计模型"。从用户与产品交互的视角，这种概念模型更多体现在行为层面上。

这三种模型之间会存在一定的鸿沟，特别是由于设计师与用户在认知方面存在的差异，交互设计的任务之一就是试图减少这种差异，其基本原则是交互系统设计应基于"用户模型"而不是"系统模型"，也就是说，设计师应根据用户对系统的理解来展开设计，而不是主观的设想。实际上要完全做到这一点是不可能的，因为不同用户对系统的理解是不一样的，有效的方法是对用户进行细分，确定目标用户。对于公用类产品，则可采用图示加文字的方式，引导用户进行正确操作，以减少两种模型间的认知差异，如图 3-3-8 所示。

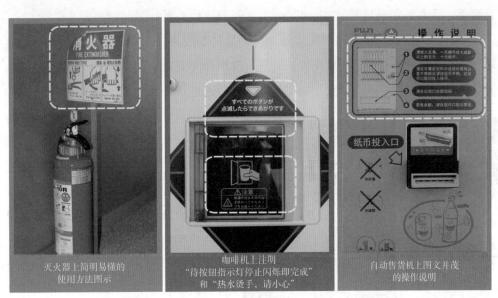

灭火器上简明易懂的
使用方法图示　　咖啡机上注明
"待按钮指示灯停止闪烁即完成"
和"热水烫手，请小心"　　自动售货机上图文并茂
的操作说明

图 3-3-8 采用图示引导用户正确操作以减少认知差异

对于全新产品，设计不可能基于用户模型，因为用户对尚未面市的产品可能一无所知，设计模型只能在设计团队中产生，用户模型与设计模型之间认知差异的消除需要一定的引导，如培育新产品用户，或通过展览会等形式吸引用户参与使用体验等。

3.3.3 从人机工程学视角理解用户

人机工程学在欧洲称为 Ergonomics，由两个希腊词根组成的："ergo"的意思是"出力、工作"，"nomics"表示"规律、法则"的意思，合起来的意思是"人出力的规律"或"人工作的规律"，表示研究人在生产或操作过程中合理地、适度地劳动和用力的规律问题。国际人机工程学会（International Ergonomics Association，IEA）的定义为：研究人与系统中其他因素之间的相互作用，以及应用相关理论、原理、数据和方法来设计以达到优化人类和系统效能的学科。

知识链接：人机工程学的多种称谓

人机工程学在美国称为"Human Engineering"（人类工程学）或"Human Factor Engineering"（人因工程学）。日本称为"人间工学"或"人体工学"。在我国，有"人类工程学""人体工程学""工效学""人因工程"和"人机工程学"等之称。在工业工程专业通常称为"人因工程"，在工业设计领域一般称为"人机工程学"。

人机工程学将使用"物"的人和所设计的"物"以及人与"物"所共处的环境作为一个系统来研究，并称之为"人——机——环境"系统，系统中的人、机和环境三个要素之间相互作用、相互依存的关系决定着系统总体的性能。

（1）人：用户，包括个人用户、群体用户和特殊用户等。

（2）机：泛指一切人造物，如机器、工具、用品、设施和计算机软件等各类产品。

（3）环境：是人与机发生关系时所处的外部条件，包括作业场所位置、作业空间大小、照明和通风等自然条件。

人机工程学关注在特定环境下，"机器"与人之间的协调关系，强调"机器"适应"人"，而不是"人"去适应"机器"，使人与机之间交互协调，达到最佳的效果。在交互系统设计中，设计师可以充分利用有关人机工程学的研究成果，从高效、舒适、健康和安全4个方面满足用户需求。

高效也是可用性目标之一，问题是如何才能使用户通过与产品（机）之间的交互行为快速有效地实现目标？这需要考虑用户认知特性，如在需要准确获得具体数值的场合，采用数字显示方式可以使用户快速读取准确的数据；只需要知晓大致状态时，采用指针方式显示可以有利于用户快速判定当前的状态（如温度高低、速度的快慢等）；或者数字显示与指针标识的结合，使同一界面满足不同的要求，如图3-3-9所示。

满足舒适性要求需要针对国家或地区人体尺寸，例如，座椅尺寸、工作台高度和操作空间等的设计均要满足人体尺寸的相关要求。对于健康和安全等要求，人机工程学中都有相应

图3-3-9 指南针的两种显示方式（左为实物，右为 iPhone 的指南针界面）

设计原则和规定，必要时还可查阅相关国家标准（见表3-3-1）。

表3-3-1　　　　　　　　　　　　　有关人机关系的国家标准

标准编号	名称	发布部门
GB 10000–1988	《中国成年人人体尺寸》	国家技术监督局
GB/T 13547–1992	《工作空间人体尺寸》	国家技术监督局
GB/T 14774–1993	《工作座椅一般人类工效学要求》	国家技术监督局
GB/T 23461–2009	《成年男性头型三维尺寸》	国家质量监督检验检疫总局
GB/T 23702.1–2009	《计算机人体模型和人体模板》	国家质量监督检验检疫总局

注　选自 http://www.csres.com/detail/194212.html

3.4　如何识别用户需求

3.4.1　什么是用户需求

用户需求包含了以下两层含义。

（1）Need（需要、必要）：主要是物质层面上的需要，表示最基本、最核心的需要，相当于马斯洛提出的生理和安全的需要。

（2）Want（想要、希望）：主要是精神层面上的需求，相当于马斯洛提出的感情、尊重和自我实现的需要。

我们可以通过生活中的小事来理解什么是需要，什么是想要；寒冷的时候，穿上厚厚的冬衣，这是保暖的"需要"，可是还希望保持苗条的身段，这是追求美的"想要"。理想情况是两者的满足，看起来这是一件十分困难的事，但是随着人类的进步和科技的发展，这样的矛盾总会有一天能解决。

无论是满足"需要"还是"想要"，抑或是满足"必要"还是"希望"，均是交互系统中的用户需求目标，这种需求从用户的角度，可分为显性需求和隐性需求3种。

（1）显性需求：用户能非常明确提出的基本需求，或用户在现有产品的基础上提出新的需求。

（2）隐性需求：用户现阶段还不能明确提出的需求，但当这种需求的形式出现时，完全能够被用户认可和接受。

（3）潜在需求：用户有明确的欲望，但由于受购买力等条件限制，尚无明确显示出来的需求。

例如，当我们需要在路途之中放松时，自然会想到用 MP4、iPod 或智能手机等一类产品来听一段音乐或欣赏一段视频，这就是一个显性需求。但是我们不一定会想到，能否欣赏一段 3D 视频，体验一把身临其境、真假交融的虚拟现实呢？如果有这样的产品推出，难道我们会拒绝吗？在现阶段，随时随地可以体验 3D 视频对用户来说就是一种隐性需求。也许我们能想到要戴立体眼镜才能体验 3D 视频，但未必能想到裸眼同样可以做到这一点，甚至还可能自己拍摄 3D 视频和照片，这些均属于隐性需求。

相比之下，识别用户的显性需求较为容易，而挖掘用户的隐性需求却并非易事，因为后者需要更多的设计创新。从苹果公司 2010 年推出的掌上影音产品 iPod 第一代，到今天的 iPod Touch 第四代，充分体现了这一点（见图3-4-1）。

3.4.2　用户选择与了解的主要内容

了解用户需求的第一步是了解用户的需要与期望，确定用户为了实现目标而可能采取的行为；第二步是如何才能满足用户需要，确定产品或系统解决方案。

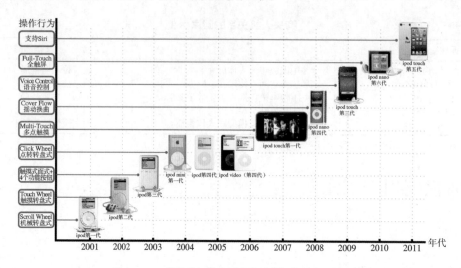

图 3-4-1　苹果公司掌上影音产品的操作行为的创新

1. 如何选择用户

用户选择涉及两个问题：一是用户群体的选择；二是用户数的选择。

对于显性需求，一般可选择直接用户，例如，交互式家用智能清洁产品，可以选择中等收入以上的知识分子家庭，如白领、教师、公务员家庭中的成员等，因为这类人群一般工作繁忙，且不一定有足够的财力聘请家政人员。对于隐性需求，可以从相关用户中选取，如相关领域专家、营销人员等。

人数选择与选择的用户研究方法有关，对于用户观察或产品评估研究对象一般为 5~10 人，且用户类型的选择比人数更重要[14]。为了便于表达所选择用户的分布情况，采用表格的形式表示，并称为"用户选择矩阵"，表达形式如表 3-4-1 所示。

表 3-4-1　　　　　　　　　　　　　　　　　　用户选择矩阵

用户分类	用户或相关用户（当事人）				
	高级用户	一般用户	营销人员	维修人员	……
偶尔使用	0	2			……
经常使用	2	8	2	2	……
专业人员	2	0			……
人数小计	4	10	2	2	……

2. 需要了解用户什么

要了解用户的真实需要与期望，必须走近用户，把用户当老师，设法获得第一手资料。一般说来需要了解的内容主要有以下几个方面。

（1）背景：年龄、职业、喜好、学历和经历等。

（2）目标：用户使用产品的目的是什么？用户最终想要得到什么结果？

（3）行为：用户与产品之间采取什么样的交互行为来达到目标？

（4）场景：用户在什么情况使用系统？

（5）喜好：用户喜欢什么？不喜欢什么？讨厌什么？

（6）习惯：用户的操作或使用习惯，如输入中文信息时，用拼音还是手写，用左手或右手，单手还是双手操作等；阅读习惯、休闲习惯及工作习惯等。

3.4.3 识别用户需求的定性研究与定量研究方法

识别用户需求有许多方法，主要分为定性研究和定量研究（或称定性分析和定量分析）两大类。

> **知识链接：定性研究与定量研究**
>
> 定性研究（Qualitative research）是指通过发掘问题、理解事件现象和分析人类的行为与观点以及回答提问来获取敏锐的洞察力。具体目的是深入研究消费者的看法，进一步探讨消费者之所以这样或那样的原因。
>
> 定量研究（Study on measurement，Quantitative research）是指确定事物某方面量的规定性的科学研究，就是将问题与现象用数量来表示进而去分析、考验和解释，从而获得意义的研究方法和过程。
>
> ——摘自百度百科（http://baike.baidu.com/view/446720.htm）

定性研究有利于帮助设计者理解产品的问题域、情景和约束条件，更快更容易地帮助设计者识别用户和潜在用户的行为模式，特别是有利于理解如下问题[15]。

（1）产品潜在用户的行为、态度与能力。

（2）将有设计产品中所含的技术、业务和情境——问题域。

（3）问题域中的词汇和其他社会方面。

（4）已有产品及其使用方式。

定量研究主要采用数字形式来描述或测定对象的特征，或求出某些因素间量的变化规律。以数据表示的资料或信息为基础，利用数学方法或通过一定科学实验手段来获得数值结果、图表等。

定性研究与定量研究的主要方法如图3-4-2所示。

（1）用户访谈（焦点小组）：有针对性地选择多个用户（8~12个）进行访谈，根据访谈要点，面对面交流与沟通。时间一般在1~2小时。访谈分以下几种情况。

1）访问用户：了解用户使用产品的动机与期望；使用产品的时间、地点、情景和方式；完成预定目标的情况；对产品的评价和意见等。

2）访问主题专家（Subject Matter Expert，SME）：SME包括专家级用户或某一领域的专家，从中了解对现有产品的改进意见、有关专业知识和新的需求等。

3）访问管理人员、市场部人员和研发人员等当事人，从中了解他们对新产品的看法、上市时间以及约束条件等。

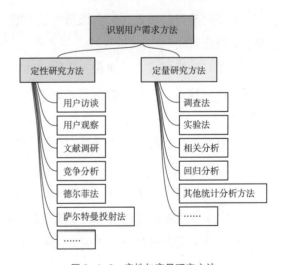

图3-4-2 定性与定量研究方法

用户访谈中的另一种形式是一对一的深度访谈（In-depth interview），或团队多个研究成员对一个用户访谈。这是一种无结构的（自由的）、直接的访问形式。事前不需要设计问卷和固定的程序，只需要围绕主题或范围展开较为自由的交谈。通过对用户深入细致的访谈，得到第一手资料，然后通

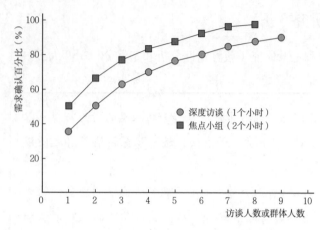

图 3-4-3 焦点小组和深度访谈可发现的用户需求对比
[引自 Karl T. Ulrich，等著 . 杨德林主译 . 产品设计与开发（第四版）. 大连：东北财经大学出版社，2009.5：51]

过研究者主观的、洞察性的分析，从中归纳出某种结论。

研究表明，焦点小组两个小时和深度访谈 1 个小时两种形式所揭示的用户需求百分比大致相等，如图 3-4-3 所示。

（2）用户观察：利用记录、拍照、视频或录音等技术手段来获取用户使用现有产品或新产品原型的行为或语言等信息。由于用户所说的并不一定就是他们真正的需求，尤其是中国用户受文化的影响，一般不会直接、真诚、准确地说出自己的想法，所以采用行为观察是一种极为有效的方式。

观察者以不同的角色参与，有关研究者将现场角色的各种观点可归结成三大类：即"四种角色说"、"三种角色说"以及"两种角色说"。

1）四种角色说。

a. 完全参与者：观察者是一个隐蔽的观察者，扮演着社会背景中的一个完全真实的角色，而其身份则不被其他人所了解。

b. 作为观察者的参与者：这一角色与完全参与者一样，但人们知道研究者的身份。研究者与人们进行正常的互动，参与他们的日常生活，在这种互动和参与中进行观察。

c. 作为参与者的观察者：研究者主要是一个访问者，虽然有一些观察，但是却不会包含任何的参与。

d. 完全的观察者：研究者不与背景中的人们互动，人们根本就不知道研究者的存在。

2）三种角色说。

a. 完全参与的角色：完全按照场景中的一个真实成员角色来行动，其他的成员都不知道这个研究者正在进行研究。

b. 参与和观察混合的角色：采取一种在现场包括某些主动参与的角色，并将自己的研究兴趣告诉一部分群体成员，然后他们参与足够的群体活动以发展与群体成员的关系，获取群体成员所经历的直接感觉。

c. 完全观察的角色：研究者试图在事件发生时观察他们，而不会主动地去参与事件。

3）两种角色说。

a. 完全参与者：研究情境下的真正参与者或者假装是真正的参与者。

b. 完全观察者：在任何情况下观察社会过程都不成为其中一部分。

根据研究者是否参与到被观察群体的日常生活中而分为局外观察和参与观察两大类三种情况。

a. 局外观察：不参与现场活动，不和背景中的群体成员发生交往和互动的观察。

b. 参与观察：研究者要与背景中的群体成员进行交往、发生互动、一定要进入现场的活动中。

■ 隐蔽的观察：研究者身份不为观察对象所知晓。

■ 公开的观察：研究者身份为观察对象所知晓。

用户观察的目的是了解用户真正的想法，避免出现"言行不一致"的情况，因此，在实践中要根据研究目标和实际情况，选择合适的观察方式和观察者角色。必要时可借助眼动分析和行为分析等技术手段。

（3）文献研究：查阅与产品系统有关文献，包括产品市场规划、品牌策略、市场研究、用户调查、技术规范和白皮书、本领域业务和技术期刊文献等。特别是要充分利用互联网的搜索引擎及图书馆电子文献资源等来获取有关最新信息。

知识链接：白皮书

政府或议会正式发表的以白色封面装帧的重要文件或报告书的别称，可能是一本书，也可能是一篇文章。作为一种官方文件，代表政府立场，讲究事实清楚、立场明确、行文规范、文字简练，没有文学色彩。

——摘自百度百科（http://baike.baidu.com/view/1778.htm）

（4）竞争分析：对现有产品以及主要竞争对手的产品进行分析。可采用图表的形式表达，如逐项列出用户需求，再根据用户需求，分别与竞争对手的产品进行比较。表3-4-2列出了几种典型的智能手机对比情况。

表 3-4-2　　　　　　　　　　　　　四种智能手机满足用户需求对比

需求描述	手机型号、系统与样图			
	HTC Legend（G6）Android OS v2.1	诺基亚 E72 Symbian 9.3 S60	iPhone 4 iOS 4	三星 I8000U Windows Mobile 6.5 Pro
开机速度	90s	30s	45s	20s
理论待机时间	440h	384h	300h	430h
屏幕分辨率	320×480 像素	320×240 像素	640×960 像素	480×800 像素
运行速度	★★★★	★★★★	★★★★	★★★★★
手机轻便度	★★	★★★	★★★	★★★★
系统扩展性	★★★★	★★★★	★★★★★	★★★★
理论通话时间	490min	750min	840min	600min
系统稳定性	★★★★	★★★★	★★★★	★★★★
多媒体性能	★★★★	★★★★	★★★★★	★★★★★
通话质量	★★★★	★★★★★	★★★★	★★★★
3D 显示性能	★★★	★★★★	★★★★	★★★★
操作简易度	★★★★	★★★★★	★★★★★	★★★★★
娱乐体验性	★★★★	★★★	★★★★★	★★★
存储能力	★★★★	★★★★★	★★★★★	★★★★

注　表中不能量化的需求用"★"号表示，"★"号个数表示满足该项需求的程度，5、4、3、2、1个分别表示"好、较好、一般、中和差"。

（5）德尔菲法（专家意见法）：采用背对背的通信方式征询专家小组成员的预测意见，经过几轮征询，使专家小组的预测意见趋于集中，最后做出符合市场未来发展趋势的预测结论，具体实施步骤如下（见图3-4-4）。

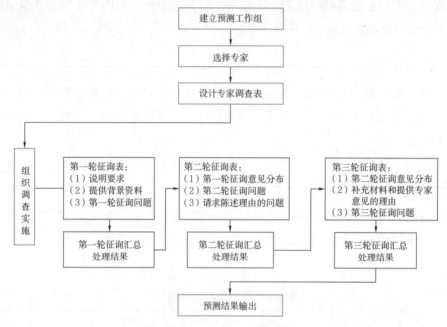

图 3-4-4　德尔菲法预测流程图
（根据百度百科的样图重绘 http://baike.baidu.com/view/41300.htm#4）

1）组成专家小组。按照课题所需要的知识范围，确定专家。专家人数一般不超过20人。

2）向所有专家提出所要预测的问题及有关要求，并附上有关这个问题的所有背景材料，请专家提出还需要什么材料，然后，由专家做书面答复。

3）每个专家根据他们收到的材料，提出自己的预测意见，并说明自己是怎样利用这些材料并提出预测值的。

4）将各位专家第一次判断意见汇总，列成图表，进行对比，再分发给各位专家，让专家比较自己同他人的不同意见，修改自己的意见和判断。

5）将所有专家的修改意见收集，汇总，再次分发给各位专家，以便做第二次修改。收集意见和信息反馈一般要经过三、四轮。在向专家进行反馈的时候，只给出各种意见，但并不说明发表各种意见的专家的具体姓名。这一过程重复进行，直到每一个专家不再改变自己的意见为止。

6）对专家的意见进行综合处理。

（6）调查法：为了达到设想的目的，制定某一计划全面或比较全面地收集研究对象的某一方面情况的各种材料，并作出分析、综合，得到某一结论的研究方法。包括问卷调查和电话调查等。

（7）实验法：指操纵一个或一个以上的变量，并且控制研究环境，借此衡量自变量与因变量的因果关系的研究方法，可分为以下两种。

1）实验室实验法：这是指在实验室内利用一定的设施，控制一定的条件，并借助专门的实验仪器进行研究，探索自变量和因变量之间关系的一种方法。

2）自然实验法：在日常生活等自然条件下，有目的、有计划地创设和控制一定的条件来进行研究的一种方法。

（8）相关分析：通过测量来发现两个事件、两种测量或两个变量之间存在着一致而有序的关系。相关强度和方向用相关系数来表达，分为正相关、负相关和无相关。

（9）回归分析：确定两种或两种以上变量间相互依赖的定量关系的一种统计分析方法。单个自变量称为一元回归分析，多个自变量称为多元回归分析。目的是根据多组自变量与因变量之值，确定其变化趋势。如线性关系或非线性关系。

在识别用户需求时，是采用定性研究还是定量研究，抑或是两种方法的结合，主要根据实际情况确定，两种方法的差异如表3-4-3所示。总体上来说，定性研究强调人的个性和差异，定量研究偏重于共性。定量研究依赖于采集数据，如数据存在误差将影响结果的准确性，而且研究的成本较高，一般多用于用户对现有产品的评价、改进或升级。定性研究适用于分析那些难以量化的问题，或者需要考虑技术、经济、社会和环境等诸多因素影响场合。

表 3-4-3 定性研究与定量研究的比较

主要差异	描 述	
	定性研究	定量研究
理论基础	以建构主义、后实证主义、解释学、现象学等各种理论流派等为基础	以实证主义哲学为基础
研究方法	采用参与观察和深度访谈而获得第一手资料	观察、实验、调查、统计等方法
研究目的	对特定情况或事物作特别的解释	发现人类行为的一般规律，并对各种环境中的事物作出带有普遍性的解释
研究深度	致力于纵向深度	定量研究致力于拓展广度
研究者的角色定位	研究者是资料分析的一部分，没有研究者的积极参与，资料就不存在	研究者使用资料，力求客观
研究环境	实地和自然环境中	实验室、用户调查
结论表述	文字描述、趋势图、多用形容词	数据、图表等，多用量词

3.4.4 有关用户需求研究的主要文献

用户需求的识别是一个十分复杂的问题，社会学家和人类学家进行了系统的研究，给出了许多有效的策略和方法。在人机交互、用户体验和Web设计等专业领域有关用户需求的研究大多以此为基础，并结合本学科或本专业的特点提出了许多有价值的观点、细则和操作流程，表3-4-4给出了主要文献篇目与要点，供读者进一步参考。

表 3-4-4 有关用户需求研究的部分文献

作者、书名等信息	要 点
孟祥旭. 人机交互基础教程（第二版）[M]. 清华大学出版社，2010.	介绍了用户的概念，提出了"偶然性用户、生疏性用户、熟练性用户和专家性用户"的概念
李乐山. 人机界面设计（实践篇）[M]. 科学出版社，2009.	详细介绍用户调查方法，包括如何进行访谈、用户任务模型、如何设计问卷、信度分析和数据统计分析等内容，具有可操作性
董建明，傅利民，等. 人机交互：以用户为中心的设计与评估 [M]. 清华大学出版社，2003.	提出了商业目标、用户目标、设计目标以及目标金字塔结构，认为用户目标分成"新产品信息资料取得、了解产品的具体性能和价格、产品购得和通过使用产品获得产品带来的益处"等4层
胡飞编. 聚焦用户名 UCD 观念与实务 [M]. 中国建筑工业出版社，2009.	对有关用户研究的13种方法、用户研究方法与民族志（文化人类学的一种研究方法）方法进行了比较

续表

作者、书名等信息	要　　点
罗仕鉴，朱上上. 用户体验与产品创新设计 [M]. 机械工业出版社，2010.	介绍了用户研究思想与方法，对问卷调查、用户访谈、讲故事、群体文化学、参与式设计、行为观察、基于场景的设计和焦点小组等进行较为详尽的论述
Matt Jones Gary Marsden（美）. 奚丹，译. 移动设备交互设计 [M]. 电子工业出版社，2008.	提出了理解用户的几个方面：从生物学到心理学、现场研究和直接提问等，从评估的角度说明了直接观察法、面谈法、问卷调查法和没有用户参与的方法（如启发式评估）等的具体操作
Jakob Nielsen（美）. 刘正捷，等，译. 可用性工程 [M]. 机械工业出版社，2004.	认为了解用户就应该直接接触用户，了解用户的工作经历、教育程度、工作环境和社会环境等以预测他们会遇到的困难，识别用户的任务模型，用户使用系统的方式会发生变化（用户的演变）
Alan Dix（美），等. 蔡利栋，等，译. 人机交互（第三版）[M]. 电子工业出版社，2006.	从认知心理学角度分析了用户的能力与局限，对感知（视觉、听觉、触觉、运动）、记忆、思考（推理和问题求解）和获取技能等进行详尽的阐述

本章小结

　　"以人为本"在交互设计中就是"以用户为本"，对"以人为本"的理解不应局限于只考虑"现代人"，而必须充分考虑人类社会的可持续发展。

　　用户是交互系统的主导者和参与者，在交互设计中，用户的分类有多种方法。可以采用多层次的用户分类方法，其顶层可分为直接用户和相关用户两大类。直接用户是交互设计中主要考虑的目标用户，相关用户或称当事人是广义的用户，包含了更多的群体。

　　从多个学科的角度理解用户是非常必要的，人类学提供了多种有用的理解用户的方法，如强调实地考察的田野调查法等。在交互设计中要关注用户在注意、感知和识别特性方面的差异，使用户能快速有效地完成系统目标。人机工程学关注的是人、机和环境之间的协调关系，其目的是使交互系统具有高效、舒适、健康和安全等特性。实际上交互设计还涉及工业设计、心理学、社会学、信息学、工程学、电子技术和软件设计等多个领域，从不同的视角理解用户各有侧重。

　　识别用户需求有许多方法，其中识别用户的显性需求较为容易，识别隐性需求要困难得多。前者多涉及直接用户，后者涉及更多的相关用户。在识别用户需求时，采用定性或定量研究都有必要，本章只是对方法进行了简单的介绍，具体应用可参考相关文献。

本章思考题

　　（1）Cooper 提出的"只为一个人设计"与通用设计的理念是否相悖？为什么？

　　（2）为什么说"满足用户需求"是相对的而不是绝对的？举例说明。

本章课程作业

　　以互动电视界面设计为例，根据德尔菲法的基本流程，设计各阶段的具体操作实施细则（如专家选择方法、表格及相关文档、联系方式和途径等）。

本章参考文献

［1］常修泽 . 中国下一个三十年改革的理论探讨 [J]. 新华文摘 .2009（20）：22-28.

［2］、［8］、［13］Dan Saffer（美）. 陈军亮，等，译 . 交互设计指南［M］. 北京：机械工业出版社，2010.

［3］董建明，傅利民，等 . 人机交互：以用户为中心的设计与评估［M］. 北京：清华大学出版社，2003，9：9.

［4］、［14］胡飞 . 聚焦用户名 UCD 观念与实务［M］. 北京：中国建筑工业出版社，2009.10：1-2.

［5］Jennifer Preece（美）. 刘晓晖，等，译 . 交互设计——超越人机交互［M］. 北京：电子工业出版社，2003.

［6］、［7］Alan Cooper（美）.Chris Ding，等，译 . 交互设计之路——让高科技回归人性［M］. 北京：电子工业出版社，2006.

［9］乔布斯 .iPad 概念早于 iPhone. 新浪科技 .http://tech.sina.com.cn/it/2010-06-02/14404261900.shtml.

［10］、［11］Tom Kelley（美），等，著 . 李煜华，等，译 .IDEO 的创新艺术 [M]. 第 2 版 . 北京：中信出版社，2010.

［12］孟祥旭 . 人机交互基础教程［M］. 北京：清华大学出版社，2010.7：10.

［15］Jennifer Preece,Yvonne Rogers and Helen Sharp.INTERACTION DESIGN beyond human-computer interaction.John Wiley&Sons,Inc.2002：78.

［16］风笑天 . 论参与观察者的角色 . 新华文摘，2009（18）：19-21.

［17］Alan Cooper（美），等 . 刘松涛，等，译 . 交互设计精髓［M］. 北京：电子工业出版社，2008.

第4章
Chapter4

用户行为与交互形式

在交互设计语境下的用户体验是用户使用某类产品的体验，与体验经济时代的营销体验的差异在于目的不同：营销体验注重通过特定的体验场景，激发客户的购买欲望，是用户确定购买产品或服务前的一种行为；对产品的体验则特指用户对已拥有产品在使用过程中或接受服务的环节中的感受，或对这一经历的情感回忆。无论是人为营造场景的体验抑或是真实自然场景的体验，均与体验之主角——用户的活动有关，而行为则是最基本的活动要素。

4.1　行为与交互行为

4.1.1　行为的概念与要素

"行为"一词有多种解释，可以说是指受意识支配的主动活动，如学习行为、工作行为、消费行为和娱乐行为等；也可以认为是受外界刺激而引发的被动反应，如突然受冷、热和痛等刺激的条件反射等；还可以理解为一种诸如意识和思维等他人无法直接观察到的心理活动；甚至还可用来反映人的品质，如行为举止：行径、品行和言行等。从自然界中的低等动物到具有思维、推理和判断能力的高等动物的一切活动，总是与行为相关（见图4-1-1）。对于人的行为来说，主要可分为有意识的行为和无意识的行为两大类。

图4-1-1　人的三种类型行为实例

（1）有意识的行为：受思维和目标导向控制的行为，具有主动性和积极性。如学习、工作、购物、锻炼以及使用产品完成预定目标的各种形形色色的行为。

（2）无意识的行为：一种本能的不受思维控制的行为，即下意识行为。这种行为与人的背景、经历和经验相关，是一种不自觉的行动，是对外界刺激的反应或情感的自然流露。如遇到有人面对你招手时，会不自觉地回应，即使是陌生人也会这样；在国外，路过无信号灯的人行道与交叉路口时，我们会自觉地停下来让车先行，当车停下来时，才会明白，原来这里是行人优先。

有意识行为与无意识行为的根本差别在于动机（推动导向某一目标的内部动力）和目标，前者有明确的动机和目标，后者有明确的目标，但无明确的动机。还有一种情况是有动机而无明确目标的行为，如欣赏艺术作品、参加音乐会和集体出游等。

通常，分析行为可以从5个基本要素入手，即行为主体、行为客体、行为环境、行为手段和行为结果[1]。

（1）行为主体：指具有认知、思维能力，并有情感和意志等心理活动的人。

（2）行为客体：行为目标指向。

（3）行为环境：行为主体与客体发生关系时的客观环境。

（4）行为手段：行为主体作用于客体时所应用的工具和使用的方法等。

（5）行为结果：行为主体预想的行为与实际完成行为之间相符的程度。

行为的5个要素之间也存在一定的关联，行为环境发生变化时，会对行为的结果产生影响；对于行为主体不同，但行为客体相同，在同一行为环境中所采用的行为手段会有所不同，而行为结果也会存在差异。

4.1.2 交互行为

交互行为特指在交互系统中用户与产品之间的行为，主要包括两个方面：用户在使用产品过程中的一系列行为，如信息输入、检索、选择和操控等；产品行为，如语音、阻尼、图像和位置跟踪等对用户操作的反馈行为以及产品对环境的感知行为等。

一方面，与一般意义上的行为相比，交互行为的主体和客体是可以相互变换的，主体和客体既可以是用户也可以是产品。例如，对于个体使用的交互系统来说，用户与产品之间的交互过程是双向的，对产品操作时的行为主体是用户，客体是产品；对用户操作的反馈行为的主体则是产品本身，用户变成了客体。用户的行为可能是主动的，也可能是被动的。例如，当我们在ATM机取款时，如果输入的密码是正确的，则可以进入下一个操作，否则需要重复输入密码的行为。重复的行为就是被动的，这是由于ATM机的反馈行为提示用户行为的结果是错的，迫使操作者重复先前行为。对于群体使用的交互系统来说，用户与用户、用户与产品之间同样存在主体与客体之间的转换问题。如多人同时进行的网上玩牌游戏，电脑发牌时的行为主体是计算机系统，玩家是客体；出牌时玩家是行为主体，计算机系统则是客体；对于玩家之间来说，出牌的是主体，将要出牌的则是客体（见图4-1-2）。

发牌时，计算机系统是主体，玩家是客体　　轮到谁出牌，谁是主体，其他玩家是客体

图4-1-2　网上玩牌游戏中行为的主客体转变

另一方面，一般意义上的行为主要是单方面的或单向的，交互设计中考虑的行为则是双向的，强调的是由用户与产品之间相互的行为，二者行为和谐必定以协调为基础，换句话说，行为的和谐必须以相互理解为条件，如果不能互相理解交互行为必然存在冲突。Norman 认为"人与机器的行为冲突在本质上是存在的，无论机器的能力怎样，它们都无法充分了解人的目标和动机，以及特定机器在被控制的环境下可以工作自如……"[2]。这里所指的机器，也就是产品。在现阶段用户与产品的行为冲突是客观存在的，这是因为产品的行为已经由设计师和工程师设定好了，它只能按预定好的程序对用户的行为给出响应，而不能像人一样能随机应变。解决交互行为的冲突问题，需要设计"聪明"的产品，这种"聪明"的产品必须能够理解用户的意图，尽可能避免或减少认知误差。看起来这是一个十分困难的事，但只要有这种意识，在一定程度上还是可以解决的。以手写输入为例，大多数具有手写输入功能的手机都可以正确识别输入的中文、英文、数字和标点符号，但一般要求进行模式切换。在中文模式下，输入的英文或数字可能会莫名其妙地被识别为中文，要想正确识别，则需要频繁地进行模式切换。由于产品不能理解用户输入行为的意图，"笨"的产品给交互行为带来了麻烦。实际上 iPhone 4 的手写输入就很好地解决了这一问题，即无需模式切换便自动地理解用户输入（见图 4-1-3），我们不得不认为在一点上 iPhone 是聪明的。

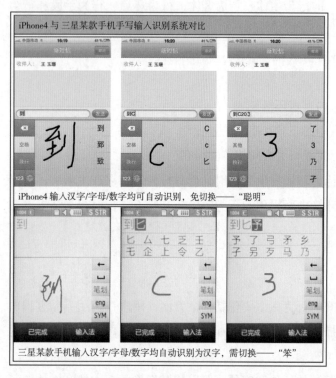

图 4-1-3 "笨"与"聪明"的手写识别行为

4.2 交互行为的过程与用户的认知"鸿沟"

4.2.1 用户行为的 7 个阶段

交互设计也是行为的设计，交互设计教育界的著名学者吉利安·林普顿·史密斯（Gill an Crampton Smith）认为，设计电脑系统和机器时，不只是要设计外观，还要设计行为，以及与电脑交互的品质，这就是交互设计的意义[3]。行为的设计涉及对交互活动过程的分析与定义，Norman 认为在整个行动过程中，用户需要考虑以下 4 个方面[4]的问题。

（1）目标：交互行为要达到的目的或境界。

（2）执行：针对具体目标的活动过程。

（3）外部世界：与交互活动过程相关的外部世界本身。

（4）评估：交互活动结果的评判，即将完成目标的实际情况与所期望的状态进行比较。

目标是用户期望通过交互行为获得的结果，如使用智能清扫机给房间除尘，期望得到一个清洁的环境，其目的是明确的。有时，用户目标不一定十分确定，只是大致的想法，如去电影院观看3D影片，体验可能是引人入胜的动作，逼真的3D特效，或者充满奇幻和科幻视觉冲击。前者的目标更多是关于物质层面上的，后者的目标则侧重精神层面上的用户体验。

Norman 进一步将执行和评估各分成以下3个阶段。

（1）执行：实现目标的意图→具体动作的顺序→动作的执行。

（2）评估：感知外部世界的变化→解释这一变化→比较外部变化和自己所需要达到的目标。

"意图"是要实现某一具体目标的打算。实现同一目标可能有多种途径，不同的途径有不同的动作顺序。感知外部世界的变化可理解为执行过程结束后出现的现象，对于产品系统来说，这种变化可能是产品对用户操作行为的信息反馈或产品的动作。所谓解释是指用户对外部世界变化能够正确理解，以便判定执行的结果是否达到用户目标。

从目标的确定、执行的三个阶段和评估的三个阶段构成了用户行为的七个阶段，"七个阶段"反映了以用户为主体的有意识行为的交互过程。

4.2.2 用户在交互过程中的两种认知"鸿沟"

在交互过程的执行和评估阶段中，用户有可能存在认知"鸿沟"，Norman 称之为"执行阶段的鸿沟"和"评估阶段的鸿沟"。所谓执行阶段的"鸿沟"可以理解为，用户为了达到目标，认为可以这样操作，但产品不一定能允许这样的操作，或者用户不知道如何操作，或者用户不理解设计者的意图。从图4-2-1中所列出的高清机顶盒的遥控器中可以看出，排列靠左比靠右的存在的认知"鸿沟"明显，如果不看说明书，很难理解有些按键的用途。

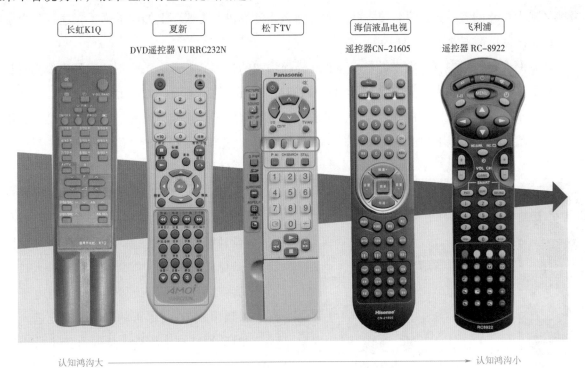

图 4-2-1　存在操作认知"鸿沟"的遥控器

评估阶段的"鸿沟"表示用户对操作结果的判断与实际结果不符或存在差异，换句话说，用户认为目标已完全达到，而实际情况的确并非如此。如图 4-2-2 所示的 U 盘插头，由于没有插入方向的提示和不允许错误插入 USB 接口的物理限制，往往需要多次反复才可能达到用户目标。

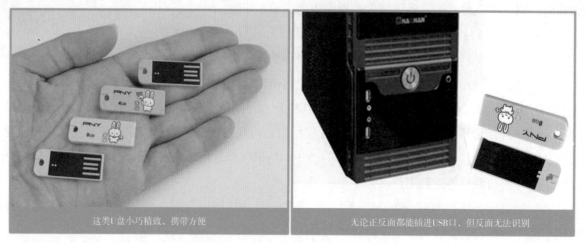

这类U盘小巧精致，携带方便　　　　　无论正反面都能插进USB口，但反面无法识别

图 4-2-2　存在评估认知"鸿沟"的 U 盘插头

4.2.3　影响认知"鸿沟"的主要因素

交互过程中是否存在认知"鸿沟"与许多因素有关，主要有以下几个方面。

1. 用户背景的影响

用户的文化、经历、年龄和职业的不同，行为过程中两个阶段的认知"鸿沟"大小也有所不同，生活中有许多这样的实例：用计算机上网对城镇青少年来说，是一个再平常不过的事了，可是对有些贫穷地区缺少文化的青少年而言，根本就不知道什么是计算机，更谈不上如何上网了，这就是由于缺少计算机文化背景带来的认知"鸿沟"。

又如，网上购物对中青年人来说是一种非常轻松愉快的过程，常常会乐此不疲，因为他们对整个过程"胸中有数"，不会像一些老年人一样由于缺乏对这种行为的了解而"束手无策"。

对于从未有过坐地铁经历的乘客来说，可能不知道如何用车票让入口处的栏杆放行；第一次用广州地铁的圆状车票，可能不知道是用来"刷"而不是"投"，因为上车投币的"经历"影响了对这种车票使用行为的正确认知。

上述实例说明，用户的各种背景对行为的"执行"和"评估"产生一定的影响，设计师需要想到这一点，力图通过设计来避免或减少这种"鸿沟"。以地铁入口检票为例，我们可以让乘客手持嵌有电子标签（利用 RFID 技术）的车票，在走进入口处时让栏杆自动放行，从而避免了行为中的认知"鸿沟"，这种解决方案与原来的进入方式的比较如图 4-2-3 所示。

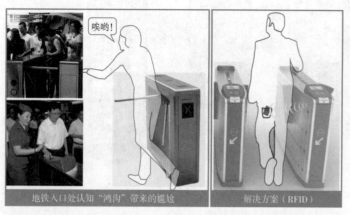

地铁入口处认知"鸿沟"带来的尴尬　　解决方案（RFID）

图 4-2-3　地铁入口处认知"鸿沟"带来的尴尬和解决方案

2. 使用场景的影响

用户行为总是在一定的场景下发生的,场景的变化也会给用户带来一定的认知"鸿沟",有时在正常情况下能顺利完成的行为在某些情况下却难于实现。用手机通话是一个极为平常的行为,设想一下,如果在人多嘈杂之处通话且你的手机抗干扰能力又较差的话,会是一种什么样的情况呢?一番"声嘶力竭"未必能使对方听明白你想说什么。又如,红灯停、绿灯行是最基本的常识,但有这样一个路口,信号

图4-2-4 晚间霓虹灯的干扰使人不易分辨红色信号灯

灯的背后是一处饭馆的正门,晚间饭馆门口闪烁不停的霓虹灯将红色信号灯淹没在一片红色的光芒之中(见图4-2-4),明明是"红灯停"却由于司机的"视而不见",而有可能造成交通事故。

影响用户行为不只是现场的具体场景,有时还有可能是与场景相关的非现场场景,比如,通话时信号不好,或某一时段出现海量信息导致的通道堵塞等。由此可见,交互行为设计与用户行为之间的"鸿沟",有时会随场景变化而出现。

3. 产品类型的影响

在行为执行和评估过程中的认知"鸿沟"与产品的类型有关。按照实现产品功能的核心技术,将产品分成以机械技术为主和以电子信息技术为主两大类。

对于以机械技术为主的产品,如果产品的结构较为简单和直观,用户对产品所允许的操作行为就很容易理解,在执行阶段一般不会存在鸿沟,如机械式闹钟的时间调整、定时响铃设置、机械式门锁的开启等(见图4-2-5)。又如自行车转向龙头形态和结构表达的语意就非常明确,无论是成人还是儿童,无需特别的指点就能知道其作用和转向操作方法。而对于由机械部件和电子器件构成的复杂系统,如现代汽车的方向控制系统,如果没有经过专门的培训,必定存在执行阶段的"鸿沟"。即使是经过培训之后的新手,执行阶段的"鸿沟"已不存在,但一定时段内还有可能存在"评估阶段的鸿沟",比如对方向的把握,特别是倒车时方向和位置的判定,存在评估阶段的"鸿沟"是不可避免的。解决的方案是采用倒车雷达技术与电子信息技术的结合,在驾驶控制台设置显示车位图,以帮助司机对倒车行为进行正确评估。

发条闹钟　　　　　　　　　　Orangin 榨汁机

图4-2-5 一目了然的机械产品使用户很容易理解其功能和操作

touch3 虚拟计算器界面   iPhone4 虚拟拨号界面

图 4-2-6　用软件技术模拟的虚拟界面实例

而对于以电子信息技术为主的产品，用户很难从形态、结构和材质传达的语意理解其操作含义，两个阶段的"鸿沟"更为明显。对于这种以电子和信息技术取代机械结构的产品，为了减小"鸿沟"，要尽可能采用便于用户理解的形式来表达。如手机的操作界面可以用软件方法绘出按键，用阴影来衬托三维效果，用图形的变化来表示按下，用声音、图像或文字提示来反馈操作结果（见图 4-2-6）。

4.3　交互行为特征与交互行为

用户与产品之间的交互行为（或称为交互活动）总是具有一定的目的性，如出行、学习、工作、健身、娱乐、交友、采购或消遣等。为了达到目的或完成预定的任务，总是需要一系列的行为。在完成这些任务的过程中，简单的行为、复杂的行为、快捷的行为、耗时的行为、容易的行为、困难的行为、从容不迫的行为以及刻不容缓的行为都有可能存在，且不同的行为有不同的要求和目的，不同的行为设计适用于不同的用户和场景。

4.3.1　交互行为的特征

David Benyon 认为，设计师应考虑不同行为的特征，关注行为的目的，并提出了 10 种主要行为特征[5]。根据 David Benyon 的观点，交互行为特征归纳如下。

1. 行为的频度

行为的频度是指在一定时段内行为发生的次数。每天都要发生的大频度行为（如上网收发邮件、打电话和看电视等）或者相对于同一产品的其他行为出现次数较多的行为称为经常性行为（如用遥控器选台、用手机发短信和用 QQ 聊天等）。较少出现的行为称为偶然性行为，如设置电视机的显示模式、设置手机的背景图、设置计算机的开机密码等。经常性行为的操作应简单易用，不存在行为执行和评估阶段的认知"鸿沟"，偶然性行为容易学会或者易于回忆起如何操作，即通过操作时产品的提示和引导行为，或浏览说明书就能消除"鸿沟"。

对于同一产品来说不可能通过设计使所有的操作都变成简单易用的行为，必须有所侧重才能保证经常性行为的易用，如果所有行为都是易用的，相当于都不易用。譬如，将经常使用的功能与不常用的功能充斥在一个操作界面中，会增加识别的难度。而简洁的界面不仅方便选择，而且美观，如图 4-3-1 所示。

区分行为频度的界面   不区分行为频度的界面

图 4-3-1　区分与不区分行为频度的界面设计对比

2. 行为的约束

一方面，行为有时会受到时间、工作压力大小等外部条件的约束。时间紧迫与时间宽裕时行为的结果会有所不同。有充裕时间时，任务会完成得很好，因为我们可以有条不紊，不会由于担心时间不够而手忙脚乱。如汽车驾驶中的制动行为，在预知前方要停车的情况下，充分的操作时间使驾驶员能够既平稳又安全的达到停车目的。但在紧迫的情况下，驾驶员可能会手忙脚乱，甚至可能出现将油门当成刹车而造成交通事故。实际上这种情况也可以通过设计避免，在紧急情况下误将油门当成刹车时，机械电子系统会根据踏板的加速度等参数判断驾驶员的意图一定是停车而不是加速，从而自动切换为刹车。

另一方面，来自外界的压力也会影响到用户行为的实施与结果。过大的压力、超常的快节奏与平静心态下的事件处理能力不能相提并论，用户行为的"忙中出错"有时是无法避免的。为什么有的人在他人的机器上用 U 盘复制文件后一走了之，忘记了取回自己的 U 盘？为什么在 ATM 机上取款之后会忘记取回信用卡，这与急于完成任务、工作紧张和学习压力过大等外界因素不无关系。

3. 行为的可中断

通常情况下，用户行为是一个持续的过程，但是并不能排除有时正在进行中的行为活动被意外情况下打断。这里分两种情况，用户临时去处理或应付某种事，在结束之后接着进行；急于处理其他更要紧的事，干脆取消正在进行中的行为。这种行为的被中断的现象，在现实生活中并不少见。在超市就会经常看到这种现象，有人在结账进行过程之中，突然想到还需要购买某件物品，收银员只好停下来等待。后面排着的长长队伍等着结账，收银员又不能继续工作，面对这种局面，无可奈何的心情可想而知。如果收银系统允许当前行为的暂时中断，而接着处理下一个顾客的"买单"，这无疑是一个聪明之举。

有些行为的意外中断既然是不可避免的事，在设计中就要考虑到这种情况，以保证交互行为既可以被中断，也可以接着继续做。如 iPhone4 具备多任务功能，能记住暂停操作的位置，允许进行游戏、阅读新闻和查找餐厅等其他操作，当返回时还可继续刚才的任何操作，实现"在哪里暂停，从哪里开始"（见图 4-3-2）。

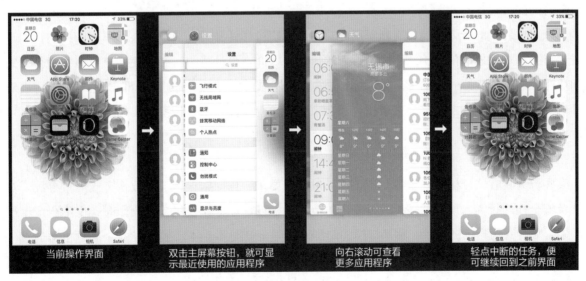

当前操作界面　　双击主屏幕按钮，就可显示最近使用的应用程序　　向右滚动可查看更多应用程序　　轻点中断的任务，便可继续回到之前界面

图 4-3-2　iPhone 的多任务功能

4. 行为的响应

行为的响应特性用产品系统对用户行为反应的时间来衡量。研究显示，系统响应时间大于 5 秒时，会使人们感到沮丧和迷茫。对于手眼协同的操作行为，系统的响应时间不应当超过 0.1 秒；当引起某种事件发生的行为时（如按键切换界面），其响应时间不应当超过 1 秒。

理想状况是系统能对用户行为即时响应，但由于受技术条件的限制，对行为的响应总是有一定的延时。对于包含较多图片的界面，在不影响视觉效果的情况下，可通过降低像素来减少界面切换时图片载入时间，从而减少响应的滞后。

5. 多人行为的相互协调

用户交互行为的执行有时会涉及多人行为的问题，行为的相互协调表现在信息的交流、动作的协调与自然等方面。对多人划艇和双人自行车类的产品，行为的协调强调的是步调一致，以形成最大合力为目标；个人电脑、游戏机平台和在线网络游戏等形式为主的游戏类产品，行为的协调强调参与者之间信息的交流、行动的配合，以娱乐或有趣为目标。如 Wii Sports 中的网球游戏，既可以满足个人单打独斗，也可以进行双打竞赛。赛场布局和拉拉队激烈的呐喊欢呼，给人一种身临其境的感觉，用手柄模拟的网球拍，操作简单和易于控制，游戏参与者只需要简单的一挥或者抖动就可以完成现实网球运动中的大幅度和高难度动作。参与者和虚拟角色之间的行为设计协调自然，不失为是一种非常成功的交互式游戏（见图 4-3-3）。

图 4-3-3　Wii 的网球游戏：双打

6. 行为的可理解

易于用户理解的行为设计，有利于用户对行为的执行和任务的完成。如果用户对产品的行为不甚明了，将会寻求额外的信息，从而影响行为的执行。因此在设计行为时必须使用户能够明确行为的意图和目标。如使用 Windows 系统，有时由于硬件或软件原因会出现系统崩溃，即出现"蓝屏"，面对一大堆用专业术语描述的文字，大多数用户都会束手无策。显然，对这种系统出错的显示行为，其可理解性之差就不言而喻了。

7. 行为的安全

某些行为具有"严格的安全性"（Safety-critical）要求，任何错误将会导致伤害或严重事故。对此类涉及安全性的行为，设计师需要进行安全防范设计，以保证即使发生错误操作时，也不会产生严重的后果。如台式风扇的防护罩、移动排插的防护设计等（见图 4-3-4）。行为的安全问题也可通过主动防护的方法来解决，如家用微波炉不能使用金属容器的问题，可以通过设置一个传感器来检测。当放入金属容器之后微波炉可以及时给出提示，并使用户无法启动，从而避免出现"打火"事故。

图 4-3-4　常用家电防护设计

8. 行为的出错

有时用户行为的出错是不可避免的，也就是说行为具有正确和错误两重性。正确行为结果是用户所希望的，错误行为的结果是用户不想看到的。对于文件删除的操作行为来说，有两种情况：一是用户真正想删除文件，其删除行为是正确的；二是用户是想保存文件，而选择了删除文件的行为，其删除行为是错误的。为了避免后一种情况带来的损失，通过需要增加一项要求用户确认的行为。更好的方案是将删除的文件自动放在垃圾桶内，而不是真正从存储设备中删除，给用户一次纠正行为出错的机会。

9. 行为的效率

完成相同的任务或达到同一目标可以选择不同行为方式，但不同的方式用户所花费的精力不同，这就是行为的效率问题。浏览网页的操作行为用鼠标比用键盘快捷，但大量字母和数字的输入显然键盘优于鼠标；对于电话号码的数字输入来说，采用 T9 键盘的输入方式比用 QWERT 键盘好，而对于大量的文字输入，后者的效率又高过前者；而对于常用的电话号码，则可采用可定制的快捷键方式，如 iPhone 中的"个人收藏"。

行为的效率不仅与行为的选择有关，而且与用户的背景和场景有关。对于中文输入来说，可以用键盘、手写或语音，不会拼音和五笔字型等输入方式的用户选择手写有较高的效率，而用语音输入在安静的场景比喧闹场景的效率更高。因此考虑行为的效率特征就是要为同一目标设计多种行为，以满足不同用户的需求（见图 4-3-5）。

图 4-3-5　文字输入行为的方式与效率

10. 行为的表现

行为的表现是指人与产品的行为总是以一定的形式显现出来。如手舞足蹈、怒目切齿、捶胸顿足和眉开眼笑等行为来表达人们的喜、怒、哀、乐等情感。对于产品来说，其行为可用数字、图形、视频、音频和动画等多媒体或一定的机械运行来表达。

在交互设计中，关注行为表现的目的是为了研究何种形式的表现易于被交互双方理解。如需要精确控制的行为，采用直接输入数字的形式，易于被产品所接受；调节音量或亮度大小的行为，适宜于采用旋转或移动滑块等形式；对于内嵌传感器的产品，则可用表情、手势、动作和位置变化等人的自然行为与产品交互。产品行为的表现同样可选择不同的表现形式，如显示临界信息用数字表示；显示状态和趋势信息用指针或箭头等表示；用特定颜色、声音或光的闪烁来表示警示；用虚拟技术模拟物理状态（iPhone 的水平仪）等（见图 4-3-6）。

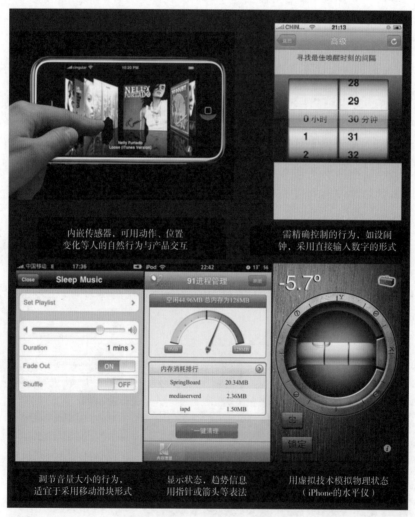

图 4-3-6　不同形式的行为表现

4.3.2　交互界面的主要形式

由于用户与产品间的交互行为主要是通过用户界面来实现的，因而有必要来分析一下几种主要用户交互界面的形式与演变。

用户界面的变化经历了从单一的字符用户界面（Character User Interface，CUI）、图形用户界面（Graphic User Interface，GUI）、多媒体用户界面（Multimedia User Interface，MUI）和多通道用户界面（Multimodal User Interface）的变化与提升。

1. 字符用户界面

字符用户界面又称命令语言用户界面，是人机交互中最早的界面，主要是指用户与计算机之间可借助一种双方都能理解的语言进行的交互式对话，其交互过程是按顺序执行的，一般不支持多任务的并行功能。DOS 操作系统就是一个典型的字符用户界面，使用 Windows 系统的"命令提示符"操作中还能看到这种典型的界面（见图 4-3-7）。

图 4-3-7　DOS 操作系统的字符用户界面

命令语言界面要求用户具有一定的专业知识和记忆所需要的操作命令，需要正确理解以文字表现的信息意义，比较适合于专业人员使用。

2. 图形用户界面

图形用户界面亦称 WIMP 界面，主要由窗口（Window）、图标（Icons）、菜单（Menu）和指点输入设备（Pointers）等组成，用键盘和鼠标器作为主要输入设备，可以实现多窗口操作和可以并行运行的事件驱动（Event-Driven）模式。

图形用户界面表现形式比字符用户界面更为丰富，其图标可以模拟三维效果，用户只需选择而不需要记忆系统命令，从而大大降低记忆负担。由于受窗口大小的限制，图形界面中的图标只是对现实世界中某一具体行为的简化表示，如用磁盘图案表示保存，用打印机图案表示打印等。一般说来，这种表示形式由于不涉及具体的文化和语言，因而易于被用户接受和理解。但有时也可能会产生误解，特别是在交互界面上增加用户不熟悉的新功能时尤其如此，因此在图形界面中有时会加上必要文字说明，并可由用户进行定制，以确定是否显示文字，如图 4-3-8 所示左下侧的"显示"栏可以选择"图标和文字""仅图标"或"仅文字"3 种选项。

3. 多媒体用户界面

严格说来，除了 CUI 属于由单一文本组成的单一媒体界面之外，GUI 也应属于多媒体界面范畴，但为了强调引入以动态媒体为特征的新式界面，通常将由动画、音频和视频等动态媒体及文本、图形和图像等静态媒体构成的人机交互界面称为多媒体用户界面。多媒体用户界面丰富了用户与产品之间信息的交流形式，比单一媒体信息对用户具有更大的吸引力，同时有利于用户接受信息的主动性和输入信息的便捷性。如音频媒体的引入，改变了传统界面只能用二维方式传递文本、图形和图像等信息，空间声音的传递强化了信息交流过程中的吸引力和用户的注意力。用户还可以通过多媒体界面和语音识别技术，提高效率和简化操作。特别是实时视频媒体的引入，颠覆了传统电话"只闻其声不见其人"的语音通话历史，实现了跨越空间的"面对面"交流（见图 4-3-9）。

4. 多通道用户界面

心理学意义上的通道是指人接受外界刺激和对此产生反映的信息通路，在界面设计中可以理解为用户与产品之间通过界面实现信息双向交流的途径。其中通过人的感觉器官来接受信息和输出信息的通道称为感觉通道，如视觉、听觉、触觉、力觉、动觉、嗅觉和味觉等；通过人的动作来传递信息的通道称为效应通道（动作通道），如人的四肢、头部及其他身体部分的动作、语言、眼神与表情等。

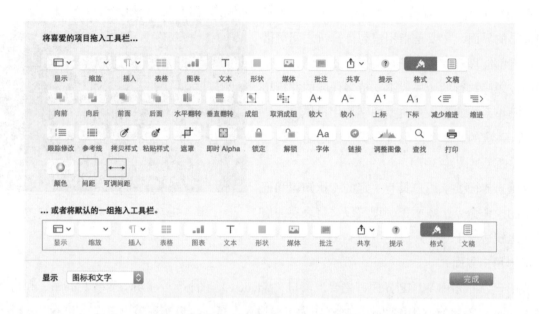

图 4-3-8　Apple iWork 中的 Pages 用户自定义界面

图 4-3-9　可视电话的实时视频界面使用场景

　　对于使用多媒体界面的产品来说，用户主要通过视觉或听觉通道来接收信息，而产品则只能接受来自按钮、开关、旋钮、键盘、鼠标和触摸屏等单一输入方式传送的信息，交互层次仍停留在图形用户界面阶段。而多通道用户界面综合采用视线、语音、手势等新的交互通道、设备和交互技术，使用户利用多个通道以自然、并行、协作的方式进行人机对话，通过整合来自多个通道的精确的和不精确的输入来捕捉用户的交互意图，提高人机交互的自然性和高效性[6]。

理想的多通道用户界面应支持人类最自然的交流方式，"使用语言、动作、表情并通过听觉、视觉、触觉、味觉等多种自然感官系统进行沟通的"[7]。如 iPhone 中的计步器（见图 4-3-10），可以自动识别人的步行动作，通过加速度传感器实现了人机之间的动作交互。

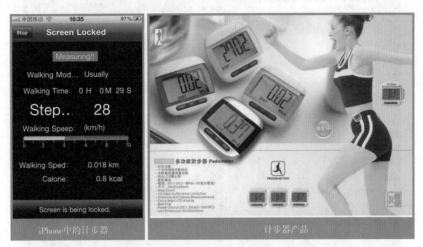

图 4-3-10　记录步行动作的 iPhone 应用程序界面与计步器产品

4.3.3　交互的形式与规划

1. 交互方式的发展

用户与交互系统之间的交互方式主要是指用户、产品和环境之间的信息交流形式，经历了从原始式交互、适应式交互以及符合人们认知习惯的自然式交互过程。

（1）原始式交互。

在工业化社会之前，人们只能使用手工制作的简单产品（工具或武器）进行狩猎、农作、生活和防范，如用犁耕地、用斧劈柴、用箭射猎和用嘴吹灯等。此类耕地、劈柴、射箭和熄灯等行为，是人类在进化过程中"自然而然"形成的一种自然而又原始的操作行为，极易理解和掌握，基本上不存在任何认知"鸿沟"。

（2）适应式交互。

适应式交互是指用户为了达到自己的目标，受产品功能的限制被迫采取的一种交互形式。这种方式是非自然的交互行为，是由于产品受技术、工艺或经济等条件制约的一种不得已而为之的操作行为。以熄灯为例，对传统的油灯而言，用嘴吹是再自然不过的灭灯行为了，但对于现代的电灯来说，显然只能通过手的动作来关灯。为什么用手而不是用嘴吹，这是因为这种电灯产品不支持"嘴吹"关灯，用户只能适应用开关控制的要求（见图 4-3-11）。

对于早期的计算机或以信息技术为主的产品来说，交互行为大多数属于适应式交互一类，且主要发生在用户和产品之间，用户是信息交流的主导者，产品则是信息交流的被动者，这种交互

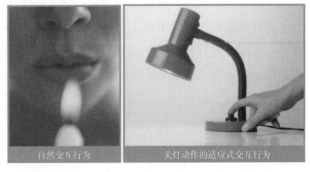

图 4-3-11　自然交互行为与关灯动作的适应式交互行为

行为主要指用户在使用产品过程中的输入或获取信息的行为。如 DOS 系统命令行输入方式和人机界面中的菜单选择方式以及拼音和五笔字型等中文输入方式等（见图 4-3-12）。

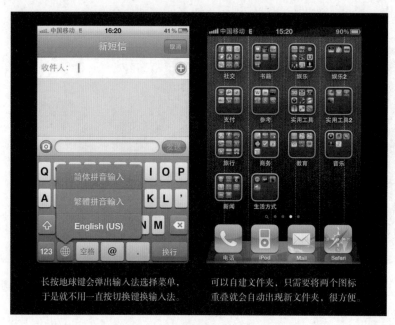

长按地球键会弹出输入法选择菜单，于是就不用一直按切换键换输入法。

可以自建文件夹，只需要将两个图标重叠就会自动出现新文件夹，很方便。

图 4-3-12　人机界面中的适应式交互行为

（3）自然式交互。

狭义的自然式交互是指基于自然用户界面（Natural User Interface）的人机交互，其界面不再依赖于鼠标和键盘的传统操作方式，而是一种采用语音、动作、手势，甚至人的面部表情等来操作和控制计算机用户的交互方式。自然用户界面必须充分利用人的多种感觉通道和运动通道，以并行、非精确方式与计算机系统进行交互，旨在提高人机交互的自然性和高效性[6]。

广义的自然式交互泛指用户产品之间的交互行为均符合人类的行为习惯，反映了用户与产品之间一种自然化的交互趋势。在理想情况下，产品将是一个有"生命"的"智慧物"，人的所作所为能被产品理解，并能做出正确的判断和决策。比如，当用户离开房间时，电灯自动关闭，空调自动停机；当进入房间时电灯会根据环境光的强弱自动打开或调整光的亮度，自动根据室温确定是否开启空调；用手接近水龙头时，水自动流出，离开时又自动关闭等。

自然式交互是对适应式交互的重大变革与交互方式的人性化回归，自然式交互与适应式交互的最大区别在于产品提供的交互方式以更直接、更快捷的形式适应用户的需要，而不是人去适应产品。虽然真正实现自然交互，需要设计的创新和更多技术的支持，但也并非遥不可及，在目前的许多智能产品上也能看到自然交互的雏形，如 iPhone 利用多点触摸技术实现的两手指旋转和缩放图片功能就是一种接近自然的交互行为。设想一下：如果用键盘输入命令来完成相同的操作，用户需要输入相应的指令；用鼠标来完成相应的操作则需要选择操作图标，甚至借助于键盘按键来完成。

（4）创新式交互。

创新式交互并不一定来自于用户的显性需求，往往源自设计师或设计团队的"异想天开"的创意或用户的下意识行为。在某种意义上，这种交互行为并不一定为用户所了解，需要借助一定手段或品牌的影响力进行引导。如苹果公司的 iPad 产品，无论是从价格或是功能与一般家用笔记本电脑相比并没有多大优势，但是其即开即用、随身携带、3G/4G 或 Wifi 的上网形式、不用下载的邮件阅读方式、手感极佳的多种操作形式与手写输入、合适的阅读视野和众多的应用软件等方面充分体现了交互方式的创新。

一种称为 Windows 的概念手机，对着屏幕哈气就可进入手写模式，不能不说这是一种十分奇特的交互方式。在下雨或者下雪天，该手机的屏幕则会变得潮湿而模糊，在晴天，显示界面又会显得干净而清新（见图 4-3-13）。

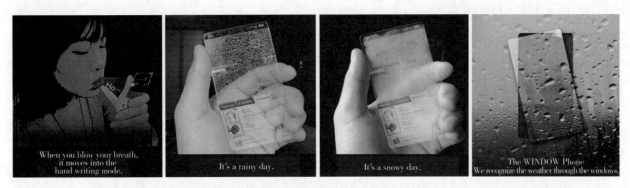

图 4-3-13　Seunghan Song 设计的 Windows 概念手机
（引自 http://www.concept-phones.com/cool-concepts/window-phone-concept-adapts-weather-humidity）

交互方式的创新意味着对原有的传统交互方式的更新、变革或创造，创新式交互需要技术的支持，需要设计阶段的评估、目标用户的培育和概念的推广。

2. 交互的主要形式

按照交互过程中信息流的表现形式，可以将交互方式分为数据交互、图像交互、语音交互和动作交互等几大类，如图 4-3-14 所示。

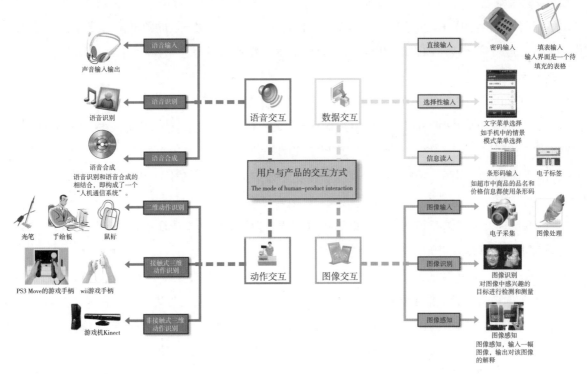

图 4-3-14　用户与产品的主要交互方式

（1）数据交互。

数据交互是指用户与产品之间，用户输入信息为数字、数值或文本，主要有以下几种输入形式。

1）直接输入：可允许输入精确的数值，输入灵活，但容易出错，如参数的设置和密码的输入等。为了防止人为的输入错误，对重要的数据需要系统进行正确性判定，或者用户确认。

2）选择性输入：多采用菜单形式，用户可根据列出的菜单项进行直接选择，或输入菜单项的序号。这种方式用户没有记忆负担，且不易出错。但若菜单的项数和子菜单的层次太多，输入的效率不高。

3）信息读入：信息读入需要专用的信息读入设备，从电子标签、条形码或电子芯片或磁卡中读入预置其中的信息，如产品编码和标识等。这种信息输入方式，主要用于产品的管理、销售、无现金支付、物品识别以及门禁系统等。

（2）图像交互。

这种交互方式的双方主要是通过图像和图形的形式来传递信息，多用于图形用户界面。对于用户来说，主要是能够正确识别产品通过界面表达或输出的图形或图像所传达的意义，以确定后续的交互动作或行为。对于交互系统而言，图像交互主要涉及以下几个方面。

1）图像输入：通过扫描、图片文件或现场采集等方式获得图像信息，产品系统利用图像处理技术将像素信息转换成能用 2 进制表示的数值，以便于存储、检索和输出。交互过程中，对实时图像处理应具有输入和输出效率高、不失真和较低资源消耗的要求。

2）图像识别：主要是对静态图像进行分析、理解和处理，识别图像中感兴趣的目标和对象。人类具有很强的图像识别功能，当图形刺激感觉器官时，能够经过与记忆中的信息进行比较，快速辨认或称图像再认。而对产品来说，为了识别图像，则需要用到"人工智能技术"，如采用模板匹配模型（将输入图像与存储的图像模板进行比对）、格式塔心理学家提出的原型匹配模型等，前者是相当于完全匹配，后者为相似性匹配。

3）图像感知：利用图像传感器输入（采集）图像或视频，通过一定的数学模型和算法，理解实时图像的特征点或特征区域，如眼动跟踪、运动物体识别、颜色分辨等。

（3）语音交互。

语音交互是以"说话"的方式来实现用户与产品之间的信息交流，是一种自然化的、流畅的、方便快捷的信息交流方式。研究表明在日常生活中人类的沟通大约有 75% 是通过语音来完成的，人类对听觉信号反应速度快于视觉信号反应速度，因此语音交互具有重要的应用价值。语音交互的关键技术涉及 3 个方面。

1）语音输入。利用声音传感器（麦克风）接受音频信息（模拟信号），再通过语音卡等软件技术，采用一定的编码方法，把模拟的语音信号转换为数字语音信号。

2）语音识别。通过语音识别技术，把语音信号转变为相应的文本或命令。语音识别技术主要包括特征提取技术、模式匹配准则及模型训练技术 3 个方面，如图 4-3-15 所示。

3）语音合成。语音合成又称文语转换（Text to Speech），是将文字信息实时转化为标准流畅的语音，成为可听的声音信息。语音合成技术涉及声学、语言学、数字信号处理、计算机科学等多个学科。

语音交互具有广泛的应用前景，可应于人机对话、不同语种之间的交流、语音控制、外语学习等方面。如语音拨号、语音自动导航和导游；在办公设备加上语音功能，使伤残者或盲人用语音发出相应的控制命令，让设备完成各种工作；外出时通过电话向自己的电脑管家发出指令，让电脑管家按照主人的要求安排家中的一切事务；不久的将来甚至可以将语音交互用在汽车驾驶中，只要司机告诉行车路线和地点，便可直达目的地。

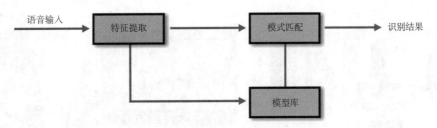

图4-3-15 语音识别实现

（根据百度百科的样图重绘 http://baike.baidu.com/image/83cab81 e0c03042040341735）

语音交互中的关键技术是语音识别，目前语音识别特别是中文语音识别率还不可能完全达到实用的要求，使用时必须遵循一定的要求才能达到语音的正确识别，如：正确使用麦克风，即将麦克风放在靠近嘴角的位置，且不要放在嘴的正前方，以免有呼吸噪声产生；使用环境要相对安静，背景噪声会降低语音识别的正确率；要进行口音适应训练和口音分析，以提高适应不同用户的口音；口音要规范，尽量使用标准普通话，力求发音准确、清晰和流畅等。

（4）动作交互。

通过动作来传递信息的交互形式称为动作交互或行为交互。这种交互方式主要是使用身体语言，通过身体的姿势和动作来表达意图。人与人之间易于理解各自动作的意义，但产品对于动作的理解的关键是动作的识别问题，通常可分为以下3种层次。

1）二维动作识别。

最简单的二维动作识别是鼠标位置识别，用户通过移动鼠标将X方向和Y方向的信息传递给计算机系统，在屏幕上跟踪或显示运动轨迹。这种动作识别并不是真正意义上的动作识别，因为需要特定的输入设备（鼠标、光笔和手写板）才能实现，属于接触式二维动作识别一类。另一种情况是利用摄像头进行实时视频捕捉，再根据前后两帧的像素变化来识别运动，这是一种非接触的二维动作识别方式。

2）接触式三维动作识别。

利用内置重力传感器（G-sensor）的设备，通过感知该设备的三维空间位置变化来识别其动作，如Wii, PS3 Move 的游戏手柄。由于接触式三维动作识别需要用户佩戴或手持专用的设备，因而这种动作交互是受到一定条件限制的。

3）非接触式三维动作识别。

这种动作识别技术不需要用户佩戴或手持专用设备，更适合于人们的自然行为方式。如美国微软公司于2010年11月推出的XBOX 360游戏机 Kinect（见图4-3-16），采用3D体感摄影机，利用即时动态捕捉、影像辨识、麦克风输入、语音辨识、社群互动等功能让坑家摆脱传统游戏手柄的束缚，通过自己的肢体控制游戏，并且实现与互联网玩家互动，分享图片和影音信息[8]。联想集团、联想控股和联想投资共同投资建立的北京联合绿动科技有限公司将推出的 eBox 家庭游戏机，利用3D摄像头能够实现全身动作识别，游戏玩家不需要手柄或者遥控器等设备，即可与3D 游戏形成互动。

动作交互是一种全新的交互方式，应用于游戏类产品丰富了操作形式，提高了游戏的娱乐性、参与性与互动性；应用于各类实用的信息产品则可以改变传统的使用、操作和控制方式，使人的交互行为更贴近于自然方式，如日立的手势控制电视允许用简单的挥手来开机，上下挥动来激活菜单，在空中画圈来调节音量，如图 4-3-17 所示。

图 4-3-16　Kinect 与使用场景

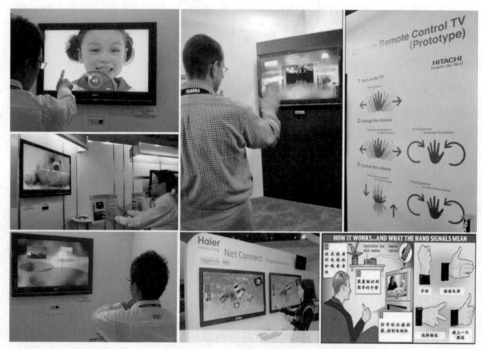

图 4-3-17　手势控制电视

3. 交互方式的规划

选择数据、图像、语音抑或是动作交互与交互系统的目标、用户和场景等因素相关，不能简单地认为哪种方式最好，通常应根据实际情况考虑。设计师规划交互方式时，应注意以下几个方面。

（1）交互方式的选择。

一方面，对于同一目标，不同背景用户采取的交互行为会有所不同，不可能同一交互行为适合于所有用户。如手机短信的输入，年轻人习惯用双手拇指输入，而中老年人会更喜欢用手写输入。因此，使交互方式具有可选择性对大多数产品来说是非常必要的。

另一方面，场景的变化也会影响用户目标的实现，如语音交互会受到外界噪音的干扰。如果某一产品的信息输入和输出只具有语音交互功能，在嘈杂的场合则无法使用。手机的来电提示也是如此，在公共场所、会场或课堂，若有来电，人们希望用振动提示而不是声音提示，最好是由手机根据对环境的感知"聪明"地选择振动，而不是由用户事先进行设置。

（2）交互过程的简化。

通常完成特定任务的交互过程包括一系列行为，过于复杂或繁琐的交互过程会增加用户的负担和降低执行效率，甚至会影响任务的顺利完成和目标的实现，因此交互过程的简化是非常必要的。Norman 提出了化繁为简的 7 个原则[8]。

1）应用储存于外部世界和头脑中的知识。

2）简化任务的结构。

3）注重可视性，消除执行阶段和评估阶段的"鸿沟"。

4）建立正确的匹配关系。

5）利用自然和人为的限制性因素。

6）考虑可能出现的人为差错。

7）最后选择，采用标准化。

上述 7 个原则说明了可以通过合适设计使复杂的操作不仅看起来简单，而且用起来容易。设计人员开发出用户容易理解的概念模型，用户就可以根据外部产品所获得知识与头脑内部储存的知识产生联系，从而使操作变得"轻松自如"。简化任务的结构，主要是利用新技术来简化操作任务：如采用电脑和手机等产品中的记事本功能，辅助记录难以记忆的信息，利用提示功能避免人们对事情的遗忘；通过反馈机制，使操作过程中的相关信息可视化；合理使用自动化以简化操作步骤；改变操作性质，如用数字显示代替指针以快速获得精确的数值，汽车驾驶中用自动换挡代替手动换挡以简化变速操作等。

（3）交互行为的自然化。

选择符合人类自然交流形式的交互行为，不仅可以降低用户在使用过程中的认知负担、减少或避免操作失误，而且还有利于提高交互效率、增加交互的真实感与吸引力。以交互式计算机绘图的发展为例，我们可以从中体会到自然交互的好处。在早期的计算机绘图系统中，由于受软硬件技术条件的限制，设计人员只能通过输入命令来完成绘图工作。这是一种与人们绘图习惯截然不同的适应性交互行为，过去我们只需要笔、纸、尺等简单的工具就可以完成的工作，此时则需要记住一系列命令。虽然，菜单和图标的出现，减小了人们的记忆负担，但与人们的自然作图方式仍然大相径庭。触摸屏技术的推出，特别是多点触摸技术的应用，才使今天使用计算机绘图的行为更接近于自然（见图 4-3-18）。

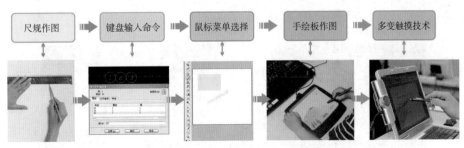

图 4-3-18　计算机绘图交互方式的变化

用户与产品的自然式交互行为不同于人与人之间的自然交流行为，人与人之间无障碍的交流在用户与产品间却不一定能实现，这是因为产品缺乏人的"智慧"。因此，在自然交互行为的设计中，必须采取一定的技术和策略才能实现有意义和价值的自然交互，否则自然交互只是一种理想而已。比如，用语音来拨打电话，如果环境嘈杂或发音不准，很可能拨打的是一个意想不到的电话。用 iPhone4 的语音拨号试试，很容易就可以得到验证。因此在选择自然交互行为时，考虑其特点和限制条件是必要的。一般说来，人的感觉通道适合于信息的接受，而内置传感器（类似于人类的感官）产品对人的效应通道（动作通道）的信息易于识别，即通过人的动作（如手势）来控制产品比用视线来控制更易被产品所理解。

（4）交互方式的趣味化。

交互技术的发展，促进了交互方式的多样化、情感化和趣味化。一些十分有趣的交互方式，已逐步出现在各类电子、娱乐和游戏类产品之中。图 4-3-19 中列出了一些非常有趣的交互方式。用手指在屏幕上轻轻一划，就可以翻卷页面；两手指在屏幕上收拢或展开，就可以缩小或放大图片；晃一晃手机就可以改变背景的颜色；对着 iPhone 的 Mic 吹一吹，就可以演奏乐曲。任天堂的 Wii 之所以受到玩家的青睐是其创造性的游戏交互方式，使用 Wii 既可以体验击箭、拳击、赛跑和打球带来的刺激，也可以在室内享受到运动的乐趣，甚至还可以用手柄来指挥演奏，控制节奏和强弱的变化，体验一把当指挥的乐趣。

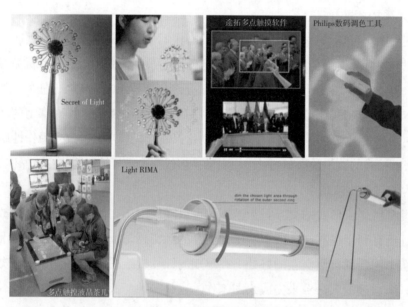

图 4-3-19　几种有趣的交互方式

原本十分平常的镜子由于传感器等新技术的介入，使照镜子行为变得十分有趣。如来自意大利的 Stocco Maitre 设计的装有触摸屏的浴室镜，背后装有一个带有功放的 MP3，可通过触摸屏控制器进行操作，使每天对着镜子梳妆打扮的时间变得更有趣（见图 4-3-20）。

图 4-3-20　装有触摸屏的浴室镜
（图片引自 http://www.kpsell.com/post/2009/06/01/9910.html）

有趣的交互方式并不等同于自然的交互方式，体现的是用户与产品之间交流方式的创新和用户由这种新奇方式带来的感受，这种交互行为主要适用于以体验为目标的一类产品。

本章小结

交互设计也是行为的设计，因而关注交互行为是十分必要的。

行为主体、行为客体、行为环境、行为手段和行为结果构成了行为的 5 个基本要素。与广义的行为不同，交互行为是指两个以上的对象在活动过程中的行为，这种行为活动伴随着信息的交流，且行为主体和客体可以互相转换。

交互系统中的用户行为可分为 7 个阶段，包括目标的确定、执行的 3 个阶段（实现目标的意图→具体动作的顺序→动作的执行）和评估的 3 个阶段（感知外部世界的变化→解释这一变化→比较外部变化和自己所需要达到的目标）。在执行和评估阶段有可能存在一定的认知"鸿沟"，"鸿沟"的大小会因人而异，因场景的变化而变化，且与产品类型有关，特别是在信息电子产品中，由于隐性的结构和形态语意，"鸿沟"愈发明显。

不同的交互行为具有不同的特征，根据这些不同特征可以采取不同的设计策略，如经常发生的高频度行为应突出易用性，低频度行为则要注意可学习性。

交互方式经历了从原始式交互、适应式交互到自然式交互的过程。自然式交互是人性化的回归，易于被人们所理解和接受，虽然目前还受到一定条件的限制，但不失为一种未来交互的趋势。交互方式的实现与交互界面相关，采用何种交互行为与交互系统的用户、目标、场景和具体的产品类型有关。

本章思考题

（1）在交互设计中的自然交互行为是否存在局限性？用实例说明其理由。

（2）为什么说交互过程的简化并非适应于所有产品的交互方式？列出 5 种以上不需要简化的交互过程。

本章课程作业

以网购为例分析用户行为的 7 个阶段，列出在交互过程的执行和评估阶段可能存在的认知"鸿沟"。

具体要求：

（1）选择一个购物网站，确定所购物品（两种以上），分别列出操作流程图（列出所有可能的操作流程）。

（2）根据列出的操作流程，按用户行为的 7 个阶段进行划分，分析在各阶段中交互界面的设计特点和可能存在的问题。

（3）提出合理的解决方案。

（4）分析图文结合，表达清晰，逻辑性强。

本章参考文献

［1］百度百科.行为［EB/OL］.http://baike.baidu.com/view/10646.htm.

［2］Norman.D.A.刘松涛，译.未来产品设计［M］.北京：电子工业出版社，2009，6：15.

［3］Bill Moggridge.许玉铃，译.关键设计报告.麦浩斯出版，2008.

［4］Norman.D.A.梅琼译.好用型设计［M］.北京：中信出版社，2007，12：47–51，199.

［5］David Benyon,Phil Turner and Susan Turner.Designing Interactive Systems.Pearson Education Limited，2005.

［6］马卫娟，方志刚.人机交互风格及其发展趋势［J］.http://www.blueidea.com/design/doc/2005/3036.asp.

［7］潘永亮.人机交互界面设计中的自然化趋势［J］.装饰.2008（5）：130–131.

［8］Kinect巴士中文网.Kinect是什么.http://xbox360.tgbus.com/zt/kinect/.

第5章
Chapter5

交互技术和应用

技术是交互系统的物质基础之一，没有新技术的研发和应用就不会有今天的交互设计。在与交互设计密切相关的数码产品中，技术是一柄双刃剑。一方面各种新技术的应用使各类数码产品向小型化、扁平化、多功能化方向发展，为人类的生活提供了更多的便利；另一方面技术的滥用也会增加产品的使用难度，甚至造成资源的浪费。显然，设计师需要了解技术的概况、特点、适用场合和限制条件，使技术在交互设计中发挥更大的效用，并通过设计使技术更好地为人服务。

5.1 技术的意义与价值

5.1.1 工艺、技能及交互设计中的技术概念

工艺与技能是技术最原始的意义。17世纪出现的英文Technology，由希腊文techne（工艺、技能）和logos（词，讲话）构成，意为对工艺和技能的论述[1]，中文"技术"一词意指"技艺方术"（《史记·货殖传》），其含义与工艺和技能相似，均表明技术是一种解决具体问题的过程和手段，如造纸术和印刷术等。是工艺或是技能与该术语应用的具体对象有关，工艺主要用于抽象的对象，指将原材料进行加工或处理，使之成为成品的行之有效的流程和采用的方法，强调是将原材料或半成品变成中间成品（如将毛坯加工成零件）或最终成品（如将零件组装成产品）的一系列过程；技能主要用于具体的对象，指掌握具体方法的人所具有的才能，如雕刻技能、驾驭技能、农作技能和狩猎技能等，如图5-1-1所示。

图5-1-1　原始技术特指的两个方面（工艺与技能）

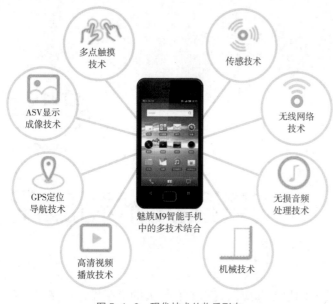

多点触摸技术

传感技术

ASV显示成像技术

无线网络技术

GPS定位导航技术

魅族M9智能手机中的多技术结合

无损音频处理技术

高清视频播放技术

机械技术

图 5-1-2　现代技术的物质形态

在现代，技术一词的意义已超出了工艺与技能的范畴，可以是以一定物质形态表现出来的多种技术的结合，如机器与装备是材料预处理、机械加工或铸造成形、表面处理、零件装配、性能测试等技术的综合应用；计算机软件与硬件是机械、电子、信息等技术的综合应用。这些现代物品或产品是多种技术的结晶，不仅是一系列工艺过程的结果和技能的体现，更多融合了人类的知识和智慧（见图 5-1-2）。也不再局限于物质产品，还可以包含更广泛的非物质产品，包括社会服务系统构架与体系、组织与控制方法、实现策略与方式等。

传统技术主要是来源于生产实践经验，且与个体与群体的经历有关，现代技术则得益于自然科学的发展，与人类社会的进步相连，是科学研究成果的转化与应用。在交互设计中所涉及的技术实际上是指可用于产品之中的科学技术，正是由于这些以科学研究成果为基础的应用技术才使产品的可用性和用户体验目标要求得以实现，因而在交互设计中，"技术"并不是纯粹的技术，而是科学技术（简称科技）的代名词。由此约定，在交互设计语境中"技术"特指"科技"，或"科技"与术语"技术"同义。

5.1.2　交互系统中技术的价值

技术的价值对人类个体来说，最基本的是谋生的手段或者是适应某类工作的技能，进而可通过技术创造财富、获得报酬、得到认可或赢得声誉等。有的人之所以能成为专家、工程师、设计师、工艺师或技师，是由于他们具备该领域的知识和掌握全面的技术（工艺与技能）。这种技术是个体所有，一般通过自身的努力学习和不断实践获得。

在交互系统中，技术价值首先体现在应用技术解决实际问题，以满足人们的某种需求。譬如说，我们为什么能够与千里之外的亲人交流？为什么能够即时看到远在地球另一半发生的事件？这些人类祖先憧憬的神话，如今已成为现实，这一切均离不开技术。

技术的价值还体现在概念产品的实现。如果没有技术的支持，我们现在使用的许多产品仍然停留在概念阶段，如锂电池技术的推出和不断改进，才使电动汽车的梦想逐步变成现实；集成电路技术的发明，才使今天的电子产品体积越来越小、功能越来越强、成本越来越低（见图 5-1-3）；信息技术和网络技术的应用才使我们"足不出户便知天下事"；移动网络技术和数字电话技术的应用，才使过去价格昂贵的"大哥大砖头式"手机，变成便于携带的通讯工具。

此外，技术的变革和新技术的推出，使交互系统性价比得到提升。过去许多功能简单、价格昂贵的"阳春白雪"产品，变成了价廉物美的"下里巴人""飞入寻常百姓家"。以个人电脑为例，20 世纪 80 年代两万元左右的 IBM-PC 机，其内存只有 640K，硬盘不过 200M 左右，而显示器也只有 12 英寸，还是单色的，其功能远不及今天较低端的笔记本电脑。

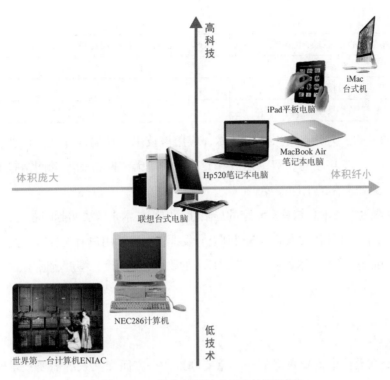

图 5-1-3　技术的提升与电子产品体积变化

5.1.3　交互设计中对技术的认识

如果说交互系统中技术的价值体现在"让技术为人服务"的话，那么通过交互设计是使"技术为人服好务"。由于技术的复杂性和综合性，任何人不可能掌握所有的技术，对设计师是如此，对工程师、建筑师，甚至科学家也是如此。从设计的视角，设计师不需要也不可能掌握或理解所有的技术，但不能以不懂技术为借口排斥技术，而需要认识技术、了解技术和应用技术，甚至设想或引导技术的创新和应用。设计师对技术的认识，通常可从以下方面入手：

（1）技术的用途：该技术可用来做什么，具有怎样的作用和功效。如温度传感器能够感知外界的温度，也说是使用该传感器能检测温度的变化，并能将外界的温度物理量转换为计算机可以识别的数值量。

（2）技术的特性：包括自身特性和外部特性两个方面。自身特性与技术本身相关，不同的技术其特性不同，一般由技术供应商提供，会涉及专业术语，如 CMOS 图像传感器的灵敏度、分辨率和成像品质（噪声）等。如果需要可以向专家或技术人员了解自身特性的意义。外部特性可以理解为技术的共性方面，如先进性、经济性、可靠性和使用寿命等。了解技术特性最好的方法之一是与同类技术进行比较，如表 5-1-1 所示。

表 5-1-1　　　　　　　　　　　　两种图像传感器 CCD 和 CMOS 的比较

技术特性	CCD（Charge-coupled Device, 电荷耦合元件）	CMOS（Complementary Metal Oxide Semiconductor, 互补金属氧化物半导体）
灵敏度	高	低
分辨率	较高	较低
成像品质	好	较好
功耗	高	低

技术特性	CCD（Charge-coupled Device, 电荷耦合元件）	CMOS（Complementary Metal Oxide Semiconductor, 互补金属氧化物半导体）
成本	较高	较低
速度	较慢	较快
尺寸	较小尺寸	大尺寸

（3）使用技术的目的：为什么要采用该技术，应用该技术的目的是什么。比如，用多点触摸技术可以方便用户直接输入，支持手写、双手缩放和旋转。采用无线网络和移动网络技术可以实现不受地点的限制，满足人们无处不在的上网需要。

（4）应用技术的限制：技术总是具有一定的局限性，应用技术来解决实际问题时，需要考虑其约束条件，如：什么样的条件下，才能使技术的功效得到充分发挥；对目标用户有无要求；技术模块对空间尺寸、电源特性、安装条件和维护等的具体要求；技术对环境的要求，如温度、湿度、通风、粉尘等方面的条件。

5.2　现代人机交互技术

技术或科技是交互设计中需要考虑的一个重要因素，一方面交互系统需要技术的支持，另一方面在交互系统中引入新的技术也将产生新的设计概念，促进交互系统和交互方式的创新。以传统技术为主导的技术型产品通常是以人们熟悉的方式表现出来，用户不仅熟识产品，也了解其中的主要技术，如电风扇、非全自动的洗衣机一类。对于以信息技术为主导的信息类产品，如电脑、移动电话和数码产品一类，用户对技术就不一定了解，也不需要了解，因为用户对产品采用的技术是被动的、不可见的和无意识的。对设计师就不同了，要使用技术首先要了解技术，如技术的进展、新技术发现和应用等。由于科技的进步，许多过去不可能做到的事，现在都有可能完成。甚至可以说，在交互设计中缺乏的不是技术，而是对技术的了解。

5.2.1　普适计算

1. 普适计算的起源与概念

普适计算源于 1988 年的施乐研究中心［Xerox Palo Alto Research Center，简称施乐帕克（Xerox PARC）］的一系列研究计划。该研究中心的首席技术官马克·维瑟（Mark Weiser）首先提出了普适计算的概念。1991 年维瑟在《Scientific American》上发表文章《The Computer for the 21st Century》，正式提出了普适计算的概念。

> **知识链接：施乐帕克（Xerox PARC）**
>
> 　　施乐帕克成立于 1970 年，位于加利福尼亚州的帕洛阿图市（Palo Alto），比邻举世闻名的斯坦福大学。该中心创造性的研发成果包括：个人电脑、激光打印机、鼠标、以太网、图形用户界面、Smalltalk、页面描述语言 Interpress（PostScript 的先驱）、图标和下拉菜单、所见即所得文本编辑器、语音压缩技术等。帕洛阿尔托研究中心在 2002 年 1 月 4 日起独立为公司（Palo Alto Research Center Incorporated）。
>
> 　　　　　　　　　　　　　　　　　　——摘自百度百科（http://baike.baidu.com/view/616837.html）

普适计算又称无处不在的计算（Pervasive Computing 或者 Ubiquitous Computing），表示任何人，在任何时间和任何地点以任何方式利用无处不在的计算技术获取信息或进行信息交流与处理。普适计算技术实际上将计算机技术融合在环境与物品之中，形成一个"无时不在、无处不在、不可见"的计算环境，人们感觉不到计算机的存在（计算机从人们的视线里消失），但可以随时随地享受计算机提供的服务。

2. 普适计算的特性与应用

普适计算的特性包括以下方面。

（1）普适性：众多计算设备嵌入环境中，用户可随时随地得到服务。

（2）动态性：用户在移动的状态下可以得到服务，在特定的空间内用户集合会不断变化；移动设备可动态进入或退出一个计算环境。

（3）自适应性：普适计算系统可以感知和推断用户需求，自动提供信息服务。

（4）透明性：不需要用户直接操作，对服务的访问方式是十分自然的，甚至是用户本身注意不到的，即所谓隐含式的交互（Implicit Interaction）。

普适计算的小型化、低廉化和网络化，使计算芯片可附于动物或嵌入物品之中，构成无线传感器网络（见图 5-2-1）。

普适计算技术在环境保护、交通系统、安全防护、医疗保健、物流管理和智能空间等方面得到应用。如一个智能空间一般具有如下功能：

（1）自动识别用户和感知用户的动作和目的，理解和预测用户在完成任务过程中的需要。

（2）用户能方便地与各种信息源进行交互。

（3）用户携带的移动设备可以无缝地与智能空间的基础设施交互。

（4）提供丰富的信息显示。

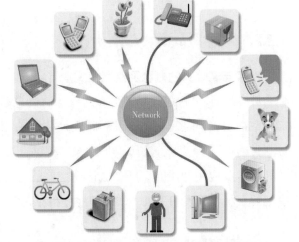

普适计算能支持不同的无线应用，包括对宠物和室内植物的监测、对设备的操作、对图书或自行车的跟踪等功能。

图 5-2-1 普适计算环境下的无线网络

（5）提供对发生在智能空间中的经历（experience）的记录，以便在以后检索回放。

（6）支持空间中多人的协同工作以及与远程用户沉浸式的协同工作。

智能空间可分为智能会议室、智能家居、智能教室等。其中智能家居（Smart Home）是指以住宅为平台，利用综合布线技术、网络通信技术、安全防范技术、自动控制技术和音视频技术将与家居生活有关的设备集成的居住环境，由家庭自动化和家庭网络发展而来，其功能主要包括以下几个方面。

（1）家居安全监控：各种报警探测器（火警、油烟、入侵）的讯息报警。

（2）家电控制：利用计算机、移动电话、PDA 通过高速宽带接入 Internet，并对电灯、空调、冰箱、电视、门窗等家用电器、设备进行远程控制。

（3）家居管理：远程三表（水、电、煤气）数据传送收费。

（4）家庭教育和娱乐：如远程教学、家庭影院、无线视频传输系统、在线视频点播、交互式电子游戏等。

（5）家居商务和办公：实现网上购物、网上商务联系、视频会议、协同办公。

（6）门禁系统：采用指纹识别、静脉识别、虹膜识别、智能卡等。

（7）家庭医疗、保健和监护：实现远程医疗和监护，幼儿和老人求救，测量身体的参数（如血压、脉搏等）和化验，自动配置健康食谱。

> **知识链接：家庭自动化与家庭网络**
>
> 　　家庭自动化：利用微电子技术集成或控制电子电器产品或系统，如照明灯、电脑设备、保安系统、视讯及音响系统等。
>
> 　　家庭网络：家庭范围内将 PC、家电、安全系统、照明系统和广域网，连到的网络，包括网络家电（将普通家用电器利用数字技术、网络技术及智能控制技术设计改进的新型家电产品）和信息家电（通过网络系统交互信息的家电产品，如 PC、机顶盒、无线数据通信设备、视频游戏设备、WebTV 和 Internet 电话等）。
>
> 　　　　　　　　　　——摘自百度文库（http://wenku.baidu.com/view/4021e763caaedd3383c4d3ac.html）

5.2.2　可穿戴计算

1. 可穿戴计算的概念及交互模式

可穿戴计算（Wearable Computing）的概念是在 20 世纪 60 年代由美国麻省理工学院（MIT）媒体实验室提出，但是真正进入发展阶段是在 1991 年美国国防部提出的"陆地勇士"（Land Warrior）计划时。目前中国、美国、法国、加拿大、德国、英国、澳大利亚、以色列和日本等都在大力开展可穿戴计算技术及应用的研究。可穿戴计算是普适计算的一个分支，其实质是将计算机及其相关设备像人们使用的衣服、手表和手机一样合理地分布在人体之上，以实现移动计算的计算模式，如图 5-2-2 所示。

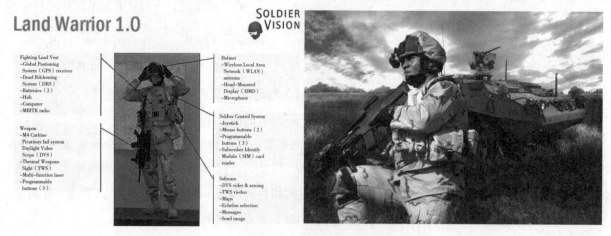

图 5-2-2　陆地勇士

（图片引自 http://www.army-technology.com/projects/land_warrior/land_warrior2.html）

可穿戴计算促进了一种新的人机交互模式的出现。这种新的人机协同交互形式包括 3 种操作模式：持久性、增强性与介入性[2]。

（1）持久性：可穿戴计算处于"总是准备接受使用状态"，形成了人机交互的持续性，不需要计算机那样的开机（使用）、结束（关机）。

（2）增强性：可穿戴计算系统的主要任务不仅仅是计算，而是在计算的基础上增强人的智慧，以及增强人对外部环境的感知能力。

（3）介入性：可穿戴计算系统能够封装用户自身，在更大程度上参与用户的决策。

2. 可穿戴计算的功能与应用

可穿戴计算的功能主要是表现在移动计算、智能助手和多种控制方面。

（1）移动计算：在无线自组网、蓝牙技术、传感技术等的支持下，可以为用户在运动状态下提供数据通信、接收和处理能力。

（2）智能助手：利用可穿戴计算系统，通过增强现实、介入现实和环境感知，达到延伸人的大脑、四肢与感官的目的。

> **知识链接：基于可穿戴计算的增强现实、介入现实和环境感知**
>
> 增强现实：通过声、图和文叠加于真实环境之上，提供附加信息，实现提醒、提示、助记、解释等辅助功能。
>
> 介入现实：在被处理后的"现实"既不是完全的"现实"，也并非完全的"虚拟"。
>
> 环境感知：在当用户未主动向穿戴计算机发出指令时，系统自动感知环境的变化，并向用户发出提示和响应。
>
> ——吴功宜 . 可穿戴计算技术的研究与应用 .http://book.51cto.com/art/201006/207430.html

（3）多种控制：可穿戴计算系统可根据用户需求，提供简单的腕式、臂式、腰带式和头盔式设备。

可穿戴计算技术可以应用于军事、抢险、救护、采访、娱乐和旅游等方面（见图 5-2-3）。如：在旅行者的行李中或钱包中嵌入智能芯片，当行李或钱包离开主人一定距离之后就立即提示。将智能芯片与传感器嵌入在衬衣里，制成不同用途的智能衬衣：当患者穿上这种智能衬衣后，若重要的生命参数发生变化时，智能衬衣能及时通知医生进行治疗或抢救；当消防队员穿上这种智能衬衣进入火场时，可以及时、准确地向指挥员提供火场信息；当穿上这种智能衬衣的记者进入突发事件现场时，可及时采集和发出尽可能多的第一手资料。

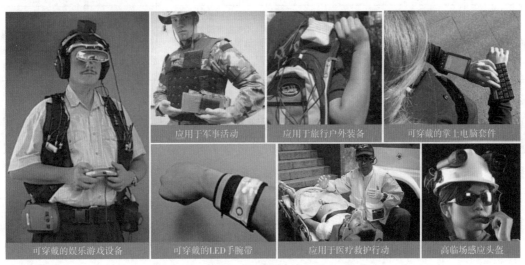

图 5-2-3　可穿戴计算技术的应用

5.2.3 多点触摸

1. 触摸屏及类型

触摸屏由触摸检测部件和触摸屏控制部件组成。触摸检测部件安装在显示器屏幕前面，用于检测用户触摸信息，并将其信息传送给触摸屏控制器；触摸屏控制部件的主要作用是将接收的触摸信息换成触点坐标发送给 CPU，并能接收和执行 CPU 发来的命令。严格说来触摸屏是装在显示器屏幕前面的一种透明输入装置和相应的控制装置，并不包括显示器屏幕，但习惯上所说的触摸屏包括了显示屏，也就是说人们常说的触摸屏是指具有显示和输入功能的显示屏幕。

触摸屏具有类似于鼠标、键盘等机械式按钮面板的功能，用户只要用手指轻碰显示屏上的图形、符号或文字就能实现直截了当的操作，且具有易于交流、反应快捷和节省空间的优点，因而在信息类产品中得到了广泛的应用。根据技术原理，目前使用的触摸屏可分为电阻式（Resistive touch screen）、电容式（Capacitive touch screen）、红外线式（Infrared touch screen）和表面声波（Surface Acoustic Wave）触摸屏 4 种，其特点见表 5-2-1。

表 5-2-1　　　　　　　　　　　　　　　　4 种触摸屏技术的特点

类型	特点	使用
电阻式 （包括 4 线式触摸屏 和 5 线式触摸屏）	触摸屏为多层的电阻复合薄膜 不怕灰尘、水汽和油污 定位准确，但其价格高，怕刮易损，灵敏度较低 5 线屏的可靠性好和使用寿命长 单点触摸（点击、拖拽等简单动作）	可用多种触摸输入方式触摸屏（手指、指甲、笔尖和戴手套的手等） 适合各种使用环境
电容式 （包括表面电容屏和 投射电容屏）	玻璃屏幕上镀一层透明的薄膜层，再在导体层外加上一块保护玻璃 利用人体的电流感应进行工作，支持多点触摸 具有较好的透光率和清晰度 灵敏度高，反应快，可靠性好，定位准确 防刮、防暴、防水、防尘和防污秽 支持多点触摸	直接用手轻触 用于户外和半户外的特殊环境应用中 戴手套无法使用
红外线式	在显示器的前面安装一个电路板外框，电路板在屏幕四边排布红外发射管和红外接收管，对应形成横竖交叉的红外线矩阵 不受电流、电压和静电干扰，适宜恶劣的环境 防刮、防暴性能优于电容屏式 不防水，不防污秽	用手指或软胶触摸 用于自助服务产品
表面声波	触摸屏部分可以是一块平面、球面或柱面的玻璃平板，安装在显示屏幕前面，当手指或软性物体触摸屏幕，部分声波能量被吸收，改变了接收信号，经过控制器的处理得到触摸的 X、Y 坐标 分辨率极高，透光性好，寿命长，防刮性好 不受温度、湿度等环境因素影响	用手指或软性物体触摸 适合公共场所使用，如多媒体触控产品、触摸一体机、触摸屏查询设备和银行自助设备等

2. 多点触摸技术与应用

多点触摸（Multi-touch）或称多点触控、多点感应和多重感应，是一种采用多手指、同时接受多点输入的触摸屏直接输入技术（见图 5-2-4）。用户可通过单手进行单点触摸、双击、平移或用双手进行旋转、缩放等不同手势触摸屏幕，实现相应的操作。多点触摸通常采用投射电容触摸屏技术，如苹果公司的 MacBook Air、iTouch、iPhone 和 iPad 等。

微软的 Windows 7 操作系统也支持多点触摸技术。Windows 7 将多点触摸输入分为手势（gesture）和轻击（flick）。手势指手指在屏幕上的快速移动，可以实现缩放、旋转、卷动等操作；轻击通常用来执行导航和编辑命令，如在屏幕上方轻击就可以返回前一页，在屏幕下方轻击可以前进到下一页[3]。

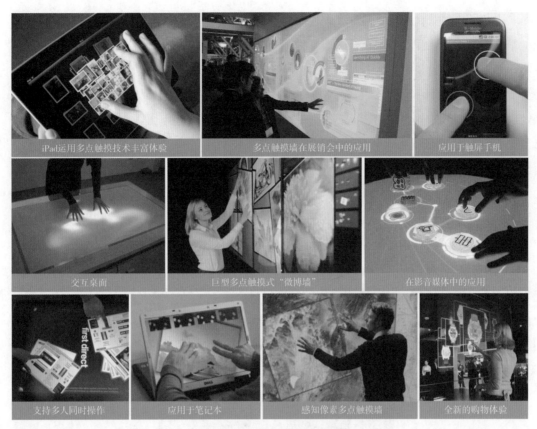

图 5-2-4　多点触摸屏技术的应用

5.2.4　手势控制

1. 手势与手势控制

手势是指通过人的手臂、手掌和手指动作的位置和构成的形状来表达意愿或传达命令的一种动作语言，如中国人喜欢用竖大拇指的方式表示对某人的欣赏；法国女性用食指刮下巴表示对追求者的不喜欢；源自英国 V 字手势用来表达胜利；用 OK 手势表示没问题和一切就绪或很好等。一方面用手势能够表达丰富的信息，如用手语交流、用手指的变化表示数字、用手势指挥演奏以及用手势疏导交通等；另一方面用手势表达的意思也会受一定条件的限制，如文化、民族和地区对某些手势的理解也会有所不同，如法国南部地区 OK 手势则表示零、不值一提或不赞成；用 V 字手势来表达胜利时，一般以手指背向自己，但在希腊用此手势时，必须把手指背向对方，否则就表示侮辱和轻视对方之意。

手势控制（Gesture Control）是指通过手势来操控对象，如用手势代替遥控器操控电视机、用手势代替鼠标操作电脑、用手势代替手柄来玩游戏等。手势控制分为接触式与非接触式两种情况，前者是指手的动作与受控对象接触，如使用触摸屏时手指在屏幕上的滑动、双手指的收拢与分开等。在人机交互中的手势控制主要指非接触式控制。

2. 手势输入与识别

手势控制的关键是手势输入和识别问题。人与人之间很容易理解手势意义，但让产品理解人的手势的意义就并非易事了，这就要涉及手势输入和识别技术。常用手势输入方法包括以下几种。

（1）基于视觉的手势输入：采用摄像机捕获手势图像，再利用计算机视觉技术对捕获的图像进行分析，提取手势图像特征，从而实现手势的输入[4]。

（2）基于专用设备的手势输入：根据戴在手上或手持的内置各类传感器专用设备，如任天堂的 Wii 游戏手柄、具有重力传感器和陀螺仪的智能手机和数据手套等，来实现手势输入。

手势的识别一般由计算机软件完成，主要包括手势建模、手势分析和手势特征提取和识别等复杂的数据处理过程，常用识别方法有模板匹配法、神经网络法和特征搜索匹配法等[5]。

（1）模板匹配法：将输入手势的特点与标准手势（模板）的特点进行比较，通过测量两者之间的相似度来完成识别任务。

（2）神经网络法："神经网络"源于生物学，意指在一定程度和层次上模仿人脑神经系统的信息处理、存储及检索功能进行手势识别。这种模式识别技术具有学习、记忆和计算等智能处理功能。

（3）特征搜索匹配法：主要利用动态规划算法对特征序列进行弹性匹配。

3. 手势控制技术的应用

手势控制已在智能电视、游戏机和智能手机等信息产品中得到了应用，并逐步向 3D 手势控制方向发展，如图 5-2-5 所示。动作感应芯片制造商美国 InvenSense 创始人 Steve Nasiri 先生认为，"运动处理技术终于得到了认可。我们相信智能电话手势处理以及手势识别硬件将会变得如手机摄像头一样普及"。主要应用的公司有以下几个[6]。

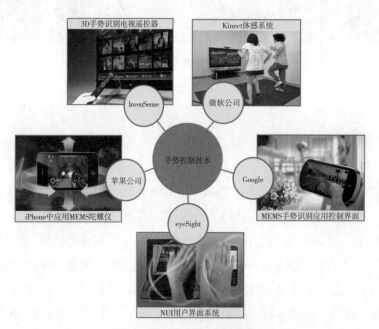

图 5-2-5　手势控制技术的应用

（1）苹果公司：首次利用电子机械感应器研发出更直观的智能电话界面；在 2007 年为 iPhone 添加了 MEMS 加速计功能，2010 年又添加了 MEMS 陀螺仪。

（2）Google：为 Android OS Gingerbread 操作系统添加了 MEMS 手势识别应用程控界面，能够识别倾斜、旋转、手戳及手划等手势。

（3）eyeSight：总部设在以色列的 eyeSight 宣布将为手机和消费电子产品带来一个全新的 Natural User Interface（NUI）用户界面系统，让 Android 设备可以使用手势来控制手机操作：利用设备的内置摄像头，借助实时图像处理技术和计算机视觉算法，来跟踪用户的手部运动轨迹，并转化为控制指令。

Android 设备安装该界面系统之后，用户只需挥动双手即可控制 MP3 播放、玩游戏和执行其他任务。

（4）InvenSense 公司：在国际消费电子展上展出的运动处理数据库是首批使用 3D 手势识别的电视遥控器以及首批将其作为主要手机功能的智能电话（例如仅需将手机放置在耳旁就能接电话等）。

（5）微软的 Kinect 体感系统：将包含有一个 MEMS 加速计的手势感应硬件，改进为头部控制系统。微软利用从 GestureTek 授权的光学识别技术为其 Kinect 体感系统开发出 3D 识别计算程序。

知识链接：MEMS

MEMS 是微机电系统（Micro-Electro-Mechanical Systems）的英文缩写。MEMS 是美国的叫法，在日本被称为微机械，在欧洲被称为微系统，它是指可批量制作的，集微型机构、微型传感器、微型执行器以及信号处理和控制电路、直至接口、通信和电源等于一体的微型器件或系统。

——摘自百度百科（http://baike.baidu.com/view/37086.htm）

法国 Movea 公司全球市场总监 Dave Rothenberg 先生指出，"下一代新式遥控器将会识别各种新手势。例如，父母会将电视节目中的成人内容通过他们的空中手势锁住，而当他们的孩子试图收看这些成人节目的时候，他们所做的行为就会激活锁住程序"。

5.2.5 眼动跟踪

1. 眼动跟踪与眼动仪

人的眼动主要有注视（fixation，停留时间 100ms 以上）、眼跳（saccades，注视点之间快速跳跃）和追随运动（pursuit movement）3 种形式。眼动跟踪（Eye tracking）或称视线跟踪（Visual line tracking）技术，是利用图像处理技术，使用能锁定眼睛的特殊摄像系统，通过摄入从人的眼角膜和瞳孔反射的红外线连续地记录视线变化，从而达到记录、分析和视线追踪的目的。其摄像系统一般采用外置红外线发光器在眼睛里产生亮点，然后用广角摄像头快速确定眼睛的位置，再用高分辨率的摄像头捕捉眼睛图像。

眼动仪是根据眼动跟踪技术研制的一种装置，用来记录眼动轨迹的记录并从中提取注视点、注视时间、注视次数、眼跳距离和瞳孔大小等数据。眼动仪由硬件和软件两部分组成，分成光学系统、瞳孔中心坐标提取系统、视景与瞳孔坐标叠加系统和图像与数据的记录分析系统 4 部分。眼动仪可分为穿戴式与非穿戴式、接触式与非接触式、强迫式与非强迫式几类，如图 5-2-6 所示。

2. 眼动跟踪技术的应用

眼动跟踪技术主要应用在心理学研究、实体与软件产品的可用性评估以及人机交互方面，如图 5-2-7所示。

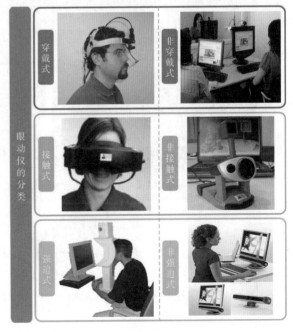

图 5-2-6　眼动仪的分类与图例

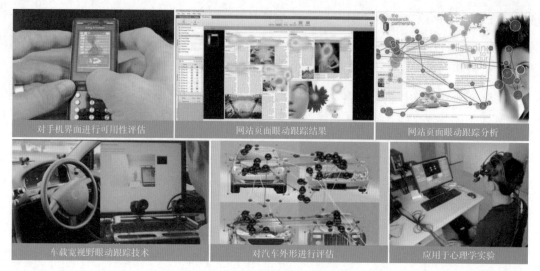

图 5-2-7　眼动跟踪技术的应用

在心理学领域，利用眼动跟踪记录的数据，可以研究个体的内在认知过程。如在用户界面研究中，利用眼动仪可以将用户注视界面时的眼动轨迹记录下来，以了解注视界面时的先后顺序，对某一部分的注视时间、注视次数、眼跳距离和瞳孔直径变化等，进而分析用户是否关注交互界面，为界面的设计进行评估和改进。

在工业设计中，利用眼动仪记录的数据，对现有产品或产品原型进行可用性测试，分析人—机交互作用中视觉信息提取及视觉控制问题，评判设计是否符合人的生理和心理要求，能否让人们有效、舒适、健康和安全地工作。

眼动跟踪技术还可用于人机交互方面的眼控、完善多通道交互和支持基于计算机的人机对话。斯坦福大学 HCI 组的 Kumar 等于 2007 年提出一个新界面理念：视线改良的用户界面设计（Gaze-enhanced User Interface Design, GUIDe），将眼动和鼠标一起作为交互方式，其中以眼动为主要的输入设备，而键盘鼠标作为补充[7]（见图 5-2-8）。

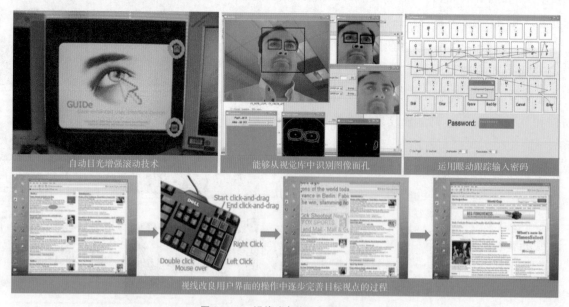

图 5-2-8　视线改良的用户界面设计

据报道：美国弗吉尼亚大学（The University of Virginia）开发了一种眼神反应界面电脑辅助系统（ERICA），可用眼神代替鼠标，给许多残障人士带来了福音。系统包括一台个人电脑、一个超大屏幕和屏幕下的盒子装着的追踪眼神的硬件设备。此外还有一个红外线摄像机，利用几个镜子观察使用者的眼睛。该系统的设计者说："常人用鼠标和键盘执行的工作，我用眼睛即可完成。"选择向左边看两眼，就能打开微软的 Word 软件，再看一眼，屏幕上出现一个键盘超大的模拟打字机。逐一凝神每个按键，按键旁就出现一个盒子，字体放大就表示选取那个字母。大约半秒钟后，打字键发出敲击声，这就表示字母选取完成。使用者可以将常用字和词组编成字典，免去逐个拼写的烦恼。用眼神打字的速度可调整为适合使用者的速度[8]。

5.2.6 面部表情识别

1. 面部表情与识别

面部表情是人类表达感情的方式之一，心理学家 Mehrabian 认为：用言词、声音和面部来传递感情的百分比分别为：7%、38% 和 55%[9]（见图 5-2-9）。由此可见，面部表情是人类一种重要的信息交流方式。在人与人之间，通过面部表达的感情易于被对方所理解，但在人与交互产品系统之间，用户的面部表情必须通过一定的技术手段才能被与之交互的产品对象所识别。所谓面部表情识别（Facial Expression Recognition，FER）是指利用计算机图形处理技术，对静态或动态的人脸图像进行分析和处理，从而自动、可靠、高效地获得人脸表情所传达信息的一种技术。

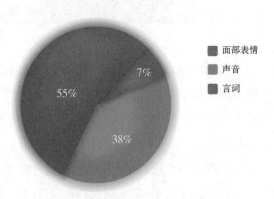

图 5-2-9　面部表情、言词和声音传递感情所占比例

面部表情识别主要涉及人脸的表征（模型化）、人脸的检测、人脸的跟踪与识别、面部表情的分析与识别和基于物理特征的分类等[10]。基于计算机的面部表情识别过程分为 3 个步骤：

（1）面部表情跟踪：利用输入设备获得面部图像信息。

（2）面部表情编码：将表情信息用计算机能够识别的形式表达出来，如 Ekman 和 Friesen 于 1978 年提出的面部动作编码系统（FACS），共有 46 个描述面部表情变化的动作单元和 12 个描述头的朝向和视线变化的单元。

（3）面部表情的识别：利用简化的 FACS 规则进行分类和识别，识别方法可分为模板匹配法、神经网络法和概率模型法 3 类[11]。

2. 面部表情识别技术的应用

面部表情识别技术目前尚处于不断发展和完善的阶段，并逐步应用于一些人机交互的实际项目之中（见图 5-2-10）。如门禁系统可以通过人脸识别辨识试图进入者的身份，可用于企业考勤、住宅安全和防盗门等；利用人脸识别辅助信用卡网络支付，以防止非信用卡的拥有者使用信用卡等；用于身份辨识，如电子护照及身份证，国际民航组织已确定，从 2010 年 4 月 1 日起，其 118 个成员国家和地区，必须使用机读护照，人脸识别技术是首推识别模式，该规定已经成为国际标准；用于汽车驾驶监控，根据人的面部表情判断司机的精神是否高度集中，防止出现疲劳驾驶。

图 5-2-10　面部表情识别技术的应用

　　据国外媒体报道，美国麻省理工学院和英国剑桥大学开发的计算机技术可以识别用户的面部表情。英国剑桥大学参加该项目研究的科学家皮特·罗宾逊向媒体介绍，这种技术是通过人脸的面部表情来洞悉人的内心世界。罗宾逊说：使用我们的系统，一个人只要站在摄像头前，系统即可判断出他当时所处的心理状态。你可以想象一下这样的一台电脑，它可以根据你的表情播放适合你的广告。网站将可以根据用户摄像头输入的画面信息，自动分析访问者的表情，从而根据分析结果决定在页面上放置什么样的广告图片；用于汽车的面部识别系统可以根据驾驶人员的表情来判断他是否已经处于疲劳驾驶状态等[12]。

　　"微软牛津企划"（Microsoft Project Oxford）的研究显示，其面部感情识别系统可通过照片的表情来识别出人的各种情绪指数，其中包括了愤怒、蔑视、恐惧、反感、快乐、普通、悲伤和惊讶等。通过这些数值可以测定图像中人物的大致心情。读者可以通过访问 www.projectoxford.ai/demo/Emotion#detection 进行尝试（见图 5-2-11）。微软在公布此技术的博文中写道"这个工具将会用于微软

图 5-2-11　Microsoft Project Oxford 测试页面

自家的产品研发使用，同时可以让那些没有开发机器学习能力或人工智能撰写经验，但是又想加入对话、观察和语言理解能力应用的开发者们所用。"

5.3 物联网技术简介

5.3.1 从互联网到物联网

物联网的提出与信息技术的发展密切相关，是信息技术发展和无处不在计算技术得到广泛应用的结果。可以想象：如果计算机技术仍然停滞在电子管时代，如果摩尔的"芯片中的晶体管的数量每年会翻番，而成本会下降一倍"的定律仅仅是预言，交互设计是不需要的，更谈不上信息技术为基础的物联网。

摩尔预言的实现使绝大多数人用得起计算机，交互设计使普通人会用计算机，而普适计算技术的发展更使人们感觉不到计算机的存在而享受无处不在的计算机提供的服务。从计算机到普适计算技术，可以认为是信息技术发展的不同阶段，而物联网正是信息技术发展更高阶段的产物。先不论什么是物联网，我们至少可以这样理解：这种新概念是信息技术发展到一定阶段的使然。如果说交互设计关注的是信息产品，那么物联网则与信息产品系统相关。物联网的概念是新的，但其中的技术并非是全新的，一方面有些技术在人机交互中早已得到应用，另一方面交互设计也需要从物联网的视角思考，甚至可以说，未来的交互系统离不开物联网环境。

物联网的本质与现在的互联网一样还是一种为人类提供服务的网络，只不过这种新型的网络系统比现在的互联网服务的范围更广、具备的功能更强、使用更加智慧、更能满足人类的需要而已。对于物联网我们不能只理解为高新技术的应用，更应理解为是互联网基础上的升级与创新，只要是为人类服务的系统，就需要交互设计，需要设计师认识和了解与此相关的技术概况与应用。

5.3.2 物联网的定义

物联网的概念迄今为止没有统一的定义，先不妨从最基本的含义说起。

物联网是源于英文 The Internet of Things（IOT），顾名思义是由物构成的网络之意，更准确一点说是"物与物相连的互联网"，如图5-3-1所示。物与物之间如何才能构成网络？这似乎是不可思议的事，但我们可以这样理解：计算机是物的一种，既然计算机可以构成互联网，如果我们让"物"具有计算机功能，为什么"物"不可以构成互联网呢？实事正是如此，普适计算技术的发展和应用使计算机可隐形于"物"之中，这种"物"可以是固定的设备或设施、家居用品、人随身携带的物品、穿戴的衣服或植入计算芯片的动物或植物。

1. 国内对物联网的定义

要实现物与物的相连，也不是一件简单的事，首先需要技术的支持。因此有学者从技术的角度来

图5-3-1 物联网示意图

说明什么是物联网，"通过射频识别（RFID）、红外感应器、全球定位系统、激光扫描器等信息传感设备，按约定的协议，把任何物体与互联网结合起来，进行信息交换和通信，以实现智能化识别、定位、跟踪、监控和管理的一种网络"[14]。

上述关于物联网的定义可以从以下三个方面来理解：

（1）物联网中的"物"需要信息传感技术，这些信息传感技术的基本作用是：射频识别用于"物"的身份识别；红外感应器可用来测定是否有能发射红外线的"物"进入特定区域；全球定位系统用于获得"物"位置信息；激光扫描器则用于与物和环境相关的信息输入。也就是说一般的物品利用传感技术之后方能成为物联网中的"物"。

（2）具有感知能力的"物"，需要一定的网络技术才能把它们联起来，这种网络就是现有互联网络加上移动网络。

（3）物联网也是一种网络，除了具有互联网的功能外，还具有许多智能化的功能。

2. 国外对物联网的定义

欧盟对物联网的定义：将现有的互联的计算机网络扩展到互联的物品网络。

国际电信联盟对物联网的定义：物联网主要解决物品到物品（Thing to Thing，T2T）、人到物品（Human to Thing，H2T）、人到人（Human to Hunan，H2H）之间的连接。

上述定义从不同角度对物联网进行了描述，最根本的两层意思：①物联网的核心和基础仍然是互联网，是在互联网基础上的延伸和扩展的网络；②其用户端由计算机等信息产品延伸和扩展到了任何物体与物体之间的信息交换和通信。

由于物联网中传感是最基本的技术，因而"传感网"是物联网的别称。

5.3.3　物联网的提出与发展

1999 年，美国麻省理工学院（MIT）的 Ashton 教授提出了结合物品编码、RFID 和互联网技术解决方案的物联网的概念。中国科学院在 1999 年启动了关于物联网（当时称传感网）的研究，并已取得了一些科研成果。

2003 年，美国麻省理工学院科技评论杂志《技术评论》（Technology Review）（http://www.technologyreview.com/）提出传感网络技术将是未来改变人们生活的十大技术之首。

2005 年 11 月 17 日，在突尼斯举行的信息社会世界峰会（WSIS）上，国际电信联盟（ITU）发布《ITU 互联网报告 2005：物联网》，引用了"物联网"的概念。

从 2008 年后，为了促进科技发展，寻找新的经济增长点，各国政府开始重视下一代的技术规划，将目光放在了物联网上。

2009 年 1 月 28 日，奥巴马就任美国总统后，与美国工商业领袖举行了一次"圆桌会议"。作为仅有的两名代表之一，IBM 首席执行官彭明盛首次提出"智慧地球"概念，建议新政府投资新一代的智慧型基础设施。同年，美国将新能源和物联网列为振兴经济的两大重点。

2009 年 2 月 24 日，在 2009 IBM 论坛上，大中华区首席执行官钱大群公布了 IBM 公司名为"智慧的地球"的最新策略。

2009 年 8 月上旬，温家宝总理在江苏省无锡市视察时指出，要在激烈的国际竞争中，迅速建立中国的传感信息中心或"感知中国中心",提出了"感知中国"的概念。

国家中长期科学和技术发展规划纲要(2006—2020 年)已将"传感网"列入重点研究项目。

5.3.4 射频技术

1. 什么是射频技术

(1)含义。射频技术(RFID)是 Radio Frequency Identification 的缩写,射频是指辐射到空间的电磁频率在 300KHz ~ 30GHz 之间的高频交流变化电磁波的简称。通过射频信号传递信息,并能够被识别的技术称为射频技术,亦称射频识别技术。

(2)组成。RFID 主要由以下三大部分组成:

1)电子标签(Tag):由耦合元件和芯片组成,每个标签具有唯一的识别号(ID),电子标签固定在被识别对象的上面。电子标签分为无源电子标签(Passive Tag)和有源电子标签(Active Tag)两类:前者不用电池,从阅读器发出的微波信号中获得电能,读写距离则较近(约在 1~30mm);后者自带电池供电,读写距离可达 100~1500m。

2)读写器也称阅读器(Reader)读取并识别电子标签中所保存的电子数据。

3)天线(Antenna):在标签和读取器间传递射频信号。天线分两类:一类和 RFID 标签集成为一体;另一类是读写器天线,既可以内置于读写器中,也可以通过同轴电缆与读写器的射频输出端口相连。

(3)原理。阅读器通过天线发送出一定频率的射频信号,当标签进入天线辐射场时,产生感应电流从而获得能量,发送出自身编码等信息,被阅读器读取并解码后发送至电脑主机中的应用程序进行有关处理,其系统组成如图 5-3-2 所示。

2. 射频技术的特点与应用

RFID 技术是 20 世纪 90 年代兴起并逐步成熟和得到应用的一种自动识别技术,具有如下特点:

(1)非接触识别:识别距离从几厘米到上千米(有源电子标签)。

(2)使用寿命长:无机械磨损部分。

(3)可在恶劣环境工作:对水、油、灰尘和化学药品等物质具有很强的抗污能力。

(4)高速识别:电子标签可附在高速运行物体上,并可同时识别和处理多个标签。

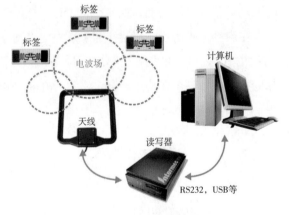

图 5-3-2 RFID 系统图

(5)易于小型化和形状的多样化:便于附在各种产品上,在读写电子标签中的信息时,不受尺寸大小和形状的影响。

(6)良好的穿透性:电子标签可置于各种非金属材料之中,支持穿透性通信。

RFID 技术具有广泛的应用领域,如图 5-3-3 所示。

(1)管理:可用于物流管理、交通管理、医疗管理、图书管理、资产管理、食品管理和生产管理等。

(2)识别:可用于身份识别(电子护照、各类电子证件,如身份证、学生证和借书证等)、动物与宠物的识别、物品识别、商品的产地识别与有效期识别、防伪识别和药品识别等。

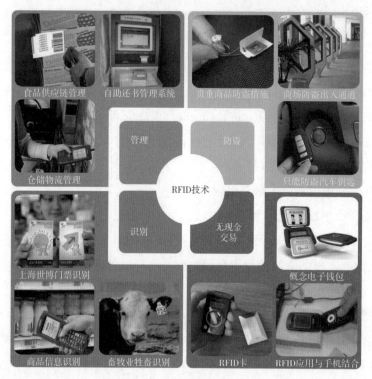

图 5-3-3　RFID 技术的应用

（3）防盗：商场物品的防盗等。

（4）无现金交易：如 RFID 技术和 NFC（近距离无线通信技术，Near Field Communication）结合，使手机可兼容多种功能，如城市一卡通、电子钱包等。

在市场需求方面，世界上最顶尖的零售业巨头沃尔玛、Tesco 和麦德龙要求其供应商提供的商品必须有 RFID 标签。在中间软件开发上，微软、甲骨文（Oracle）和 Sun 等 IT 巨头宣布进军 RFID 的软件开发。在硬件设备供应上，Motorola、Alien、飞利浦、德州仪器和 IBM 等宣布针对日益成熟的 RFID 智能卡市场进行战略联盟[15]。

5.3.5　短距无线通信技术

1. ZigBee 技术

ZigBee 是 IEEE 802.15.4 协议的代名词，在中国被译为"紫蜂"，与蓝牙相类似，是一种新兴的短距离、低复杂度、低功耗、低速率和低成本的双向无线通信技术（蓝牙技术复杂，功耗大，距离近，组网规模小）。主要用于距离短、功耗低且传输速率不高的各种电子设备之间进行数据传输。

ZigBee 技术采用自组织网来通信。所谓自组织网是指具有 ZigBee 网络模块终端的物体，在网络模块的通信范围内，通过彼此自动寻找，很快就可以形成一个互联互通的 ZigBee 网络。在移动时，彼此间的联络还会发生变化。模块还可以通过重新寻找通信对象，确定彼此间的联络，对原有网络进行刷新。

ZigBee 技术可用于以下几个方面[16]。

（1）家庭和楼宇网络：空调系统的温度控制、照明的自动控制、窗帘的自动控制、煤气计量控制、家用电器的远程控制等，如图 5-3-4 所示。

（2）工业控制：各种监控器、传感器的自动化控制。

（3）商业：智慧型标签等。

（4）公共场所：烟雾探测器等。

（5）农业控制：收集各种土壤信息和气候信息。

（6）医疗：老人与行动不便者的紧急呼叫器和医疗传感器等。

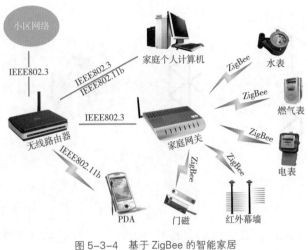

图 5-3-4　基于 ZigBee 的智能家居
（根据 http://www.smartcn.cn/smart/jswz/093807695.asp 重绘）

2.WiFi 技术

WiFi 是 Wireless Fidelity（无线保真）的缩写，是 IEEE 802.11b 标准的别称。WiFi 是一种可以将个人电脑、手持设备终端以无线方式互相连接的技术。

WiFi 的优点如下。

（1）覆盖范围广：WiFi 的半径则可达 100m 左右。可在家庭、办公室或整栋大楼中使用。

（2）传输速度非常快：可达到 54mbps，基本满足个人、团体的信息化需求。

（3）组网和接入方便：通过无线路由器接入 Internet 节点，无须布线便可组建局域网，而用户只要将支持无线局域网（Wireless Local Area Network，WLAN）的笔记本电脑或 PDA 拿到该区域内，即可高速接入因特网。

（4）费用低廉：WiFi 的频段在世界范围内是无需任何电信运营执照的免费频段，WLAN 为用户提供了一个世界范围内可以使用的、费用低廉且数据带宽极高的无线接口。

WiFi 的安全性不及蓝牙，但比蓝牙具有更大的覆盖范围和更高的传输速率。利用 WiFi，用户可以在高级宾馆、住宅区、飞机场、学校以及咖啡厅之类的区域浏览网页、收发电子邮件、下载文件及接听拨打电话等（见图 5-3-5）。WiFi 在手持设备终端上的应用越来越广泛，如智能手机、PDA 及平板电脑等。

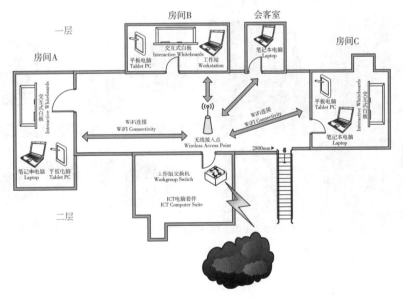

图 5-3-5　WiFi 网络

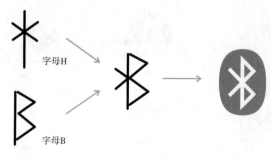

字母H

字母B

图 5-3-6　蓝牙标志
（根据 http://baike.baidu.com/image/346bd85c7ebb8d05faf2c06f 重绘）

3. 蓝牙技术

蓝牙（Bluetooth）是一种支持设备短距离通信（一般 10m 内）的无线通信技术。蓝牙实际上是一种无线通信的标准，是一种通用的无线接口标准，即用微波取代电缆，在蓝牙设备间实现方便快捷、灵活安全、低成本，低功耗的数据和话音通信。

蓝牙技术由瑞典爱立信公司于 1994 年开始研发，1998 年 2 月，包括爱立信、诺基亚、IBM、东芝及 Intel 组成了一个蓝牙特殊兴趣小组（Bluetooth Special Interest Group），其共同的目标是建立一个全球性的小范围无线通信技术，即现在的蓝牙。蓝牙的标志设计取自 Harald Bluetooth 名字中的 H 和 B，用古北欧字母来表示，并组合起来形成了蓝牙的标志（见图 5-3-6）。

蓝牙通信主要用于移动电话、PDA、无线耳机、笔记本电脑及相关外设之间的无线信息交换，如图 5-3-7 所示。

知识链接：蓝牙的来历

蓝牙一词源自于 10 世纪的一位丹麦国王 Harald Blatand，Blatand 在英文里的意思可以被解释为 Bluetooth（蓝牙），因为国王喜欢吃蓝莓，牙龈每天都是蓝色的所以叫蓝牙。在行业协会筹备阶段，需要一个极具表现力的名字来命名这项高新技术。有人认为用 Blatand 国王的名字命名再合适不过了。Blatand 国王将现在的挪威、瑞典和丹麦统一起来；他的口齿伶俐，善于交际，就如同这项即将面世的技术，技术将被定义为允许不同工业领域之间的协调工作，保持着各系统领域之间的良好交流，例如计算、手机和汽车行业之间的工作。名字于是就这么定下来了。

——摘自百度百科（http://baike.baidu.com/view/1028.htm）

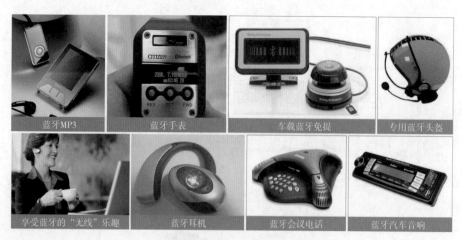

蓝牙MP3　　蓝牙手表　　车载蓝牙免提　　专用蓝牙头盔

享受蓝牙的"无线"乐趣　　蓝牙耳机　　蓝牙会议电话　　蓝牙汽车音响

图 5-3-7　蓝牙技术的应用

4. 三种技术的比较

ZigBee、WiFi 和蓝牙通信技术的应用改变了设备之间传统的有线连线方式，代之以无线连接，大大方便了使用。三种技术各有所长，主要性能的比较见表 5-3-1。

表 5-3-1　　　　　　　　　　三种短距无线通信技术的比较

指　标＼类　型	ZigBee	WiFi	蓝牙
覆盖范围	★★★	★★	★
复杂性	简单	非常复杂	复杂
传输速率	↓	↑↑	↑
网络节点数	★★★	★★	★
联网所需时间	↓↓	↓	↑
终端设备费用	↓	↑	↓
使用成本	↓	↑	↓

5.3.6　传感器技术

传感器技术是现代信息技术的三大支柱（传感器技术、通信技术和计算机技术）之一，是物联网和交互系统中重要的支撑技术。传感器技术本身涉及固体物理、材料科学、精密机械、微电子和计算机技术等多学科知识，我们不可能完全理解其技术内核，但要了解其功能、特点和用途并非难事。

1. 认识传感器

传感器（sensor，measuring element or transducer）是一种人工造物，在我们的日常生活中并不少见。比如，当我们用数码相机拍摄照片时，图像为什么会被记录下来？由于有了图像传感器——相机的 CCD 或 CMOS 感光元件。再有，为什么我们用手机能够与对方通话？声音传感器——麦克风（microphone）功不可没。

实际上人体就有不少的传感器：如眼睛——图像传感器，耳朵——声音传感器。只不过人体所具有的此类传感器不叫"传感器"，而称为人的"感觉器官"而已。

关于传感器的学术说法，国际电工委员会（IEC）对传感器的定义为："传感器是测量系统中的一种前置部件，它将输入变量转换成可供测量的信号"。国家标准 GB 7665—87 中对传感器的定义是："能感受规定的被测量并按照一定的规律转换成可用信号的器件或装置，通常由敏感元件和转换元件组成"。通俗点说，传感器是对外部物质世界某一对象或所发生现象产生反应的一种器件，其功能是将对象的物理和化学特性或状态参数转换成可测定的电学量。如将环境温度的高低转变为电压或电流；将光线的强弱转换成计算机能够识别的数值等。我们可以把图像传感器（又称光敏传感器）、声音传感器（又称声敏传感器）、气敏传感器、化学传感器以及压敏、温敏和流体传感器比拟为人的视觉、听觉、嗅觉、味觉和触觉五大感官，如图 5-3-8 所示。

2. 常用传感器

传感器的种类繁多，常用的传感器有以下几种（见图 5-3-9）。

（1）温度传感器（Temperature sensor）：能感受温度并转换成可用输出信号的传感器，按测量方式可分为接触式（温度计）和非接触式（辐射测温）两大类，按照传感器材料及电子元件特性分为热电阻（电阻变化）和热电偶（产生电流）两类。

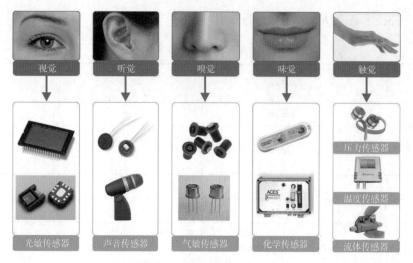

图 5-3-8　传感器与人的五官

图 5-3-9　常用传感器图例

（2）压力传感器（Pressure sensor）：能感受压力并转换成可用输出信号的传感器，主要包括压阻式压力传感器、电感式压力传感器和电容式压力传感器等。

（3）湿度传感器（Humidity sensor）：能感受气体中水蒸气含量，并转换成可用输出信号的传感器，主要有氯化锂湿度传感器、露点式氯化锂传感器及陶瓷湿度传感器等。

（4）声敏传感器（Acoustic sensor）：将声音震动信号转化为电信号的传感器，如麦克风。

（5）气敏传感器（Gas sensor）：检测特定气体的传感器，主要有半导体气敏传感器、接触燃烧式气敏传感器和电化学气敏传感器等。

（6）光敏传感器（Photosensitive sensor）：主要有光电管、光敏电阻、光敏三极管、太阳能电池、红外线传感器、紫外线传感器、光纤式光电传感器、色彩传感器、CCD 和 CMOS 图像传感器等。

（7）生物传感器（Biological sensor）：生物传感器是把生物活性材料（酶、蛋白质、DNA、抗体、抗原和生物膜等）与物理化学换能器有机结合的一种传感器，主要有微生物传感器、免疫传感器、组织传感器、细胞传感器、酶传感器和 DNA 传感器等。

（8）超声波传感器（Ultrasonic sensors）：采用超声波回波测距原理，检测传感器与目标物之间的距离。

（9）微波传感器（Microwave sensor）：利用微波特性来检测物体的存在、运动速度、距离、角度信息的一种传感器。

（10）重力传感器（Gravity sensor）：又称加速度感应器，将运动或重力转换为电信号的一种新型传感器，用于倾斜角、惯性力、冲击及震动等参数的测量。如 iPhone 内置的重力传感器，为三轴加速计，分为 X 轴、Y 轴和 Z 轴，根据三轴所构成的立体空间检测 iPhone 上的各种动作。

3. 传感器的应用

传感器的作用就是对环境的感知，将传感器附于物品，才使物品具有类似于人的感官的功能，常见的应用有以下几个。

（1）节水节电：如将红外传感器用于水龙头，当手接近时，水龙头就会知道有人要用水而自动放水；将声敏传感器与走廊照明灯相结合，有人走动时灯自动打开，无人时则自动熄灭。

（2）安全防护：如烟雾报警、水位报警和温度报警、门禁系统等；组建小区、学校或单位的传感网络，用于防盗和防火等。

（3）信息产品：在信息产品特别是手持式信息产品（如手机、游戏机和 PDA 等）中内置传感器，用于图像拍摄、视频捕捉、指纹识别、方位识别和手势控制和动作操作等。

目前传感器正向微型化、数字化、智能化、多功能化、系统化和网络化的方向发展，特别是基于 MEMS 技术的 MEMS 传感器（集于信息感知、动作执行与控制于一体）已应用于汽车、游戏机以及手机等移动产品之中（见图 5-3-10）。

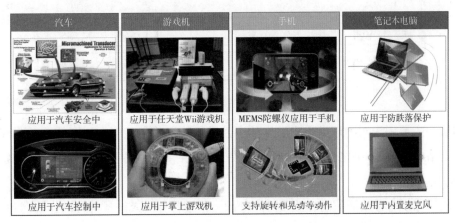

图 5-3-10　MEMS 传感器应用

（1）汽车：MEMS 传感器在汽车中的主要应用是压力检测（胎压传感器）和构建电子动态控制系统，如用陀螺仪、加速计和转向辨向器来检测驾驶意图与车辆实际动作之间的差异，一旦出现意外，系统将介入对车辆的控制。

（2）游戏机：MEMS 传感器用在游戏机中，可以检测运动、方向和手势，甚至能够捕捉到玩家细微的动作，并将其转化成游戏动作，使玩家陶醉于虚拟现实的游戏体验。如任天堂公司的 Wii 游戏机使用 MEMS 传感器，将运动转化为屏幕上的游戏行为，如挥舞胳膊模仿打球、击剑和拳击等运动。

（3）手机：在手机中采用 MEMS 运动传感器（加速计），通过手的动作就可以进行操作，如通过上、下、左、右倾斜手机，查看手机菜单；轻击机身，在屏幕上选中不同的图标；向某一方向倾斜，在屏幕上详细查看地图，显示放大的图像；抖动手机播放 MP3；把手机正面向下放在桌子上，手机设置就会切换到静音模式；只要碰触一下机身，就可以关闭静音等。如索尼爱立信 W910i 应用加速计来进行操作，用晃动电话来改变音调，或者通过一个振动让用户知道音轨已经发生变化。

（4）笔记本电脑：IBM、东芝和苹果公司正着手把 MEMS 运动传感器（加速计）整合到高端笔记本电脑之中，使笔记本电脑中能够探测到可能会导致严重损坏的行为（如振动或者坠落），在一秒中之内向硬盘发送信号使其暂时停止读写工作，以保护硬盘。

5.3.7 物联网的构成与应用

1. 物联网结构

物联网主要由感知层、网络层和应用层三层构成[17]，如图 5-3-11 所示。

图 5-3-11　物联网的结构

（1）感知层：主要用于对物理世界中发生的事件进行数据采集和接入到网关（Gateway，一个网络连接到另一个网络的"关口"）之前传感器网络。数据采集主要利用各类传感器、物体识别（RFID）与定位（GPS）等技术。

（2）网络层：以现有移动通信网和互联网为基础，通过各种接入设备与移动通信网和互联网相连。

（3）应用层：为用户提供服务，物联网的应用分为监控型（物流监控和污染监控），查询型（智能检索和远程抄表），控制型（智能交通、智能家居和路灯控制）和服务型（手机钱包、高速公路不停车收费）等。

2. 物联网的应用

据中国电信称，目前中国电信物联网应用和推广中心已经开发了 11 项物联网应用产品，涵盖了物联网的主要应用领域[18]。

（1）智慧家居：将各种家庭设备通过智能家庭网络联网实现自动化，利用宽带、固话和无线网络，实现对家庭设备的远程操控。

（2）智慧医疗：利用家庭医疗传感设备，对家中病人或老人的生理指标进行自测，并将生成的生理指标数据通过固定网络或无线网络传送到护理人或有关医疗单位，同时可提供紧急呼叫救助服务、专家咨询服务和终生健康档案管理服务等。

（3）智慧城市：对城市的数字化管理和城市安全的统一监控。

（4）智慧环保：通过对实施地表水水质的自动监测，实现水质的实时连续监测和远程监控。如太湖环境监控项目，可实时监控太湖流域水质等情况，并通过互联网将监测点的数据报送至相关管理部门。

（5）智慧交通：包括公交无线视频监控平台、智能公交站台、电子票务、车管专家和公交手机一卡通5种业务。

（6）智慧司法：集监控、管理、定位和矫正于一身的管理系统。

（7）智慧农业：包括农作物管理和智能粮库系统等。

（8）智慧物流：集信息展现、电子商务、物流配载、仓储管理、金融质押、园区安保和海关保税等功能为一体的物流园区综合信息服务平台。

（9）智慧校园：由电子学生证、校园管理平台、无线通讯网络以及个人智能终端（如手机、平板、电脑等）组成（见图5-3-12）。

（10）智慧文博：基于 RFID 和无线网络，运行在移动终端的导览系统。在移动设备终端可访问服务器网站并得到该导览场景的文字、图片语音或者视频介绍等相关数据。

（11）M2M 平台：机器对机器（machine-to-machine）通信的简称，包括机器对机器、机器对移动电话和移动电话对机器，可用于安全监测、自动售货机、货物跟踪等。

课程电子化　　　　　　　　　学生管理电子化　　　　　　　互动投影式电子白板

图 5-3-12　智慧校园示例

本章小结

技术是交互系统中的要素之一，与传统技术概念主要表示工艺与技能的含义不同，在交互设计中的技术是以一定的物质形态表现出来的多种技术的结合，等同于科技的概念。

交互设计中会涉及众多的技术，设计师不可能完全懂所有技术，但了解一些重要技术的用途和特点是十分必要的。如果对技术不了解，对交互式产品的设计或交互系统设计可能只能停留在概念设计阶段，或设计出来的只不过是概念产品。

关注现代人机交互技术是为了在交互行为设计中选择和采用合适的技术，技术的发展使过去人们憧憬的行为，如手势控制、视线控制、面部表情控制等自然交互方式有可能成为现实。而以普适计算技术为基础的物联网，包括了 RFID、WiFi、Bluetooth、ZigBee 与传感器等许多现代技术。物联网实际上也可以理解为一个无处不在的、有附有感知功能的交互式产品或子交互系统为节点，通过移动网络和互联网实现物与物相连的泛交互系统。

MEMS 传感器技术发展和成本的下降，将大大推动各类智能产品和智慧系统的普及和应用，同时也会有更多创新技术不断诞生。如果想了解更多在本章中未能提及的新技术，请一定记住，网络搜索是最好的工具。

本章课程作业

搜索有关"光源"或"模式识别"的新技术，列出其技术的用途、特性、适用范围、局限和成本。并选择其中一种技术进行产品概念设计，并在交互行为方面有所创新。

具体要求：

（1）用图表的形式对列出的技术进行对比分析。

（2）用图形、文字、数表等形式描述这些技术的使用情况。

（3）绘制使用技术的产品概念图，结合场景和角色来表达交互行为。

本章参考文献

［1］百度百科.技术［EB/OL］.http://baike.baidu.com/view/45517.htm.

［2］吴功宜.可穿戴计算技术的研究与应用［EB/OL］.http://book.51cto.com/art/201006/207430.htm.

［3］优博网.Windows7 多点触摸技术应用［EB/OL］.http://www.ubooo.com/Windows/7/6948.html.

［4］曾芬芳，等.一种交互输入新技术——三维手势识别［J］.华东船舶工业学院学报.2000,114（16）.

［5］、［10］罗仕鉴，朱上上，孙守迁.人机界面设计［M］.北京：机械工业出版社，2008：264-277.

［6］华强电子网.2011 年全球 3D 手势识别技术市场格局分析［EB/OL］.2011.1.25.http://www.hqew.com/info-185645.html.

［7］张丽川，等.Tobii 眼动仪在人机交互中的应用［J］.人类工效学，2009，15（2）：67-69.

［8］兰天.用眼神代替鼠标［J］.大科技，1999（10）.

［9］NOVAK J.Fatigue monitoring program for the Susquehanna Unit 1 reactor pressure vesse［J］.

In:American Society of Mechanical Engineers,2008,21（3）：9–14.

［11］张利伟，等 . 面部表情识别方法综述［J］. 自动化技术与应用，2009,28（1）：93–97.

［12］eNet 硅谷动力 . 剑桥 MIT 将展示面部表情识别技术 PC 洞察内心［EB/OL］.2006.4.26. http://www.enet.com.cn/article/2006/0626/A20060626116375.shtml.

［13］永辉 . 诺基亚 N900 演示实时面部生物特征识别［EB/OL］.2010.8.24.http://news.mydrivers. com/1/172/172980.htm.

［14］、［17］王志良 . 物联网现在与未来［M］. 北京：机械工业出版社，2010，6：20–24.

［15］赵斌，张红雨 .RFID 技术的应用及发展［J］. 电子设计工程，2010,18（10）：123–126.

［16］百度百科 .ZigBee［EB/OL］.http://baike.baidu.com/view/117166.htm.

第6章
Chapter6

交互设计方法

本章主要阐述 Dan Saffer 提到的 4 种交互设计方法，介绍了 ISO 13407《以人为中心的交互系统设计过程》标准、Cooper 提出的目标导向设计方法、卡片分类法和应用程序以及 IDEO 公司提出的设计方法等。

6.1　Dan Saffer 提出的 4 种交互设计方法

Dan Saffer 认为，在交互设计领域中，不仅关于交互设计是什么有不同的学派观点，实践中各种不同的设计风格也很值得探讨，在开展交互设计项目时主要会用到 4 种方法[1]。

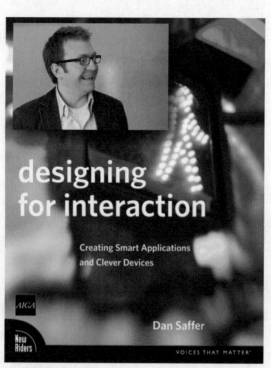

图 6-1-1　Dan saffer 与交互设计指南原书封面

（1）以用户为中心的设计。

（2）以活动为中心的设计。

（3）系统设计。

（4）天才设计。

┌─ 知识链接：Dan Saffer 简介 ─

　　Dan Saffer，美国设计师，毕业于卡内基梅隆大学的设计学硕士，交互设计领域的思想先行者和国际性演讲人，现为旧金山产品设计咨询公司 Kicker Studio 的负责人，Dan 设计过很多产品，从在线应用到移动设备再到消费电子产品，其交互设计创新产品包括多项专利，至今每天被数百万人使用。

　　出版《Designing for Interaction: Creating Innovative Applications and Devices》[国内译为《交互设计指南（第 2 版）》]（见图 6-1-1）。

6.1.1　以用户为中心的设计

以用户为中心设计（User –Centered Design，UCD）源于第二次世界大战之后工业设计和人机工程学的兴起，体现的是以人为本。工业设计师亨利·德雷夫斯（Henry Dreyfuss，1903–1976），在 1955 年《Designing for People》一书介绍了 UCD 方法，其主要观点认为设计师应使产品（机器）适合人而不是人去适应产品。

Dan Saffer 认为，提出以用户为中心的理由是"使用产品或服务的人知道自己的需求、目标和偏好，设计师需要发现这些并为其设计"。UCD 主要根据用户的需求进行设计，用户参与或跟踪产品设计的全过程，是一种将用户优先放在首位的设计模式，其要点包括以下 5 项。

（1）以用户需求为第一位（将用户的需求和喜好放在首位）。

（2）了解用户要想完成的任务。

（3）确定为完成任务所采用的手段。

（4）通过用户咨询、用户访谈、观察等手段验证产品模型。

（5）用户参加设计的各个阶段（理想状态）。

UCD 可以从以下 3 个方面理解。

（1）在设计理念上，设计师不能把自己当成用户，一切以用户的需求为核心。

（2）在设计方法上，采用行之有效的方法了解用户需求，确定设计目标。

（3）在设计过程中，有可能尽量邀请用户参与设计，发现设计中的问题，确定合适的解决方案。

以用户为中心的设计方法多用于网页及计算机软件的设计。在充分了解用户需求的基础上展开设计，有利于提高产品的易用性，减少用户的学习成本，提升产品对用户的吸引力，进而满足使用和体验的目标。

UCD 方法是建立在用户了解产品的基础之上，如果选择的用户对产品缺乏了解，仅仅依赖从用户处得到的信息来进行产品研发，"有时会导致产品和服务视野狭窄"[2]。尤其是对基于新技术的产品开发，在产品开发的前期并非一定要采取 UCD 方法，而是在产品原型或样机出来以后，再吸收用户参与评估。

6.1.2　以活动为中心的设计

以活动为中心的设计（Activity–Centered Design，ACD）亦称为以行动为中心的设计思想由美国著名心理学家诺曼提出。UCD 关注的是用户需求与目标，由用户来引导设计；ACD 关注的是需要完成的任务和目标，由活动来引导设计。用户完成特定任务需要一系列决策和动作，ACD 就是围绕由这些决策和动作构成的活动来展开设计。

ACD 的理论基础是活动理论（Activity Theory）。活动理论起源于康德与黑格尔的古典哲学，形成于马克思辩证唯物主义，成熟于前苏联心理学家列昂捷夫与鲁利亚，是社会文化活动与社会历史的研究成果。活动理论不是方法论，是研究不同形式的人类实践的哲学框架[3]，Dan Saffer 认为，活动哲学关注的是人们做什么、关注人们为工作（或交流）创建的工具，以活动为中心的设计就是这种哲学思想的应用。

关于以活动为中心的设计思想要点如下。

（1）ACD 将用户要做的"事"（活动）作为重点关注的对象。这样有利于设计人员能够集中精力处理事情本身而不是更遥远的目标，如汽车驾驶、器乐等产品的设计，是以活动为中心的设计产生的，按 UCD 思想这类产品对用户来说难度太大了。因而 ACD 更适合于功能性的和复杂的产品。

（2）不能一味强调技术适应人。UCD 忽视了人的主观能动性和对技术的适应能力，诺曼指出，历史上很多实例表明，一个设计成功的物品同样需要人去适应并学会如何使用。如交互设计的典型产品 iPod、iPhone 和 iPad 等，第一次接触的用户同样需要一个学习的过程才能顺利使用。

（3）UCD 并非绝对正确。诺曼认为倾听用户永远是明智的，但屈从于用户会导致过于复杂的设计。由于用户群的多样性、可变性和复杂性，不可能完全根据所有用户需求来设计产品，有时会采纳一部分用户的意见，有时会放弃一部分用户的意见。

一方面，也不能过分强调 ACD 而忽视 UCD，设计师若专注于 ACD，可能会导致对全局考虑的缺失，如用户完成任务需要较高的技能，或需要较长的学习过程，或需要读一本厚厚的说明书。

另一方面，关注用户的活动也离不开"人"这个活动的主体，在交互设计中采用 ACD 方法同时也必须考虑 UCD 的观点和思想。根据活动理论的原则，活动具有层次结构，操作是动作单位，行动是活动单元，活动是一系列行动的总和。从操作、行动到活动的形式是多样的，但活动的目标是固定的。因此 ACD 可以进一步转化为兼顾 UCD 的以目标为导向的设计。

6.1.3　系统设计

系统设计（Systems Design，简称 SD）是一种非常理性的设计方法。其实质是将用户、产品（机器、物件等）和环境等组成要素构成的系统作为一个整体来考虑，分析各组成要素的作用和相互影响，根据系统目标提出合理的设计方案。

下面以空调系统为例说明系统的组成。

（1）目标：系统的整体目标，如夏季将室内温度保持在 26℃，可以通过用户设置，作为用户目标之一。

（2）环境：室内和室外的情况，如室内人员、物品、隔热条件和室外温度等。

（3）传感器：感知（检测）室内温度的变化，将温度值传输到系统。

（4）干扰：干扰是环境中元素的变化对系统目标产生的影响，如室内人数的多少，开门的次数、室外温度的变化等会引起室温偏离预定目标。有些干扰是在设定范围之内，有些可能是意外的，如极端天气等。

（5）比较器：将当前状态（环境）与设定状态（目标）进行比较。系统将两者之间任何差异当成误差，系统设法调整。

（6）执行器：根据比较器检测的数值，若当前状态与设定目标有差异时，执行动作，以减少或消除误差。比如，当室内温度低于设定温度时，开启空调，达到设定温度时停机。

（7）反馈：将室内的实际温度情况报告给系统。

（8）控制装置：允许用户对系统进行设置，如设定温度、定时开关机、手动或自动等。

上述实例说明，一个系统由若干元素或子系统组成，各组成部分之间互相作用或影响。其过程为：当用户启动空调系统并设置温度（目标）之后，传感器检测室内温度，比较器与设定温度比较；当温度低于设定温度时，执行器发出启动指令，空调开始制冷；通过传感器将室内温度反馈给系统或在显示屏上显示，再回到比较器步骤，如此重复。

对于空调一类的物理系统，人与系统之间的交互并不充分，在交互设计中的系统设计方法，应当将用户作为主要组成要素之一，以用户需求为目标，关注用户与场景的关系、用户与物理系统之间的交互行为，需要考虑的主要问题如下：

（1）系统由哪些元素组成？

（2）用户对系统如何控制？

（3）系统的外部环境如何？

（4）环境对目标有哪些影响？

（5）环境对用户与物理系统的交互行为有何影响？

（6）系统如何达到和判断是否达到目标？

6.1.4 天才设计

关于"天才设计"（Genius Design，简称 GD）Dan Saffer 的解释："主要依赖设计师的智慧和经验来做设计决策。设计师以自己卓越的判断力来确定用户的需求，然后基本于这样的判断设计产品。"天才设计与其说是一种设计方法，不如说是一种设计理念。这种理念依赖的是个人的智慧和才干，突出的是设计师的价值，取胜的是出其不意的创意。天才设计的价值在于以下几个方面。

（1）对于富有经验的设计师来说是一种快速的和个人的工作方式，最终设计能充分体现设计师的意图。

（2）一种最具柔性的设计方式，允许设计师钟情于自认为合适的设计。由于不受 UCD、ACD 以及系统设计那样的诸多约束，给设计师更自由的发挥空间。

天才设计没有用户研究环节，或者一定要做用户研究，采取这种设计思想可能出于不同的目的，主要有以下情况。

（1）出于自信。坚信自身的实力或品牌的号召力，哪怕是最终的产品有瑕疵也会被"粉丝"容忍，如 Apple 的 iPod、iPhone 和 iPad 等就是如此。

（2）受资源或条件的限制。譬如，有些设计师工作的机构不提供研究资金和时间，或者设计师自鸣得意的设计不被公司青睐，迫使设计师只好离开去作自己的设计。

（3）出于保密或营销策略。在产品出笼之前，不透露任何消息，完全在团队或公司内进行，不需要任何用户参与，让用户充满期待。这种情况一般仅适用于知名度大的公司，且以成功的产品为基础。如从 iPhone 的第 1 代、第 2 代、第 3 代到 iPhone4，再到 iPhone5，每一次升级产品推出之前，从性能到时间无不充满悬念，无不吊足"粉丝"的胃口。iPhone 如此，iPad 也是如此。

图 6-1-2　Apple 1993 年推出的第一台掌上电脑 Newton 与 iPhone 的比较
（图片引自 http://www.lekowicz.com/wren_forum/2007/07/16/985/）

天才设计有成功的产品也有失败的先例，如 Apple 1993 推出第一台掌上电脑 Newton（见图 6-1-2）由于尺寸偏大，使用不便不受用户欢迎而停产。

上面介绍的 4 种方法各有所长，了解这些方法是为了灵活的运用而不是拘泥于固定的模式。

6.2 以用户为中心的设计方法

在前述介绍的 UCD、ACD、SD 和 GD 四种方法中，得到认可和应用比较广泛的是 UCD 方法，UCD 主要应用领域是与人机交互系统相关的产品。下面主要介绍有关 UCD 的国际标准和应用。

6.2.1 ISO 13407 标准介绍

ISO 13407 是国际标准化组织在 1999 年颁布的关于《以人为中心的交互系统设计过程》（Human-centred design processes for interactive systems）的标准，2003 年 3 月国家质量监督局将此标准列入国家标准 GB /T 18976—2003 /I SO 13407∶1990。GB /T 18976 标准等同于 ISO 13407 国际标准（ISO 13407∶1999，IDT）（IDT 表示等同的意思）。

该标准主要描述了在交互式计算机产品生命周期中进行以用户为中心的设计开发的总原则以及关键活动，以及对产品开发过程是否采用了以用户为中心的方法进行评估和认证。

1. 以用户为中心设计的 4 个特征

标准认为，采用以用户为中心的方法应具备如下特征。

（1）用户的积极参与和对用户及其任务要求的清楚了解。用户参与的性质根据所承担设计活动的不同而异，开发定制产品时，用户可直接参与开发过程，并可由将实际使用该系统的人员对设计方案进行评价；开发通用产品或消费品时，有必要让用户或适当的代表参与，对提交的设计方案进行测试，提供反馈信息。

（2）在用户和系统之间适当分配功能。指明由用户完成和由系统完成的功能。用户代表参与决策，根据许多因素，例如人与系统在可靠性、速度、准确性、力量、反应的灵活性、资金成本、成功或及时完成任务的重要性、用户的健康等方面的相对能力和局限性，确定给制定的工作、任务、功能或职责被自动执行或人工执行的程度。

（3）反复设计方案。对初始的设计方案按"现实世界"设定场景进行测试，并将结果反馈到逐步完善的解决方案中。

（4）多学科设计。将多学科的小组纳入以人为中心的设计过程之中，小组可以是小规模的和动态的，并且存在于项目的执行过程中。组成员的角色可包括以下几个。

1）最终用户（end-user）。

2）购买者和用户的管理者（purchaser, manager of user）。

3）应用领域专家和业务分析人员（application domain specialist, business analyst）。

4）系统分析员、系统工程师和程序员（systems analyst, systems engineer, programmer）。

5）市场营销人员和销售人员（marketer, salesperson）。

6）用户界面设计人员和平面设计师（user interface designer, visual designer）。

7）人类工效学专家、人机交互专家（human factors and ergonomics expert, human-computer interaction specialist）。

8）技术文档编写人员、培训人员和支持人员（technical author, trainer and support personnel）。

2. 以用户为中心设计的 4 个过程

以用户为中心设计项目活动的 4 个基本过程。

（1）需求采集（Requirements gathering）：了解并规定使用背景。

（2）需求细则（Requirements specification）：规定用户和组织要求。

（3）设计（Design）：提出设计方案，制作原型。

（4）评价（Evaluation）：根据用户的评价准则评价设计。

4 个过程的关系如图 6-2-1 所示。

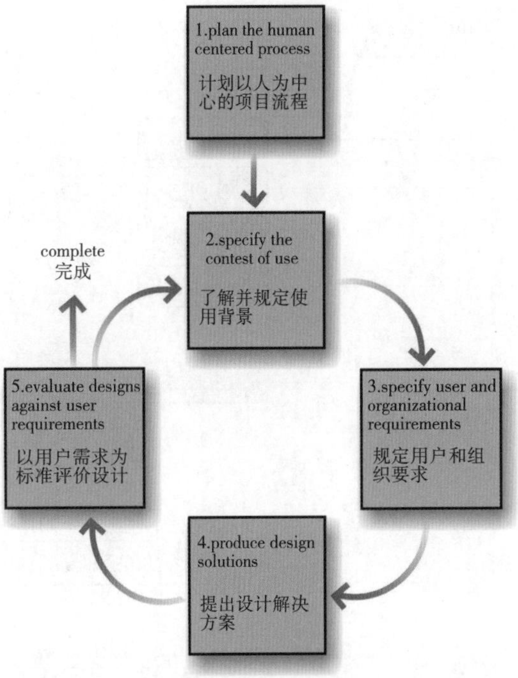

（1）了解并规定使用背景。

1）目标用户的特性，包括知识、技能、经验、教育、培训、生理特点、习惯、偏好和能力等。

2）用户拟执行的任务，使用系统的总目标，以及可能影响可用性的任务特性（如执行任务的频次和持续时间）。

3）用户拟使用该系统的环境，硬件、软件和材料。

（2）规定用户和组织要求。

1）新系统在运行和经费目标方面所需的绩效水平。

2）有关的法规要求（包括安全和健康要求）。

3）用户与其他有关各方面的合作和沟通。

4）用户的工作性质（包括任务分配、用户健康和动机）。

5）任务的执行绩效。

6）工作的设计和组织。

7）变更管理（包括有关的培训及人员）。

8）操作和维护的可行性。

9）人机界面和工作站设计。

（3）提出设计方案。

1）使用现有知识提出体现多学科考虑的设计方案。

2）使用模拟、模型和设计原型等手段使设计方案更具体化。

3）向用户展示设计方案，并让他们使用该方案执行任务（或模拟任务）。

4）按照用户的反馈反复更改设计直至满足以人为中心的设计目标。

5）对设计方案的反复设计进行管理。

（4）根据评价准则评价设计。

图 6-2-1 以用户为中心设计的 4 个过程

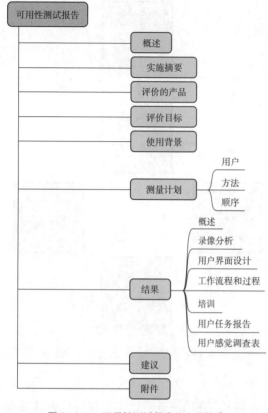

图 6-2-2　可用性测试报告的主要构成

1）确定评价计划，包括以下 7 个方面的内容：①以人为中心的设计目标；②负责评价的人员；③评价部分与该部分的评价方式，如：测试场景、设计原型或原型等的应用；④如何进行评价以及执行测试的程序；⑤评价活动、结果分析以及（必要时）访问用户所需的资源；⑥评价活动的时间表及其与项目进度计划间的关系；⑦信息反馈以及对其他设计活动结果的使用。

2）提供对设计的反馈信息，包括以下 4 个方面的内容；①评定系统满足组织目标的程度；②找出在界面、支持性材料、环境或培训计划等方面的潜在问题，并识别对其进行改进的需求；③挑选最符合功能和用户要求的设计选项；④从用户那里得到反馈信息和进一步要求。

3）评定目标是否已实现。

4）现场证实。可使用的主要技术方法包括桌面帮助资料、现场报告、真实用户的反馈信息、绩效数据、健康影响报告、设计改进和更改请求。

5）长期监视。持续一段时间在不同的情形下收集用户的输入。

6）提供报告。如反馈信息报告、设计测试报告以及可用性测试报告等。其中可用性测试报告的主要构成如图 6-2-2 所示。

3. 以用户为中心设计中用到的 6 种最流行的方法

目前 UCD 中常用 6 种方法如表 6-2-1 所示。

表 6-2-1　　　　　　　　　　　UCD 常用的 6 种方法说明

方法 Method	成本 Cost	输出 Output	样本大小 Sample size	何时使用 When to use
焦点小组 Focus groups	↓低	定性	↓低	需求采集
可用性测试 Usability testing	↑高	定量和定性	↓低	设计和评价
卡片分类 Card Sorting	↑高	定量	↑高	设计
参与式设计 Participatory design	↓低	定性	↓低	设计
问卷 Questionnaires	↓低	定量	↑高	需求采集和评价
访谈 Interviews	↑高	定性	↓低	需求采集和评价

注　引自 http://www.webcredible.co.uk/user-friendly-resources/web-usability/user-centered-design.shtml.

6.2.2　SAP 提出的以用户为中心的设计

1. 设计流程

总部位于德国沃尔多夫市的思爱普（SAP）公司（成立于 1972 年，是全球最大的企业管理和协同化商务解决方案供应商和全球第三大独立软件供应商）提出的 UCD 流程见图 6-2-3 和图 6-2-4。

1.Understand Users 理解用户
2.Define Interactions 定义交互
3.Design UI 界面设计

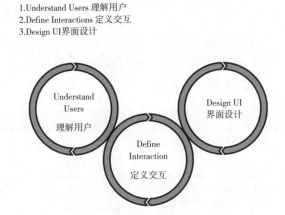

图 6-2-3　SAP 的 UCD 流程
（引自 http://www.sapdesignguild.org/editions/edition10/
print_ucd_overview.asp）

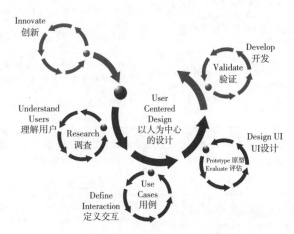

图 6-2-4　SAP 的 UCD 开发过程
（引自 http://www.sapdesignguild.org/editions/edition10/
print_ucd_overview.asp）

其中的主要过程包括以下几个。

（1）理解用户（Understand Users）。采用田野调查、焦点小组和访谈（Field research, focus groups, interviews）的形式多次进行用户研究。

（2）定义交互（Define Interaction）。包括对用户研究的综合分析（User research synthesis）、使用"用例"（Use Cases）方法和制定规格（Specification）。

（3）UI 设计（Design UI）。使用原型（Prototypes）、用户评估（User evaluations）和详细设计（Specification）。

（4）开发验证（Development Validation）。用户体验评价（UX reviews）、标准可用性测试（Benchmark usability tests）。

2. UCD 甘特图

SAP 采用的 UCD 进度的甘特图（进度表）如图 6-2-5 所示。

表中实际的时间将根据每阶段的情况，按比例变化，其宽度仅仅表示不同行动之间的相互关系，从图 6-2-5 中可以看出用户研究所占的时间为总时间的 25% 左右。

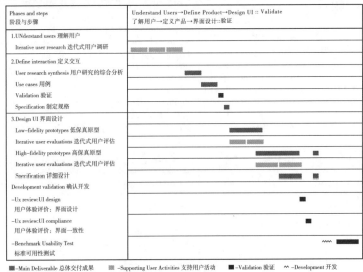

图 6-2-5　SAP 的 UCD 进度
（根据图 6-2-4 重绘，中英对照，http://www.sapdesignguild.org/editions/edition10/
images/ucd_image_4_lg.gif）

3.UCD 一览表

各阶段的目标和提交的成果如表 6-2-2 所示。

表 6-2-2 以用户为中心的设计进度一览表（Summary Table）

Step 步骤	Goal 目标	Deliverable 提交成果
1. Understand Users 理解用户		
Iterative user research（focus groups, interviews, and field studies） 迭代式用户调研（焦点小组、访谈和田野调查）	Collect up-to-date, accurate, in-depth information on intended user populations 收集目标用户群最新、精确和深入的信息	Each user activity summarizes findings in a report 将每一用户活动调查结果总结在报告中
Specification: User profiles, work activities, and user requirements 制定规格：用户概况，工作活动以及用户需求	Describe user profiles and work activities for the target user population; derive user requirements from user profiles and work activities 描述用户概况和关于目标用户的工作活动，从用户概况及工作活动中获取用户需求	Specification 细化
2. Define Interaction 定义交互		
User research synthesis 用户研究的综合分析	Organize and summarize user research from Phase 1,Understand Users 从步骤 1 中组织和总结用户研究结果，了解用户	User research synthesis report 用户调研综合报告
Use cases: High-level information organization, use cases, and data flows 用例：高层信息组织、用例以及数据流	Translate user work activities associated with user requirements into goal-driven, interactive, step-by-step use cases, appropriate for the user profiles 将与用户需求有关的用户作业活动转化为目标驱动、交互式的、按步骤进行的用例，使之与用户的情况相符	Use cases specification 用例制定规格
Use cases validation 用例验证	Validate user understanding and product definition with end users who use the product and customers who buy the product 与使用产品的最终用户和购买产品的消费者一同验证了解用户的情况以及产品定义	a component of the use cases specification 一组用例规范
3. Design UI 界面设计		
Low-fidelity prototypes and key decisions 低保真原型与关键决策	Create quick, inexpensive, flexible design mockups of product components, use cases, etc. 创建快速、经济、弹性的产品组件设计模型，用例等	Designs（and specification where appropriate） 设计（适当的规范说明）
Iterative user evaluation（design feedback, rapid iterative evaluations） 迭代式用户评估（设计反馈、快速迭代评估）	Improve design by evaluating usability issues associated with low-fidelity prototypes 利用可用性问题评估与低保真原型相关联改进设计	Each user activity summarizes findings in a report 将每一用户活动调查结果总结在报告中
High-fidelity prototypes and interaction behavior 高保真原型和交互行为	Create stand-alone prototypes of real applications that mimic full design and interactive behavior as closely as possible 创建独立的实际应用原型，尽可能准确地模拟完整的设计和交互行为	Prototypes and UI design specification 原型以及 UI 设计规范
Iterative user evaluation（rapid iterative evaluations, usability evaluations） 迭代式用户评估（快速迭代评估，可用性评估）	Improve design by evaluating usability issues associated with high-fidelity prototypes 利用可用性问题评估与高保真原型相关联改进设计	Each user activity summarizes findings in a report 将每一用户活动调查结果总结在报告中
Development Validation 开发验证		
UX review: UI design 用户体验评价：UI 设计	Review UI design for quality, before development 在开发之前对 UI 设计品质进行评价	UI Scorecard UI 记分卡
UX review: UI compliance 用户体验评价：用户界面一致性	Review completed UI development for compliance with UI Standards, after development 在开发之后，依据 UI 设计标准对 UI 开发一致性进行评估	UI Scorecard UI 记分卡
User validation: Benchmark usability test 用户验证：标准可用性测试	Benchmark completed product usability with a standardized formal usability test 通过标准正式的可用性测试衡量产品可用性	Benchmark usability test report 标准可用性测试报告

注 译自 http://www.sapdesignguild.org/editions/edition10/print_ucd_overview.asp.

6.3 以目标为导向的设计方法

以目标为导向的设计（Goal-Directed Design，简称 GDD）方法是 VB 之父 Cooper（库珀）提出的交互设计方法。在《交互设计之路——让高科技回归人性》以及《About Face3.0——交互设计精髓》中对 GDD 方法进行了详尽的论述，本节只是介绍其要点。

6.3.1 提出目标导向设计

1. 目标的重要性

爱尔兰喜剧大师萧伯纳说，"人生的真正欢乐是致力于一个自己认为是伟大的目标"。有了目标就有了人生的方向，产生了前行的动力，带来了奋斗的其乐无穷。反之，如果一个人缺失了目标，就会迷失方向，就会无所事事，有如"世间最凄惨的景象，莫过于看到一头迷路的小狗夹着尾巴走"（葛特曼语）。

人生是如此，设计也是如此，无论是 UCD 抑或是 ACD，谁能说它没有目标吗？ UCD 目标是"以人为本"，ACD 的目标是以活动为焦点，然而以人为中心的设计也好，以活动为中心的设计也好，甚至是以任务为中心的设计也好，是不是都可以用"满足用户目标"为宗旨来诠释呢？想一想，只不过以目标为导向的设计的提法更为直接而已。因而交互设计中的许多方法，其本质上并没有多大差别，途径不同，策略各异，殊途同归。

2. 关注功能还是关注目标

有这样一个实例：如果说某个产品有一个发动机、四个轮子、一个方向盘和一个变速机构，你能说出来这是什么吗？也许是汽车？是拖拉机？道路清扫机？答案肯定不是唯一的，为什么呢？因为这四个"东西"都是功能部件，具有这样功能的产品实在太多。如果换成使用该产品的目标，比如"割草"，自然就会想到是"割草机"了。这就说明了用目标来描述产品比用功能描述产品更准确，换一句话说，我们应关注目标而不是功能。

3. 以目标为导向

目标导向设计，也就是以目标为方向的设计。之所以提出这种设计思想，与某些数码产品的现状有关。Cooper 列出了以下几种现象。

（1）数码产品粗鲁无礼，如指责令用户操作失败的、显示只有专家才有可能看懂的提示等。

（2）数字产品要求人们像计算机一样思考。

（3）数字产品行为不端，如死机、系统崩溃和强迫某些操作等。

（4）数字产品需要人来完成大量的工作。

出现这种现象的主要原因就是在设计过程中对用户的了解，具体说来是缺少对用户目标的关注。

6.3.2 目标导向设计过程

Cooper 将目标导向的设计过程分为 6 个阶段，如图 6-3-1 所示。

6 个阶段的详细设计流程如图 6-3-2 所示。

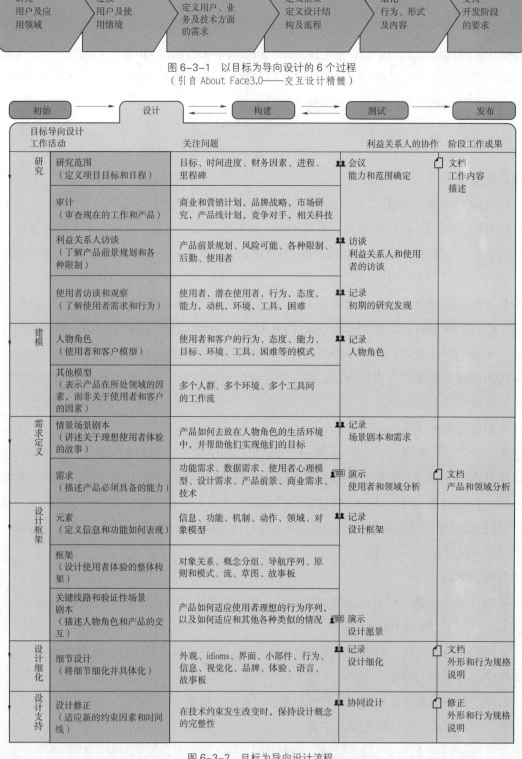

图 6-3-1 以目标为导向设计的 6 个过程
（引自 About Face3.0——交互设计精髓）

图 6-3-2 目标为导向设计流程
（引自 About Face3.0——交互设计精髓）

6.3.3 目标导向设计的重要内容

GDD 中的主要设计工具为人物角色、目标和场景。设计方法的基本思想是通过确定目标用户入手，明确用户使用产品要求达到的目标，运用场景分析产品是否能达到用户的目的。

1. 确定人物角色

人物角色（persona）是用户的具体化，具有目标群体的真实特征，是基于真实用户的综合原型，代表了设计者关注的真正用户，需要考虑的要点包括以下各项。

（1）从一些近似角色入手，再集中到几个可信的角色，使角色能涵盖目标用户。

（2）从弹性用户到人物角色具体化，角色的属性和描述尽可能精确和完整。

（3）假想的人物（人物角色的具体化不等于真实的人物）。

（4）用户角色而不是购买者角色。

（5）确定与设计相关的 3 ~ 7 个角色。

（6）确定首要人物角色（设计为之服务的中心人物）。

（7）建立角色的文档。

角色的文档或角色表（见图6-3-3）的主要内容并没有一个固定的模式，一般可包括如下栏目。

（1）概况：照片、姓名、人物个性（关键差异）、人物综合情况的一段文字描述。

（2）个人信息：学历、职业、公司、年龄和收入等。

（3）目标与行为：用户目标与实现目标的用户行为、针对用户目标的设计目标等。

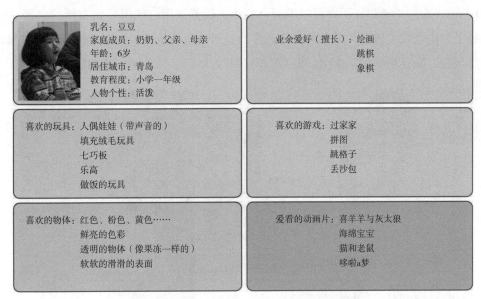

图 6-3-3　交互式电子积木玩具设计的人物角色表

2. 确定目标

确定用户目标是为了将设计焦点集中在关键问题的解决，始终以用户目标作为设计的方向。

（1）用户目标。

1）体验目标：用户想要感受什么？

2）最终目标：用户想要做什么？

3）人生目标：用户想要成为什么？

（2）为目标进行设计而不是为任务设计。

1）目标是终结条件，具有稳定的属性，任务是达到目标所需的中间过程，随着技术的变化而变化。目标与任务有时是截然相反的，如通过战争（任务）实现和平（目标）。

2）交互设计的任务：提供所有实现实际目标的途径，但设计必须重点关注实现个人目标的方法。

（3）人物角色与目标。

1）人物角色为达到其目标而存在。

2）目标的存在让人物角色变得有意义。

3）目标是我们执行任务的理由。

4）在数字时代的认知摩擦之前，设计主要与审美有关。

5）达到用户目标的要求冲淡了审美的需求（不是减弱）。

6）好的交互设计只有在一个人实际使用产品的情况下才有意义。

7）好的交互设计本质：让使用者在不影响个人目标（维护个人的尊严，不觉得自己愚蠢）的情况下，达到他们的实际目标。

3. 建立场景

场景是对角色如何使用产品达到自己目标的简明描述，是从初期调研阶段收集的信息中建立起来的。对于产品交互设计来说，其中重要的两类场景是日常场景和必要场景。

（1）日常场景。日常场景是使用者需要执行的主要任务，如图6-3-4所示，分别表示了用户居家休闲使用MP3的情景、儿童在椅子背面的黑板上画画的情景、用户使用环保衣架的情景、儿童在桌布围成的"小房子"内嬉戏的情景、内含种子的明信片使用情景和儿童用测量笔进行测量数据的情景。

（2）必要场景。必要场景是不常用，但是必须具备的场景，如系统复原和清零等。

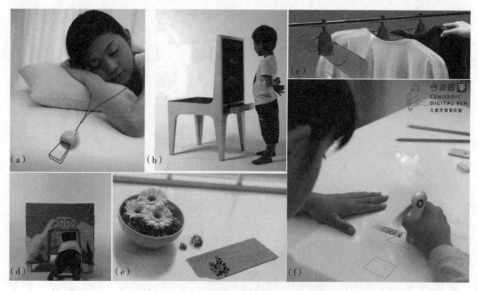

图6-3-4 日常场景图实例（作者：王玉珊）

6.4 卡片分类法

卡片分类法（Card Sorting）是UCD中最常用的方法之一，是采用卡片的形式对信息进行分类的一种技术和工具，主要用于交互设计中的信息架构（Information Architecture）设计，其目的是通过对信息进行合理的组织，以便于用户能方便快捷地获得所需信息。

6.4.1 卡片分类法概述

卡片分类是按事物的性质划分类别，将具有相同性质的事物排列在一起，或放在一个特定的区域之中。设想一下，如果图书馆的书目没有分类会怎样？如果网络的搜索没在分类又会怎样？不言而喻，从服务者一方来说，分类是为了便于管理；从使用者一方而言，分类提供了快速达到目的的捷径。对于信息产品来说，为什么有时用户找不到自己需要的操作选项？这些均与分类有关。

（1）由什么人来分类才能最大限度地满足用户快速查找信息的需求？

（2）用什么方法来进行分类才能使分类的结果能够被用户所接受？

对于第一问题，显然最好是由用户来进行分类；接下来的问题是多个用户分类的结果必然不同，如何综合他们的结果？这就是卡片分类法要解决的问题。

卡片分类法主要包括以下两方面的内容。

（1）分类数据的采集。采用一定的组织形式和规则，通过用户参与的形式，由用户对组织者提供的卡片进行分类，获得用户分类的原始数据。

（2）分类数据的分析。根据用户分类的原始数据，采用不同的分析方式，得到最终的分类结果。

6.4.2 卡片分类的操作流程

1. 前期准备

（1）确定卡片分类形式。分为开放式卡片分类（Opened card-sorting）和封闭式卡片分类（Closed card-sorting）两种形式[5]，两种方式的差异在于，对于给定的若干卡片，分成几类、每类的名称是什么，是事先设定（封闭式）还是用户提出（开放式）。如果需要分类的信息量较小，可采用开放式卡片分类法；反之可以采用封闭式卡片分类法；也可以是两种方式的结合，如先用参加测试的用户代表确定分类的组数及组名，再由按组名进行分类。

（2）确定参与用户数。选择参加卡片分类的用户称为试验者，其用户没有严格的要求，有文献认为 8~30 个用户合适，也有文献认为 4~10 个用户合适，研究表明 15 个用户是不错的选择，15 个用户的分类结果与全部用户的分类结果之间的相关系数达到 0.9[6]。

（3）卡片准备。将需要分类的内容分别写在一张卡片上，卡片内容由该项目名称和简要的说明组成，如图 6-4-1 所示。卡片可以是同一规格的纸质实物，如记事贴，也可以是通过计算机制作的虚拟卡片（见图 6-4-2）。通常，参与者对 50~70 张卡片分类约需要 1 h。

2. 操作步骤

（1）第 1 步：试验者根据组织者或指导者提供卡片进行分组，分组的原则是试验者认为关系相近的放在一组。归为某一组的卡片数量由用户自己确定，避免受他人的影响。假设有 12 张卡片，其名称分别为直尺、铅笔、图书、手机、苹果、香蕉、

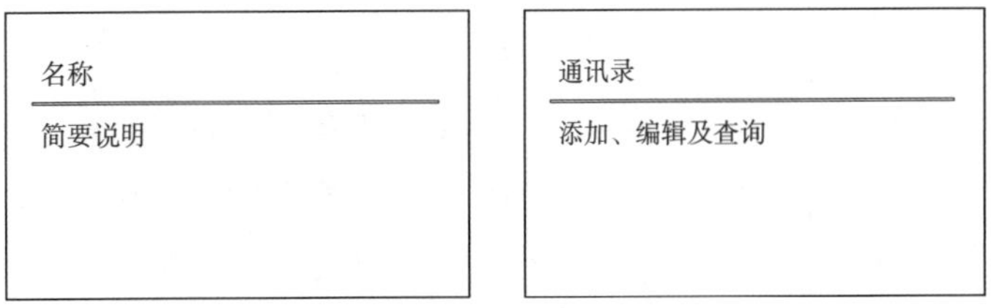

图 6-4-1 卡片样式与实例

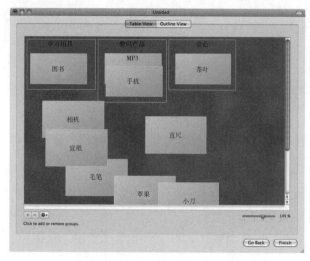

图 6-4-2　xSort 软件的卡片样式

茶叶、毛笔、宣纸、小刀、相机和 MP3，低层分组结果如下：

第 1 组：直尺、铅笔、小刀。

第 2 组：图书。

第 3 组：手机、相机、MP3。

第 4 组：苹果、香蕉。

第 5 组：毛笔、宣纸。

第 6 组：茶叶。

（2）第 2 步：若第 1 步分组数较多，进一步将关系相近的组合并成一组，称为高层次卡片组[7]，并按高层次组命名，如表 6-4-1 所示。

表 6-4-1　分　组　结　构

组名	高层组	低层组	卡片名称
学习用具	1	1	直尺、铅笔、小刀
		2	图书
		5	毛笔、宣纸
数码产品	2	3	手机、相机、MP3
食品	3	4	苹果、香蕉
		6	茶叶

（3）第 3 步：如果采用开放式卡片分类形式，低层组的组数，各组的卡片以及合并高层组的组数均由用户自己确定，这样可以得到各试验者类似于见表 6-4-1 的分组原始数据。

如采用封闭式卡片分类形式，则事先给定各组的组名，试验者按自己认为相似的卡片直接归为某一组中。

6.4.3　卡片分类结果处理

卡片分类数据的分析最好采用定量分析方法，如分层聚类分析法（Hierarchical Cluster Analysis）和多维标度法（Multi-Dimensional Scaling，MDS）等。

分层聚类分析法的基本思路是建立试验者原值矩阵，数据汇总确定距离矩阵、绘制树状图和分类结果。

1. 建立试验者原值矩阵

建立阶数等于卡片数的矩阵（表格），称为单一试验者原值矩阵。对表中行与列中元素（卡片名称）关系用数值表示，意义如下：

0——两个元素没有任何关系，不在同一高层组或低层中，如直尺与手机。

1——两个元素在同一高层组，但不在同一低层组，如直尺与图书。

2——两个元素在同一低层组，如直尺与铅笔。

依照上述规定，将表 6-4-1 中分类情况转换成原值矩阵后如表 6-4-2 所示。由于原值矩阵是一个对称矩阵，因而只需填写斜线的上半部或下半部即可。

表 6-4-2　　　　　　　　　　　　　　　　　单一试验者原值矩阵

	直尺	铅笔	图书	手机	苹果	香蕉	茶叶	毛笔	宣纸	小刀	相机	MP3
直尺		2	1	0	0	0	0	1	1	2	0	0
铅笔			1	0	0	0	0	1	1	2	0	0
图书				0	0	0	0	1	1	1	0	0
手机					0	0	0	0	0	0	2	2
苹果						2	1	0	0	0	0	0
香蕉							1	0	0	0	0	0
茶叶								0	0	0	0	0
毛笔									0	0	0	0
宣纸										1	0	0
小刀											0	0
相机												2
MP3												

2. 数据汇总

将所有试验者（设为 5 人）的原值矩阵表中对应的单元相加，得到汇总后的原值矩阵表，称为所有试验者原值矩阵，如表 6-4-3 所示。

表 6-4-3　　　　　　　　　　　　　　　　　所有试验者原值矩阵

	直尺	铅笔	图书	手机	苹果	香蕉	茶叶	毛笔	宣纸	小刀	相机	MP3
直尺		6	6	0	1	0	0	6	6	6	0	0
铅笔			2	2	0	0	0	2	2	10	0	0
图书				0	1	0	0	8	8	2	0	0
手机					0	0	0	0	0	2	8	8
苹果						8	5	1	1	0	0	0
香蕉							0	0	0	0	0	0
茶叶								0	0	0	0	0
毛笔									10	2	0	0
宣纸										2	0	0
小刀											0	0
相机												10
MP3												

见表 6-4-3 中的数值愈大说明这两个元素的关系愈密切，如毛笔与宣纸对应栏的数值为 10，说明参加试验的 5 个人均将其放在了同一低层次组中（2×5=10）。

3. 确定距离矩阵

将汇总表中各单元之值用下面的公式计算：

距离矩阵单元格值＝1－所有试验者原值矩阵单元格之值 / （参加试验人数 ×2）

计算结果如表 6-4-4 所示。距离矩阵中的数值表示了两个元素关系的亲疏程度，取值范围为 0~1，其值越大，两者之间的相关性距离就越大，反之亦然。这就是称为距离矩阵的原因。如毛笔与宣纸对应栏之值为 0，则表示所有试验者都认为这两个元素"亲密无间"；直尺与图书对应栏之值为 0.4，则表法两者之间的关系有距离。

表 6-4-4　　　　　　　　　　　　　距 离 矩 阵

	直尺	铅笔	图书	手机	苹果	香蕉	茶叶	毛笔	宣纸	小刀	相机	MP3
直尺		0.4	0.4	1	0.9	1	1	0.4	0.4	0.4	1	1
铅笔			0.8	0.8	1	1	1	0.8	0.8	0	1	1
图书				1	0.9	1	1	0.2	0.2	0.8	1	1
手机					1	1	1	1	1	0.8	0.2	0.2
苹果						0.2	0.5	0.9	0.9	1	1	1
香蕉							1	0.4	1	1	1	1
茶叶								1	1	1	1	1
毛笔									0	0.8	1	1
宣纸										0.8	1	1
小刀											1	1
相机												0
MP3												

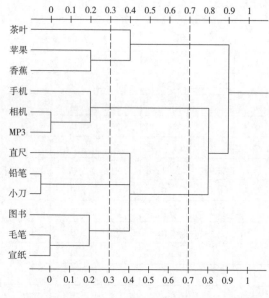

图 6-4-3　按分层聚类分析法绘制的树状图（单一算法）

4. 绘制树状图

距离矩阵反映了两两元素之间的亲疏程度，但还不能直观的表达分类的情况。为此，需要其转换为一种可视化的形式——树状图，如图 6-4-3 所示。

分层聚类分析法分有多种算法，算法确定了分组依据的组间距离。

（1）单一算法（Single）：组间距离为组间元素距离的最小值。

（2）完全算法（Complete）：组间距离为组间元素距离的最大值。

（3）平均算法（Average）：组间距离为组间元素距离的平均值。

5. 分类结果

根据树状图可以确定分类结果。从图 6-4-3 可以看出，按不同的距离值有不同的结果，图 6-4-3 中通过 0.7 的线称为高水平临界线，通过 0.3 的线称为低水平临界线。

（1）按距离值 0.7 可分为以下 3 类。

第 1 类：茶叶、苹果、香蕉。

第 2 类：手机、相机、MP3。

第 3 类：直尺、铅笔、小刀、图书、毛笔、宣纸。

（2）按距离值 0.3 可分为以下 6 类。

第1类：茶叶。

第2类：苹果、香蕉。

第3类：手机、相机、MP3。

第4类：直尺。

第5类：铅笔、小刀。

第6类：图书、毛笔、宣纸。

6.4.4 卡片分类的计算机程序

用手工来进行卡片分类的分析处理是比较繁琐的，通常借助于计算机程序来完成。

1.EZSORT 软件

IBM 的 EZSORT 软件采用分层聚类分析法，可用于 3~100 个卡片分类的后期处理，程序可在 http://www.hfichina.com/ 网站下载。下载后的"卡片分类和集簇分析软件 .rar"压缩包解压后，安装的两个程序 USort 和 EZCalc 分别用于数据输入和分析计算。用法分为两步。

（1）启动 USort 输入数据。

以"I am a study Administrator"选择进入卡片清单录入界面，录入结束后保存为扩展名为 cld 的文件（卡片名不支持中文）。

以"I am a study participant"选择进入分类界面，输入试验者号，打开前面保存的 cld 文件，然后利用拖动的方式进行分类选择，并设置好高层组和低层组，选择结束后保存为扩展名 esd 文件。

（2）启动 EZCalc 进行分析。

分别将第1步各试验者的 esd 文件载入，即可进行计算、结果显示和输出（见图 6-4-4）。

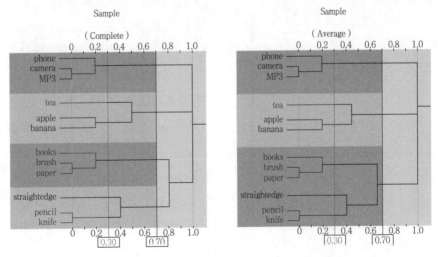

图 6-4-4 ZSCalc 输出的树状图（完全算法和平均算法）

2. XSort 软件

XSort 主要用于 Mac 系统，与 EZSort 相比，XSort 的功能更强，操作更加方便，输出的形式更丰富。XSort 程序可在 http://www.xsortapp.com/ 网站下载，下载的文件为 xSort.dmg。

（1）启动 xSort。

在 Apple Mac 系统中打开 xSort.dmg，显示如图 6-4-5（a）所示的界面，单击 xSort 可启动该系统，界面如图 6-4-5（b）所示。

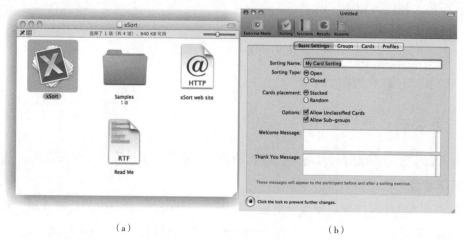

（a）　　　　　　　　　　　　　　　　（b）

图 6-4-5　xSort 的界面

（2）xSort 的基本操作。

1）设置和输入。

a. Basic Settings 选项：可设置卡片分类的形式为封闭式（Closed）或开放式（Open）；卡片成堆放设置（Stacked）或随机放置（Random）等。

b. Groups 选项：分组的组名输入。

c. Cards 选项：分类卡片输入。

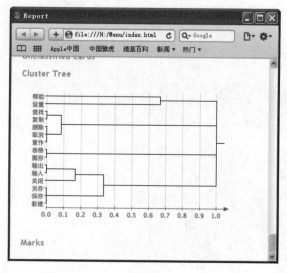

图 6-4-6　xSort 输出 HTML 格式文件示例

d. Profiles 选项：试验者代号输入。

2）试验者卡片分类操作。

从主菜单中选择 "Exercise/Enter Exercise Mode" 选项进入卡片选择界面（见图 6-4-2），直接用鼠标拖动进行卡片分类，操作十分方便。

3）计算与输出。

a. Results 图标：生成距离矩阵以及分类的树状图等。

b. Reports 图标：输出文件设置。

从主菜单中选择 "File/Export/Report to HTML" 选项可输出 HTML 格式（见图 6-4-6）和 PDF 格式的分类树状图等。

6.5　创新设计方法

创新设计是交互设计中的重要设计方法之一。从设计的视角来说，不仅需要树立一种批判性思维的创新设计理念，而且也需要了解和掌握实用的创新设计方法。

6.5.1 创新设计基础

创新设计是指充分发挥设计者的创造力，利用人类已有的相关科技成果进行创新构思，设计出具有科学性、创造性、新颖性及实用性的一种实践活动[8]。

1. 创新的类型

根据创新原理，创新的类型可分为综合创新、分离创新、组合创新、移植创新、还原创新和逆反创新等[9]，其原理如图6-5-1所示。

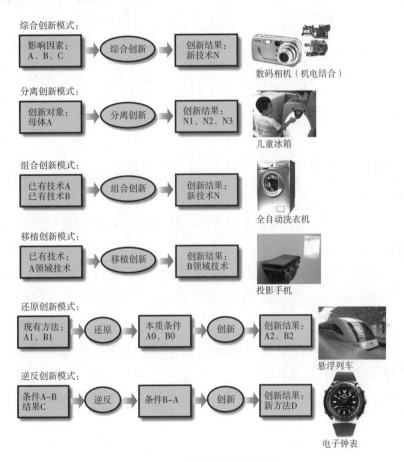

图6-5-1　6种创新类型的原理图示

2. 创新设计的要素与方法

创新设计要素包括人的知识、技术和方法3个方面，其中人是创新的主体，其知识结构包括：基础理论知识、智慧力（以敏锐的洞察力、准确的判断力、高度的自信心和活跃的思维力为标志）和才能（分析问题和解决问题的能力）3个层面，如图6-5-2所示。

常用的创新设计方法分为头脑风暴、分析列举、联想类比、组合创新和设问探求等（见图6-5-3）。

对于头脑风暴法一般应遵循自由发挥、事后评判、追求数量和综合提升等原则，5W2H 是 Why、What、Who、When、

图6-5-2　创新设计知识结构

Where、How to do 和 How much 的简称。设问法为发散性思维方式，对问题从多视角提出疑问，如转化、引申、改变、放大、缩小、颠倒、替代、重组和组合等[10]。

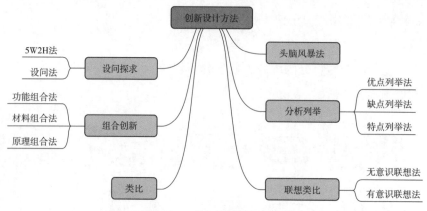

图 6-5-3　常用的创新设计方法

6.5.2　IDEO 的创新方法

1.IDEO 公司简介

IDEO 是位于美国加利福尼亚州帕洛阿尔托（Palo Alto）的一家著名设计公司。1991 年，斯坦福大学的教授戴维·凯利（或译为戴维·克利）设计事务所（David Kelley Design）、英国设计师比尔·莫格里奇的 ID Two 设计事务所和麦克·努塔（Mike Nuttall）的矩阵产品设计事务所（Matrix Product Design）合并成立了公司，比尔·莫格里奇从字典中挑选前缀"ideo"作为公司名[11]。IDEO 现在的负责人是提姆·布朗（Tim Brown）。

创始人戴维·凯利是美国的著名人物，集企业家、工业设计师、工程师和教授于一身，在设计教育界影响很大，获得过多次设计教育奖项。

比尔·莫格里奇是英国的工业产品设计师和交互设计师，参与设计过世界上第一台手提电脑 GRiD Compass 的设计。

麦克·努塔工业设计师，英国人，本科毕业于英国的莱塞斯特艺术与设计学院（Leicester College of Art & Design）产品设计专业，在伦敦的皇家艺术学院（the Royal College of Art）获得产品设计的硕士学位，1980 年移民来美国，主要集中在高科技产品视觉表现的设计方面，如人机工学和交互设计的应用等[12]。

目前，该公司在旧金山、芝加哥、纽约、波士顿、伦敦、慕尼黑和上海都设有分公司，设计服务包括产品设计、产品服务设计、环境设计和数码设计等。

IDEO 曾经参与过几千个项目的设计，包括消费产品设计、电脑设计、医疗设备设计、家具设计、玩具设计、办公室设备设计和汽车设计等。其中比较著名的设计有：苹果电脑第一个鼠标的发明和设计；微软电脑的第二个鼠标的设计；掌上电脑 Palm V PDA 的设计，"铁箱"公司出品的著名的办公室"跳跃"工作椅（Leap chair，Steelcase）等（见图 6-5-4）。

2. 创新原则与方法

IDEO 在国际上享有很高的声誉，《快公司》（Fast Company）杂志称其为"世界上最著名的设计公司"，《华尔街日报》授予IDEO工作室"想象力的运动场"的称号，而《财富》杂志将对IDEO的采访称为"在创新大学的一天"。IDEO公司的主管戴维·凯利的兄弟汤姆·凯利（Tom Kelley）在《创新艺术》一书中对IDEO公司的创新设计进行了全面的论述和总结，提出了许多独特的创新思想、方法和工具，值得学习和借鉴。

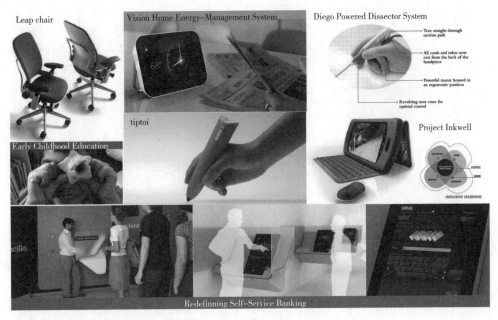

图 6-5-4　IDEO 的著名设计

（1）创新成功的基本原则。

汤姆·凯利认为，IDEO公司创新得以成功的基本原则主要体现在以下3个方面。

1）换位思考和以人为本的设计。运用人类学工具观察人们在家中、工作中和娱乐时等自然环境下的行为，理解用户，发现创新机遇。

2）建模和试验的文化。在乐于接受新创意的环境中，进行各种新试验，通过实验来测试和完善创意。

3）注重体验设计。重视用户体验的全过程，提供与众不同、符合心意和令人愉悦的体验。

（2）创新方法的5个基本步骤。

1）明确目标。了解市场、客户、技术以及问题本身局限性。

2）观察用户。观察现实生活中的人们，搞清他们在想什么：困惑、喜好和厌恶状况；产品在哪些方面和服务不能满足要求。

3）设计场景。设想新的概念以及运用这些观念的用户。使用合成和虚构情景来设想用户的经验，有时在产品诞生之前制作表现这种产品的生活设想。

4）制作原型与评估。在一系列快速重复工作中评估和改进原型。不拘泥于最初的几种模型，从内部、用户群和间接相关的专家学者以及目标用户中获取改进信息，不断改进。

5）产品实施。为了使生产商品化而实施新概念。整合IDEO的工程、设计和社会科学专家，发挥各自的所长，实际创造出产品或服务。同时，进入制造伙伴和广泛测试成品等环节的活动，必要时还可协助客户推动产品上市。

（3）观察的方法。

汤姆·凯利强调"创新始于观察"，并用生动有趣的语言表达了许多有效的观察方法（见图6-5-5）。

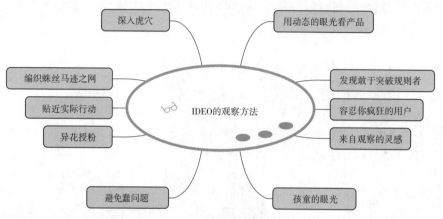

图6-5-5　IDEO的观察方法

1）通过亲身"深入虎穴"是改进或创造突破性产品的关键第一步。

2）零星观察可发现"蛛丝马迹"，这可能也会产生创新的火花。

3）无论是科技、艺术或是商业，灵感往往源于"贴近实际的行动"。

4）有时不要强调"避免蠢的问题"，有些"陈词滥调"也有些许真理。

5）不能想当然来代替现场考察，比如以"孩童的眼光"就会注意到孩子们用整个拳头抓住牙刷的"拳头"现象，从而开发出德国欧乐B（Oral-B）粗柄儿童牙刷。

6）许多灵感源于对生活的细心观察，如可调整的脚凳，人们使用电脑时可以将脚舒适地放在脚凳上。

7）不要对成百上千精选用户所填写的详细资料或群体调查有多大的兴趣，相反跟踪调查几个有趣的人，善于"发现敢于突破规则的人"，容忍他们的"疯狂"，因为循规蹈矩不想丝毫改变的人起不到什么作用。

8）"用动态的眼光看产品"，将名词（如"手机"）变成动名词（如"使用手机"）也许会发现意想不到的问题。

9）用A领域的技术来解决B领域的问题，这是一种"异花授粉"式的解决方案。比如用航天工业中的一种"热管"取代电脑中的风扇，不仅可以减少体积，而且没有噪音。

（4）集体讨论——创意发动机。

汤姆·凯利认为，通过完善的集体讨论可以获得更多的价值、创造更多的能量、培育更多的创新，是IDEO文化中的创意发动机，并提出了改善集体讨论的7个秘诀（见图6-5-6）：

1）深化主题。开放的主题比狭隘的主题，更容易调动参与者的积极性；以用户为中心的外向型主题比只关注内部目标主题有益于产品的提升。

2）有趣的规则。IDEO公司将"循序渐进""大胆创新"和"生动具体"等规则贴在墙上，以随时提醒。

3）计算你的创意。每小时100个创意表明集体讨论进程是良好流畅的。

4）建设和跳跃。保持讨论倾向于沿缓慢→陡峭→高峰→平稳发展之一系列"能量"曲线进行，当遇到瓶颈时，换一个角度思考问题。

5）空间记忆。采用写字板、大的记事贴和厚纸等工具把创意写出来，展现在大家可见之处。

6）精神热身。采用某种形式的热身活动（如文字游戏），使参与者进入一个轻松友好的氛围；在讨论之前做好功课。

7）具体化。采用草稿、图示、表格、数据、简单制作的模型和实物等来表达意图。

通常集体讨论会产生100个或更多的创意，可能会有10%是可行的。

下列情况对集体讨论是有害的：老板率先发言（特别是对集体讨论的定调和要求，比如类似于"大家提出的每个创意都可以申请专利和生产"的说法都会影响与会者发言的积极性）、轮流发言、只让专家讲话、远离现场举行、不容忍愚蠢素材和无所不记等。

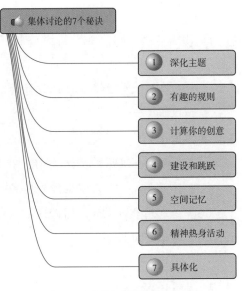

图6-5-6 改善集体讨论的7个秘诀

本章小结

交互设计方法是设计师需要掌握的交互设计技能之一，IDEO人因专家简·富顿·苏瑞说："要创造出成功的交互设计，设计师必须找出方法，了解终端用户的看法、情景、习惯、需要和渴望。"

Dan Saffer提出了在交互设计中常用的4种设计：以用户为中心的设计（UCD）、以活动为中心的设计（ACD）、系统设计（SD）和天才设计（GD），这些设计方法各有侧重，具体采用时要根据具体情况确定，不能简单地认为哪种方法最好。

《以人为中心的交互系统设计过程》是UCD方法的一种应用模式，具有良好的科学性、规范性和可操作性。卡片分类法及其采用分层聚类分析具有很好的实用性，并在网站设计中得到了广泛的应用，其分类结果可用于信息类产品的信息组织、管理、导航与检索中，IBM的EZSORT软件以及用于Mac系统XSort软件是卡片分类之非常有用的工具。

IDEO公司独特的创新方法造就了许多令人称奇的产品，是对IDEO成功开发3000多种产品的经验总结和诸多创新方法的具体应用，具有很好的学习和参考价值。

本章思考题

（1）在交互设计中运用以人为中心的设计方法时应注意哪些问题？对有人提出的"以人为中心的设计方法是有害的"观点阐述自己的看法。

（2）以任务为中心与以目标为导向的设计方法的差异是什么？各适用于什么类型产品的交互设计？

（3）无论是天才设计方法还是以人为中心的设计方法，最终设计的产品是否成功仍然要通过用户的买单来认可，那么在天才设计方法中是如何考虑用户需求的？

本章课程作业

　　针对在校大学生购物网站设计的栏目信息，应用卡片分类方法（分层聚类分析法）进行信息的分类和组织。

具体要求：

（1）3人为一组开展活动，制定80个以上的分类卡片。

（2）选择10～15名学生作为测试对象，列出选择矩阵。

（3）分别用开方式和封闭式方法，采用EZSORT软件或XSort软件进行卡片分类。

（4）写出分类报告。

本章参考文献

［1］、［2］Dan Saffer（美）.陈军亮，等，译.交互设计指南.原书第2版［M］.北京：机械工业出版社，2010，6：28.

［3］百度百科.活动理论［EB/OL］.http://baike.baidu.com/view/2935299.htm.

［4］李四达.交互设计概论［M］.北京：清华大学出版社，2009，9：100-102.

［5］、［6］Tom Tullis,Bill Albert（美）.周荣刚，等，译.用户体验度量［M］.北京：机械工业出版社，2009，8：176-178，179-180.

［7］董建明，傅利民，等.人机交互：以用户为中心的设计和评估［M］.北京：清华大学出版社，2003，9：76.

［8］百度百科.创新设计［EB/OL］.http://baike.baidu.com/view/1195071.htm.

［9］、［10］刘全良.基于LEGO的工程创新设计［M］.北京：机械工业出版社，2006，3：5-11.

［11］汤姆·凯利（美），乔纳森.李煜华，谢荣华，等，译.创新艺术（第2版）［M］.北京：中信出版社，2010，1：3.

［12］IDEO-从产品设计到体验设计［EB/OL］.http://www.hxsd.com/news/industrial-design/20100621//27449.html.

［13］Bill Moggridge.许玉铃，译.关键设计报告.麦浩斯出版，2008，12.

第7章
Chapter7

交互设计过程

交互设计过程以用户需求分析为基础，围绕用户目标展开，主要采用产品原型来表达设计概念，再根据一定的原则或标准进行评估。关于识别用户需求的方法在前面章节中作了介绍，本章主要阐述有关交互设计过程的几种模式、用户研究以及在概念设计阶段用到一些有用的方法和技术等。

7.1 交互设计过程模型

交互设计过程包括若干个阶段，根据各阶段的相互关系，可以分为不同的过程模型。

7.1.1 瀑布模型与迭代模型

1. 瀑布模型与迭代模型简介

（1）瀑布模型（Waterfall Model）：由温斯顿·罗伊斯（Winston Royce，1970）提出，主要用于项目开发架构。瀑布模型的开发过程是通过一系列阶段顺序展开的，从系统需求分析开始到产品的发布和维护，开发进程从一个阶段"流动"到下一个阶段（见图7-1-1），故称为"瀑布模型"。

瀑布模型的整体构架是一个线性顺序过程，阶段的划分明确，易于理解和实现。各阶段之间的关系总是由前一阶段到下一阶段，但会有局部的循环反馈。如果本阶段发现了问题，可以返回上阶段进行适当的修改。这种标准的瀑布模型在每一个阶段都有规范的文档，易于按阶段开发与验证，适用于项目相对固定、变化较小的软件项目。不足之处是：各阶段的划分完全固定，各阶段之间的文档会随着反复修改而增加；采用线性开发模式，可能会在整个过程的末期才能见到开发成果，从而增加了开发的风险；早期的错误可能要到后期的测试阶段才可能发现，有时会带来严重的后果。

（2）迭代模型（Iterative Model）：迭代的本意是不断取代或轮换直到得到希望的结果，其意思是希望的结果是通过多次循环才可能得

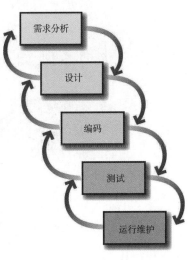

图7-1-1 软件开发中的瀑布模型

到的，而每一次循环都会有一个结果，下一次循环的结果则是上一次结果的改进。如果把每一次循环的结果当成是产品原型（在一定程度上可以使用的产品，但不是最终产品），迭代的最后结果就是正式发布的产品。瀑布模型是过程终结时才能看到最终的产品，而迭代模型（见图7-1-2）的每次迭代都会产生一个产品原型。

迭代模型中"需求"并不一定是完全的需求分析，可以是用户需求的一部分。因为完全的需求在最初的过程，不一定能得到，只能通过多次重复如图7-1-2所示的循环过程才能逐步识别用户的需求。与传统的瀑布模型相比较，由于迭代模型中的用户需求并不要求在一开始就完全界定，而是在后续阶段中通过用户对原型的评估不断细化和完善。因此，通过迭代模型获得的需求更多来自于用户对原型使用体验，而不是完全依靠先期的用户研究。另一方面，由于构建了原型和基于原型的测试，设计人员更清楚问题所在，每次的改进会更有针对性。

2. 瀑布模型的改进与瀑布模型和迭代模型的结合

在交互设计中，由于瀑布模型没有体现以用户为中心或以活动为中心的设计思想，因而不宜完全照搬标准的瀑布模型。但是可以对瀑布模型作适当的修改，使之可以应用于诸如人机界面的交互设计之中。对瀑布模型的改进方案如下：

（1）开发阶段的调整。将"设计"改为"概念设计"，突出产品概念的创新和多个设计方案的创建与筛选；将"编码"改为"原型设计"，使之适用于不同类型的交互系统开发，而不仅是纯粹的软件产品，而且通过原型的构建使设计的重点围绕可与用户交互的原型展开，便于下一阶段的评估，而不仅是依据某些标准或规范的测试。

（2）对线性开发过程的调整。不拘泥于固定不变的设计流程，各阶段之间可以跨越，设计可以从需求分析开始，也可以选择原型设计和评估为起点，即直接建立原型，通过对原型的反复评估和修改，直到满足用户需求。

改进后的瀑布模型如图7-1-3所示。

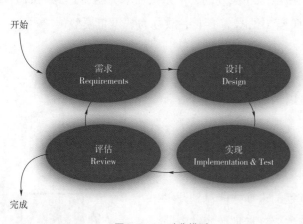

图7-1-2　迭代模型

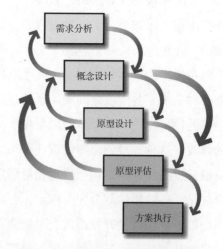

图7-1-3　改进后的交互设计瀑布模型

另外一种方式是将瀑布模型与迭代模型相结合，即在迭代模型中使用瀑布模型，如图7-1-4所示。瀑布模型作为迭代模型中的一次过程，每次迭代中的设计过程按瀑布模型展开，并集中解决若干个问题和发现新的问题，多次迭代后解决所有问题。

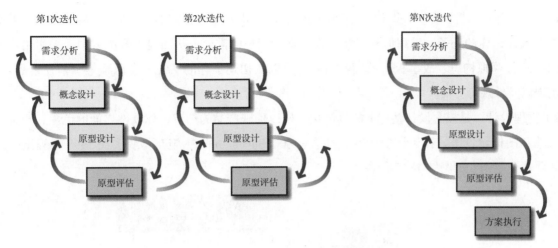

图 7-1-4 在迭代模型中使用瀑布模型

7.1.2 普里斯提出的交互设计过程

普里斯（Preece）提出交互设计过程模型包括以下 4 个阶段[1]：

（1）识别需要并建立需求（Identifying needs and establishing requirements）。

（2）开发可选择的多个设计方案（Developing alternative designs）。

（3）构建设计方案的可交互版本（Building interactive versions of the design）。

（4）评估设计（Evaluating designs）。

上述 4 个阶段的第（3）步实际上就是构建原型，第（4）步是利用原型对第（2）步的方案进行评估，发现问题，将结果反馈到第（2）步进行设计方案的修正，再重复第（3）步和第（4）步，直到评估满足要求为止。因此，从第（2）步到第（4）步是一个"迭代"过程，如图 7-1-5 所示。

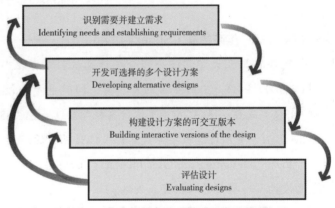

图 7-1-5 Preece 提出的交互设计的四阶段模型

1. 建立需求阶段

目标用户对交互式产品的需求主要包括以下 4 个方面。

（1）功能需求：针对用户目标的功能设置。

（2）数据需求：数据的类型、范围、存取要求和保存的时限等。

（3）环境需求：包括物理环境（采光、噪音和灰尘等）、社会环境（用户群之间的协作和交流等）、组织环境（系统运行管理、响应速度和培训等）和技术环境（运行的平台、技术的兼容性与限制等）。

（4）可用性和体验需求：包括用户在物质和精神层面上需求。

2. 方案设计、原型构建与评估阶段

（1）方案设计。提出满足需求的设计方案，分为概念设计（conceptual design）和物理设计（physical design）。

1）概念设计。建立概念模型（Conceptual models）。根据用户需求对产品进行规划，即用户需要什么，要完成什么样的任务，采用何种交互方式来支持用户的需要，从而提出解决方案。采用用户能够理解的方式（草拟构思、故事板、描述可能的情节以及构建推荐的系统外观原型等）描述产品功能、如何实现以及外观等方面。

2）物理设计。是概念设计基础上的具体化，用以反映产品的细节，如软件界面的色彩、声音、图像、菜单和图标设计等。在设计物理界面时，应遵守Shneiderman（施奈德曼）在1998年提出的交互设计8项黄金原则，如图7-1-6所示。

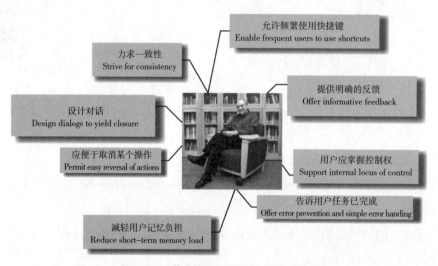

图7-1-6 施奈德曼交互设计8项黄金原则

知识链接：施奈德曼（Shneiderman）

现任马里兰大学学院公园分校计算机科学系教授，是人机交互实验室（Http://www.cs.umd.edu/hci/）（1983—2000年）的创建者，同时也是该校高级计算机研究所（UMIACS）及系统研究所（ISR）成员。是ACM（美国计算机学会）和AAAS（美国科学促进协会）的特别会员，获得了ACM CHI（美国计算机学会计算机人机交互）的终身成就奖。

出版《Designing the User Interface: Strategies for Effective Human-Computer》（国内译为《用户界面设计——有效的人机交互策略》）。

（2）原型设计与评估。原型构建是指在设计方案的基础上进一步设计在一定程度上可以用于与用户交互的原型，以便用于评估以发现设计中的问题，如用户在使用时的出错情况、产品是否有吸引力、满足用户需求的程度等。关于原型设计与评估的更多内容将在后续小节中论述。

Preece还认为，在上述交互设计过程中具有3个关键特征："以用户为中心""确定具体的可用性和用户体验目标"和"迭代"，说明了交互设计过程中的人物角色作用、采用的方法和实施的基础。显然，设计师提供原型，用户对原型进行评估，原型是设计师和用户之间进行沟通的纽带。

7.1.3 斯蒂文·海姆提出的设计过程通用模型

斯蒂文·海姆（Steven Heim）提出的设计过程通用模型[2]由发现、设计和评估3个阶段构成，在该模型中各阶段的关系如图 7-1-7 所示。

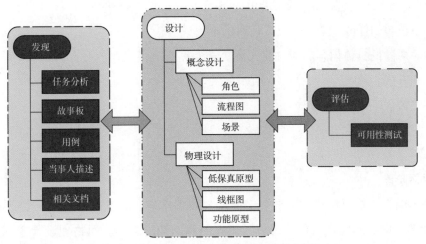

图 7-1-7　Steven Heim 提出的交互设计过程模型

1. 发现阶段

发现阶段的框架主要包括收集和解释（描述）两个步骤。

（1）收集。主要采用观察和启发式两种方式，前者通过观察人们在工作环境中完成的活动来收集有用信息，又分为采用直接观察技术和通过在现场安置录音设备等收集有用信息的间接两种方式；后者也分为访谈和焦点小组的直接方式和调查问卷间接方式。

（2）解释（描述）。将收集到的信息进行组织，以便提供给设计阶段使用。主要采用任务分析、故事板（用一系列图片来描述一个具体的过程或工作流程）、用例等工具。提供的文档包括以下 6 个方面。

1）当事人的关联信息（括号内为选择项）。

a. 任务的动机（自由选择 / 强制）。

b. 使用频率（不用 / 较少 / 频繁）。

c. 用户类型（初学者 / 中级 / 专家）。

d. 任务性质（关键 / 普通）。

e. 交互模式（直接 / 间接，连续 / 间断）。

f. 社会环境［室内 / 室外，听觉（噪声）高 / 低，视觉（质量）好 / 差，触觉（运动）约束 / 自由］。

g. 技术环境（硬件 / 软件 / 可用资源等）。

2）认知能力：受教育背景、文化、技能等。

3）身体能力：视觉、听觉、触觉、味觉和嗅觉情况等。

4）个人信息：年龄段、性别、职业兴趣、国家 / 地区、语言、民族和宗教等。

5）需求文档，主要包括 5 个方面的内容。

a. 功能。设计需要添加哪些功能？

b. 信息。实现功能需要的哪些信息？

c. 物理。设计需要的硬件是什么？

d. 输入（输出）要求。

e. 约束情况等。

6）项目管理文档，主要包括 6 个方面的内容。

a. 定义项目中包含的任务，如何完成，何时由谁完成。

b. 项目风险。风险的具体内容、涉及的人员、资金等。

c. 评估标准和方法。

d. 是否需要培训。

e. 维护。

f. 未来需要等。

2. 设计和评估阶段

设计是评估的前提，产品的概念需要一定的形式表现出来。对于概念设计，主要用到的方法有头脑风暴、卡片分类、语义网络、角色、情节、流程图和认知走查等。而物理设计主要采用原型技术，可以使用描述所具有功能的水平原型和对功能详细描述的垂直原型等技术。

评估一般采用非正式的走查形式或有组织的启发式评估形式。启发式评估由可用性专家使用预定设计标准进行分步测试，并根据测试情况提出改进意见。

7.2　交互设计过程中的用户研究

在一般的项目流程中，产品经理、交互设计师、开发人员和用户研究员在不同阶段发挥着不同的重要作用。按照这种项目流程管理方式，用户研究和交互设计是项目流程中的一个重要环节。另一种方式是将整个项目流程当成是一个交互设计的过程，用户需求是其中的一个重要阶段。无论是采用何种方式，用户研究都是十分重要的，其差别在于是由专门的用户研究员或者是设计师来完成这样的工作。

7.2.1　用户研究的意义与价值

1. 用户研究的意义

用户研究是一种在欧美较先被跨国公司采用的新领域研究方法。用于发掘用户的潜在需求，以协助产品服务的创新和新市场的开拓。用户研究的首要目的是帮助企业定义产品的目标用户群、明确和细化产品概念，并通过对用户的任务操作特性、知觉特征和认知心理特征的研究，使用户的实际需求成为产品设计的导向，使产品更符合用户的习惯、经验和期待。

2. 用户研究与市场调研的差异

了解用户不是长久以来商业实践中的一部分吗？那么，用户研究和市场调研是一回事吗？这可能是令很多人感到疑惑不解的一个问题。的确，两者在研究方法上是共通的，但两个研究领域对研究对象的定义、调研情境、依据和研究目标上是有差异，主要表现在以下几个方面。

（1）两者对研究对象的定义不同。用户研究的概念最早源自人类学，它的研究对象称之为用户（user），侧重于个体的概念。而传统市场调研的研究对象称之为消费者（consumer），侧重于群体的概念。

（2）两者的调研情境不同。用户研究，多在真实的情境下观察人们的行为和态度；而市场调研，多在抽离的情境下实施调查、问卷和目标人群的访谈。

（3）两者的依据不同。用户研究以质的调研为主，它的依据是一种可查看的模式，体现在用户的行为——他们做了什么；而市场调研以量的调研为主，它的依据更多的是数字，体现在消费者的观点和看法——他们说了什么，他们怎么想的。

（4）两者研究的目标不同。用户研究通过剖析解读用户的行为，以探索用户未来的需求为目的，帮助我们启发新的灵感，创造非现有的产品类别。而市场调研更倾向于通过研究消费者的观点和看法来了解他们现有和过去的感受和需求，能够帮助我们降低不确定性，不断改良现有的产品。

3. 用户研究的价值

用户研究无论是对用户和公司都是有益的。在很多文献中往往会把用户研究和企业投资回报率（ROI）联系在一起，这是因为用户研究一方面可以节约宝贵的时间、开发成本和资源，创造更好、更成功的产品；另一方面，通过亲听用户和理解用户，可以将用户需要的功能设计得更为有用和易用，使得产品更加贴近用户的真实需求。

7.2.2 用户研究方法

在第3章中我们已介绍了有关了解用户需求的一般方法，下面以IDEO公司总结和提出的IDEO方法卡为基础，进一步阐述用户研究员经常使用的一些方法和技能。

1. IDEO 方法卡概述

IDEO方法卡（IDEO Method Cards）源自IDEO的人因工程部，由人因专家简·富顿·苏瑞（Jane Fulton Suri）和她的同事针对用户心理与经验开发的类似于扑克牌的51张方法卡片，其目的是为设计团队提供一种用于调查研究的工具[3]。每一张卡片都是IDEO内部使用的技巧和方法，其正面是一张示意图，背面则是说明文字。这51张卡分为学（Learn）、观（Look）、询（Ask）、试（Try）4类，每张的内容包括如何做（How）和为什么（Why）和示例3个部分，如图7-2-1所示。

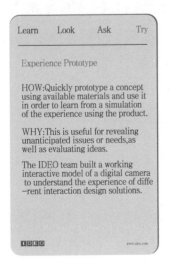

图 7-2-1 IDEO 的"体验原型"方法卡（左右分别为：卡片内容和正面）

2. 用户研究中的"学、观、询、试"4 类方法

（1）学。不依赖用户参与，由研究员通过直接分析收集到的信息，从而识别出各种模式和内在意义。

1）数据分析（Cluster Analysis）。

2）行业分析（Industry Analysis）。

3）活动分析（Activity Analysis）。

4）亲和图（KJ法）（Affinity Diagrams）。

5）人体测量分析（Anthropometric Analysis）。

6）人物档案（Character Profiles）。

7）认知任务分析（Cognitive Task Analysis）。

8）竞品分析（Competitive Product Survey）。

9）跨文化比较（Cross-Cultural Comparisons）。

10）错误分析（Error Analysis）。

11）流程分析（Flow Analysis）。

12）历史分析（Historical Analysis）。

13）远景预测（Long-Range Forecasts）。

14）次级研究（Secondary Research）。

（2）观。关注用户在做什么，研究用户的行为。

1）现场观察（Field Observation）。

2）生活中的一天（A Day in the Life）。

3）行为映射（Behavioral Mapping）。

4）用户向导（Guided Tours）。

5）个人清单（Personal Inventory）。

6）如影随形（Shadowing）。

7）人际网络映射（Social Network Mapping）。

8）快照调查（Still-Photo Survey）。

9）逐格拍摄（Time-Lapse Video）。

（3）询。需要用户的参与，通过理解用户说了什么，来探寻其观点。

1）问卷调查（Survey & Questionnaires）。

2）非焦点小组（Unfocus Group）。

3）焦点小组（Focus Group）。

4）专家评估（Expert evaluation）。

5）深度访谈（In-depth interview）。

6）影像日志（Camera Journal）。

7）卡片分类（Card Sort）。

8）认知地图（Cognitive Maps）。

9）拼贴画（Collage）。

10）极端用户访谈（Extreme User Interviews）。

11）词意关联（Word-Concept Association）。

（4）试。需要用户高度参与，在研究员的协助下感知和评估提交的设计。

1）行为采样（Behavior Sampling）。

2）成为你的顾客（Be Your Customer）。

3）身体风暴（Bodystorming）。

4）移情工具（Empathy Tools）。

5）体验原型（Experience Prototype）。

6）信息交流（Informance）。

7）纸原型（Paper Prototyping）。

8）预言未来目标（Predict Next Yeat's Headlines）。

9）快速成型（Quick-and-Dirty Prototyping）。

10）角色扮演（Role-Playing）。

11）比例模型（Scale Modeling）。

12）剧情概要（Scenarios）。

13）剧情测试（Scenario Testing）。

14）参与式设计（Participatory Design）。

不难发现，在上述研究方法中的许多方法都具有共同的基础方法原型，是在同一个基础上针对不同应用场景的衍生和发展。在实际的项目中，不需要完全掌握和应用所有方法，只要对一些基础方法做到熟知"什么情况用""怎么用"和"灵活运用"就可以了。

3. 用户研究中的基础方法

（1）观察法。

1）观察法的意义与种类。事实上，大多数用户不能准确地评估他们自己的行为（Pinker 1999），尤其在超出他们活动环境的情况下。当使用者自己可能都没有办法清楚表达时，大规模的问卷样本所能够呈现的就不会是真正的需求全貌。因此，如果在设计师希望记录的场景之外进行访谈，将会产生不完整和不精确的数据。所以，观察法的运用对研究十分重要。

观察是指亲自去看用户与环境和与物交流时的表现和行为。当人们讲述他与物品之间发生行为的时候，有的人会为了连贯的描述，而略去很多细节，而这些细节往往是最有趣的东西，确切地说是产品发生故事的地方。找到故事和找到故事中的行为与需求，就找到了设计的切入点。所以，在设计的前期我们要用观察而不是访问或是问卷。

观察的种类按照不同的维度大约可分为参与式与非参与式、侵入式与非侵入式、自然式与人为式、伪装式与非伪装式、有组织与无组织、直接与间接等类型（见表7-2-1）。

表 7-2-1 观察法的种类与意义

序号	类型	说明
1	参与式	研究者真实地参与到群体中去，成为其中一员
	非参与式	研究者以第三者的身份，对被调查者的行为和经历进行观察和记录
2	侵入式	类似纪实录影。如 IDEO 购物车设计的纪录片就是采用侵入式的方法
	非侵入式	被研究者的干扰较小。带着隐藏的摄像头摄录用户行为，方式较隐秘，使用较普遍

序号	类型	说　明
3	自然式	在行为发生的自然环境下去观察。譬如,对公共场所对人们使用手机的行为进行观察,就可以走访公交车站、公车上和电梯中等有代表性的真实环境
	人为式	通过创造或模拟一个自然的场景,邀请用户前来完成一项任务,让用户的行为尽可能自然发生
4	伪装式与非伪装式	伪装式和非伪装式观察之间的区别,取决于观察的过程中用户是否知道自己正在被研究
5	有组织	在实施观察行为之前,拟定了结构化的观察计划清单。一般项目中的调研方式都是采用有组织的观察
	无组织	事先无计划,留意生活的细节,搜集一些有意思的行为和场景,如下意识行为等
6	直接	获取第一手资料的观察法是直接的、现场的和亲眼的观察(见图7-2-2)
	间接	通过观看影像记录或者现场转播的画面(见图7-2-3)

图 7-2-2　直接观察

图 7-2-3　间接观察

有时,可能会同时用到多种观察法,譬如在可用性测试中,处在操作室负责引导用户的研究员和单反玻璃后的研究员,他们的行为就是直接观察;而后期分析过程中,重新查看摄录下来的操作录像记录,就属于间接观察了。

2)深入跟踪与如影随形观察法。

观察法本身是一个大体系,在此基础上通过多对不同观察类型的组合,可以衍生出若干有特色的观察法。这些不同维度的观察方式可以根据项目的实际情况进行优化和配合。如英特尔公司的深入跟踪观察法和IDEO的如影随形法都是很有意思和应用价值的观察法。

深入跟踪观察法。由英特尔公司的用户研究员提出,其主要内容包括有组织的观察、收集实物和成为用户3个部分。但是研究人员不会和用户交谈,发问卷调查,或者分享设计方案,去得到用户的意见反馈。在深入观察的过程中,研究人员应尽量收集每一个实物,这包括用户用来帮助完成任务的东西,或者他们在完成任务后产生的东西,这些都是非常有价值的。

如影随形法。尾随人们,观察和理解他们的日常生活事务、互动和环境。因为这有助于揭示设计机会和展现一个产品怎样可以影响或完善使用者的行为。IDEO团队曾有一个项目一路陪同卡车司机,目的在于弄清防瞌睡装置对司机行车时的作用和影响(见图7-2-4)。

3)带着问题去观察。

富有洞察力的观察是仔细观察与临时适当的追问的结合。观察不是静静站在用户后面像个摄像机那样一直去记录,如果真是那样的话,那就不需要人了。摄像机远比人要做得好。观察是一个带着问题思考问题的过程,对于有疑惑的地方也要在适当的时候追问被观察的对象。

带着问题观察,不只是去看人们在做什么,更重要的是去理解什么原因引起了这样的行为。在观察的时候，头脑中时刻记着以下6个问题。

　　a. 谁在做什么？他们想实现什么？

　　b. 何地及何时？场景对行为的发生重要吗？

　　c. 为什么场景中的这个元素或物体诱发出了这样的行为？这些诱因的特征是什么？

　　d. 他们是怎么做的？限制在哪？

　　e. 人们自身发生了什么样的情况？

　　f. 什么样的情绪或心情伴随着这样的行为之中？

　　（2）访谈法。

　　1）访谈法的意义与种类。

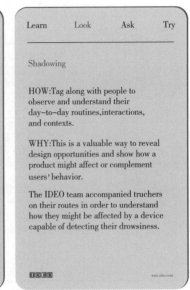

图 7-2-4　IDEO 方法卡片中的"如影随形"

　　访谈法（interview Survey），是指研究员通过与受访人面对面地交谈来了解被访者观点和态度的心理学基本研究方法。与观察法相比，访谈法应用更广，从谈话类节目到应聘求职中的面试，从教育调查到心理咨询等，访谈法的运用无处不在。用户研究中的访谈法和生活中的谈话是一回事吗？两者有什么区别呢？生活中的谈话更倾向于一种非正式的谈话，没有明确的目的，随意性较强；而研究意义上的访谈是一种有目的、有计划、有准备和有深度的谈话，针对性强，访谈过程紧紧围绕某个主题。

　　访谈法具有较好的灵活性和适应性，并且能够简单直接地收集多方面的工作分析资料（即使被访者阅读困难或不善于文字表达）。如果说"观察法"的强调更适合对"行为"的研究，那么"访谈法"，则更适合对人们观点、态度和意向的采集。

　　访谈法可进一步分为结构化、非结构化和半结构化；一对一和焦点小组；直接和间接访谈 3 种类型（见表 7-2-2）。

表 7-2-2　　　　　　　　　　　　　　　　　访谈法的种类与意义

序号	类型	说　明
1	结构化	结构化访谈也称标准式访谈，是指按照预设提纲递进挖掘的一种方式。访谈提纲的内容通常包括：访谈的具体程序、问题分类、问题顺序、答题时间、提问方式和记录表格等。常用于正式的，较大范围的调查，相当于面对面提问的问卷调查，其特点有以下 3 个： （1）由于访谈提纲的标准化，有利于把调查过程的随意性控制到最小限度，控制被访者对主题的游离，比较完整和高效地收集到需要的资料。 （2）信息指向明确，谈话误差小，便于对不同对象的回答进行比较和分析。 （3）缺乏灵活性，收集的问题有限且难以对问题作深入的探讨
	非结构化	非结构化访谈也称自由式访谈，事先通常不制定完整的访谈提纲，也没有标准的访谈程序，研究员与被访者围绕某个主题进行相对自由的交谈。其特点有以下 4 个： （1）访谈较有弹性，能根据研究员的需要灵活地转换话题，变换提问方式和顺序，追问重要线索。 （2）对被访者限制较少，访谈收集的资料也更加深入和丰富。 （3）较结构化访谈显得费时、费力，且难以做定量分析。 （4）多用于定性研究初期，以便尽可能全面地了解被访者关注的问题和态度

序号	类型	说　明
1	半结构化	半结构化访谈介于结构化访谈和非结构化访谈之间的访谈方法。研究员虽然对访谈的结构和程序有一定的控制，但给被访者留有较大的表达自己观点和意见的空间，其特点有以下 2 个： （1）访谈提纲可以根据访谈的进程随时进行调整。 （2）以非结构访谈中收集的信息为基础，拟定访谈提纲，可对以前访谈中的重要问题和疑问作进一步的提问和追问
2	一对一	一对一访谈也称为个别访谈，是指研究员对每一个被访者逐一进行的单独访谈，是访谈调查中最常见的形式，其特点有以下 2 个： （1）有利于被访者详细和真实地表达自己的看法，使访谈内容更易深入。 （2）研究员有更多精力关注到被访者的每一个细微表情或语气叹词，帮助从这些细微的反应中获得更多的信息和深入话题的空间
	焦点小组	焦点小组访谈也称为座谈，是指由一名或数名研究员召集调查对象就需要调查的内容征求意见的访谈方式，具有代表性的被访者一般七八个人左右，其特点有以下 3 个： （1）信息量大，可以集思广益。 （2）互动性强，调研对象互相启发，互相探讨；而且能在较短的时间里收集到较广泛和全面的信息。 （3）主持人要有较熟练的访谈能力、灵活应变能力和控制的能力
3	直接	直接访谈也称面对面访谈，指访谈双方进行面对面的直接沟通来获取信息资料的访谈方式。访谈可以是研究员到被访者确定的访谈现场进行访谈，也可以是在征得被访者认可的情况下，由研究员确定访谈现场。 其特点是研究员可以看到被访者的表情、神态和动作，有助于了解更深层次的问题
	间接	间接访谈是指借助某种工具（电话、互联网）向被访者收集有关资料，是一种远程的调研方式。其特点有以下 2 个： （1）可减少人员来往的时间和费用，提高了访谈的效率。 （2）对访问环境无法控制，不如面对面的访谈那样灵活，不易获得更详尽的细节

2）深度访谈法。

访谈法也是一种大体系，其类型多种多样，一个访谈可能同属于两种类型，比如有时直接访谈也同时是一对一的非结构化访谈，焦点小组访谈也同时是结构化访谈。应用时可根据具体需要扬长避短，灵活运用，而深度访谈法就是一个综合多种类型的访谈方法。

深度访谈法是一种非结构化的、直接的和个人的访谈，指在访问过程中，一个掌握高级技巧的研究员深入地访谈一个被调查者，以揭示对某一问题的潜在动机、信念、态度和感情，获取对问题的理解和深层了解的探索性研究。这种方法适用于了解复杂和抽象的问题。这类问题往往不是三言两语可以说清楚的，只有通过自由交谈，对所关心的主题深入探讨，才能从中概括出所要了解的信息。

深度访谈中，问题逐层深入的引导的方式很重要。确保所有的问题过渡自然，确保使用用户的语言。过程中，参与者将会以自我引导的方式检测。如果访谈中涉及问卷，团队成员也需要对问卷的信用度和有效度进行测试等。访谈内容先从大处着手，再处理细节。研究人员首先对访谈内容和用户行为习惯有所了解。

研究员的作用对深度访谈的成功与否是十分重要的。研究员应当做到以下 5 点。

a. 避免表现自己的优越和高高在上，要让被访者放松。

b. 超脱并客观，但又要有风度和人情味。

c. 以提供信息的方式问话。

d. 不要接受简单的"是""不是"回答。

e. 试探被访人的内心。

7.2.3 如何进行用户研究

1. 明确调研目的

研究目的就是回答"为什么调研和要解决什么问题"。调研的目的直接影响到调研方法的确定、调研的程序、执行的细节、最终的产出方向和对产出推进的难度。

确定调研目的的时候，首先要区分另一个概念——产品目标。产品目标往往体现在产品的商业价值，而调研目的往往是从用户体验的角度去诠释的。两者是相互关联的，研究员可以通过了解产品背景、产品目标来确定调研的目的，但在项目沟通中，需要区分两个概念。譬如说，如果项目组中的产品经理告诉你"我发起调研的目的是想要 XX 产品有更多卖家喜欢，日均达到 XX"，那么抱歉，这是产品目标而非调研目的。调研目的应该倾向于表述为"XX 产品在使用上存在的问题、如何让 XX 产品更好用以提高效率"。

2. 确定研究方法

确认"用什么样的调研方法来解决问题"。每种调研方法都有它适用的范围和情景，找对调研方法很重要，直接关系到效率和产出。

任何研究方法或研究工具都是用来解决问题的，用户研究领域有着相当广泛的研究方法。从那些已经广泛验证的方法，例如可用性实验室研究，到那些近些时候才发展出来的方法，例如合意性（Desirability）研究（测量对不同视觉设计的美感反应）。我们不能在所有的项目中应用所有的方法，但是大部分设计团队受益于多种研究方法结合的洞察力。不同的方法有不同的适用情境，不同的调研目标，决定了使用什么方法。根据用户的显性、隐性和潜在需要选择不同的用户研究工具或方式（见图 7-2-5）。

（1）显性需求往往很容易通过用户的所想所说被挖掘出来。譬如，对产品功能的满意度和对品牌的信赖感等，都可以通过问卷或访谈的方式让用户说出自己的观点和心里的想法。显性需求是市场研究者们最关心且最擅长挖掘的领域，通过调研的数据，研究者们可以分析出市场形势、获取一手的市场咨询，以帮助设计者们调整现有产品，改良我们的设计。

（2）隐性需求用户自己一般意识不到，除非他是一个自省能力很强的人，事实上这样的普通人确实很少。隐性需求往往能通过用户的行为表现出来。在调研中更推荐使用人类学的研究手段，即以观察为主，由研究者真实的参与观察，采集行为数据后分析原因和动机，以帮助设计者发掘用户情理之中却意料之外的需求，对产品进行概念或使用上的创新。

（3）潜在需求并不只是隐秘，它甚至有些神秘。潜在需求表现在人们的感知、感觉和梦想，这些细节属于心理学的研究范畴。研究者们利用科学的方法和试验，通过观察和记录研究对象做过什么、产生了什么结果，去推断和揣测被试者的心理动机。

使用什么研究方法，取决于研究对象的所属范畴。如果是对行为的研究，可以与用户讨论对行为的看法，或者可以直接去观察。其中，直接观察的方式更能接近我们的研究目标，能

图 7-2-5　需求层级—研究方法—用户的表现

够提供更好的结果。

为了更好地理解什么时候使用什么研究方法，Jakob Nielsen 把各种研究方法根据以下 3 个维度区分：态度与行为、定性与定量、网站或产品的使用背景。如图 7-2-6 所示在用户研究领域较常见的方法，对应到"态度—行为""定性—定量"的坐标系中，不同的图标代表网站或是产品使用环境。每个维度都是一种区别不同研究的方法，回答不同的问题，也适合不同种类的目的。

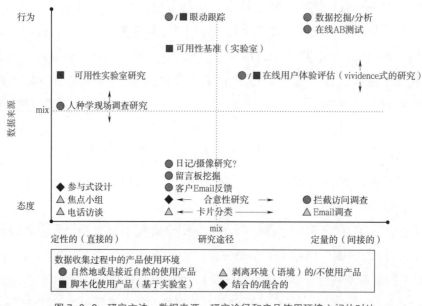

图 7-2-6 研究方法、数据来源、研究途径和产品使用环境之间的对比
（根据 http://www.useit.com/alertbox/user-research-methods.html 中译）

（1）态度与行为研究。

态度和行为之间的差异，可以被归纳为"人们说什么"和"人们做什么"（见图 7-2-7）。态度研究的目的经常是理解、测量或者是获知人们特定的观念，这就是为什么态度研究在市场研究中被经常使用的原因。访谈始终以自我报告的方式，能最直接地探寻他人的想法和态度；参与式设计和卡片分类等都是在访谈基础上用于帮助用户表达观点的方法。这些方法都能够帮助跟踪或是发现产品中重要的问题。

在坐标轴的另一端，关注行为的研究方法经常用来试图了解"人们做什么"，并尽量降低研究方法本身对研究结果产生的噪音。ABtest（A/B 测试）用户产品改进效果的检验和测试，通过用户的真实行为数据说话，以便于观察网站设计对用户行为的影响；眼动研究用来了解用户与界面设计的视觉交互，帮助检测界面的信息架构和视觉传达问题。

在两个极端之间的是两种最常用的研究方法。可用性实验室研究和现场实地研究，结合了自我报告和行为数据，并且可以偏向于坐标轴的任一端。但是一般推荐倾向于行为研究的那一段。

（2）定性与定量研究。

定性研究与定量研究是常见于科学研究中的两种基本研究思路。定性研究注重了解和洞察力，更适合回答关于为什么或是如何解决一个问题。相反，定量研究中的洞察力典型地来源于精确的数学分析，可以在回答"有多少"和"有多少种问题"上做得更好。

定量研究主要的好处在于把复杂的情况变成一个单一的便于理解和讨论的数字。如在使用购物车时，高级用户比初级用户满意度得分高 10.2，40 岁及以上的用户比主流用户要困难 122%。定量研究有着自己的优势，但定性研究能以最少的金钱交付最好的结果。

图 7-2-7 说明了前面两个维度是如何影响研究方法可以回答问题之种类的。

（3）依据使用背景。

根据是否需要使用产品和如何使用产品，来确定适合的研究方法。

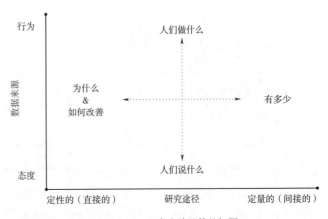

图 7-2-7　研究方法回答的问题
（根据 http://www.useit.com/alertbox/user-research-methods.html 中译）

1）自然地或是接近自然地使用产品。

当选择自然或者接近自然的情境下研究用户使用网站或产品时，目的是尽力降低研究本身对结果的影响，以便于尽可能了解真实的行为或态度。很多人种学研究方法都是基于自然情境下的，但是还是避免不了一些观测上的偏差。数据挖掘 / 分析、ABtest 是定量研究中自然情境的研究方法。

2）脚本化使用产品（按照预先安排的方式使用）。

脚本化使用产品（基于实验室），是为了集中观察和收集的调研方式。脚本化的程度根据不同的研究目标可以相当多样化。例如，可用性测试中使用任务脚本方式来评估用户的行为。

3）剥离环境（语境）的（不使用产品）的研究。

剥离环境（语境）的（不使用产品）的研究，用来检查比使用和可用性更广泛的问题。例如，在梳理信息架构的时候我们使用卡片分类的方法；在品牌研究的焦点小组中我们只抛出话题进行讨论。

4）混合的（结合的）研究。

混合的研究方法使用一种创新的形式使用产品来达成目标，例如，参与式设计允许用户与设计元素交互，并重新排列那些设计元素，并且讨论为什么他们要作出那样的选择。

大部分研究方法在上述的几个维度组成的坐标轴上的位置并不是固定不变的。很多方法能够在一条或者多条坐标轴上移动，并且在一些研究中两个方向是很平均的，经常是为了同时满足多种目标。例如，现场研究能够关注人们"说什么"（人种学访谈 ethnographic interviews）也可以关注人们"做什么"（拓展观察 extended observation）；合意性（desirability）研究和卡片分类都有定性和定量两种版本；并且眼动研究也可以是脚本化的或者是非脚本化的。

3. 确定调研对象

（1）确定调研对象的特征。弄清研究的目标人群，选对了目标人群对用户研究工作可以起到事半功倍的作用。需要考量用户的不同性格特质，包括：兴趣、爱好、经历、教育、职业、年龄、收入、性别、品位、家庭背景和生活状态等，这些特质基准的设定取决于项目本身的特点。

通常，进行某种活动的不同经验层次的人数分布符合正态分布曲线，会有多数人意见和经验形成中间值，以及少数人形成极值。在一些文献中，特别是网页设计的书中把对中间用户的研究放到一个像真理一样的高度，这有一定道理，但不能因此而疏忽极端用户的价值。有的为了提高调研的成功率与效率，也需要借助于极端用户的作用。

（2）选择合适的样本数量。一般现场调查的样本量在 10 ~ 40 个，这个量是取决于项目的周期和经费预算。并非是样本量越多效果就会越好。一般说来请 4 个用户来测试，可发现 75% 的可用性问题，但这不代表找 10 个用户测试就一定可以发现 100% 的问题。如果要继续提升问题的发现率，就必须要做更深入的观察和访问。

4. 草拟研究计划

弄清楚研究的目的、选择研究方法和确定研究者之后，需要把这些内容整理成文档，拟定具体的实施方案。如果研究者是一个团队，研究计划中还要包括研究者之间的分工和资源调配、整个研究任务的流程和调研使用的工具（记事本、相机和录像机等）。

例如，如果采用非参与式的观察方式，在调研中最重要的是不要让调研行为影响到用户，相机或录像机是必备的。此外，调研者尽可能的记下笔记，在记录过程中尽量多用图标标记。如果是采用参与式的观察方式，需要选择适当人数的研究人员和均衡的性别搭配，每个人负责固定的角色（观察者、引导者和摄影师等），以减少用户的干扰。除此之外，也需要准备好相机和录音笔等记录的工具。

7.2.4 案例：观察法在淘宝网家纺类目导航调研中的作用

1. 调研背景

家纺市场的类目导航规划是淘宝 2010 年的规划之一。在年度线下线上的数据对比中，发现家纺市场增长迅速，大大超过家居的平均水平。

目前家纺类目的前台展示不太符合这个行业的特征（查看家纺的 B2C 网站也可以看出，他们的家纺导航和淘宝的差别非常大）。

2. 调研目的

为优化家纺类目的前台展现，全面了解买、卖家在交易、操作过程中的问题、需求和意见，特进行此次用户调研。本次调研通过 PD（Product Director，产品经理）、运营、设计师一同进行实地调研，通过观察、深访等方式，深入挖掘用户在家纺类产品线下的购买行为及其特征和需求点；通过探索实体线下市场的优势，为日常网络市场建设提供借鉴。

3. 本次调研运用的方法

本次调研结合了深入跟踪法和如影随形法两种观察法。

4. 调研的流程

将运用观察法的调研的 9 个步骤划分到 3 个阶段中——观察前、观察中和观察后（见图 7-2-8）。观察前主要是一些准备工作；观察中是调研正式执行阶段；观察后是一个迅速将观察结果总结，转化成新设计指导性建议的过程。

（1）明确观察对象。不同市场下（超市、小商品市场、商场、专卖店）家纺类产品的消费人群和行为，即买家和卖家以及他们在自然场景下的真实买卖行为研究。包含人的调研（不同家纺市场下的买家和卖家特征）、行为的调研（买家如何挑选和卖家如何导购等）、场景的调研（不同市场商品如何摆放、如何促销、如何关联营销和如何装修等）3 个部分（见图 7-2-9）。

（2）确认观察重点。观察重点是个需要小组讨论共同确认的过程。当时，由用户研究员主持了一场由产品经理、市场运营专员、交互设计师和研究员共同参与的头脑风暴会议。如图7-2-10所示是记录在白板上的讨论结果截图。横向表头的蓝色文字是四个这次调研的目标地点；左侧的黑色文字是在通过头脑风暴得到的，这些都是可以去实地观察的内容。那红色的数字是什么呢？为什么和观察重点有关？

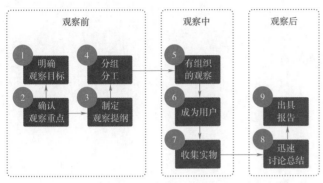

图7-2-8　观察法运用在实地调研中的9个步骤　　　　　　　图7-2-9　观察对象——人·行为·场景

众所周知，小商品市场、超市、商场和专卖店这4类是完全不同的市场。从消费人群的年龄、性别和品牌意识，到商品的价位和数量，再到四个市场的档次、便利性和销售策略等，都有着明显的差异，可以借鉴和学习的地方也是不一样的。正如，对于"关联营销"会更倾向于去超市观察货架安排和商品摆放，而不是选择小商品市场；对于"导购"，不同的市场有不同特色和优势，可能在研究中都需要参考；对于"如何突出价格优势"，高端和低端的市场都有其特有的技巧，这就需要对商场和小商品市场进行观察并比较。所以，每个市场观察提纲里的内容和重点都是不一样的。换句话说，不需要在四个市场的调研中对左侧的内容都做一轮全面的观察，只要找到核心的重点就可以。

为了确定不同市场的调研重点，用5分制的打分方式，就每一项观察内容在四个市场的观察价值进行打分。例如，针对消费对象的"品牌意识"和对应市场的"品牌宣导"，0分代表完全没有品牌意识和宣导，5分代表品牌意识和宣导强烈。这个打分只是相对值，最重要的目的不是比较，而是借此挑选出不同市场3分及以上的点作为重点观察内容（见图7-2-10）。

（3）制定观察提纲。一份好的观察提纲（见图7-2-11），可以帮助调研人员更顺利地开展有组织的观察；有利于大家明确任务，更高效地展开分工合作；更重要的是帮助一同前往观察地的其他项目组成员（如产品经理）更快地进入专业角色（即研究员）。

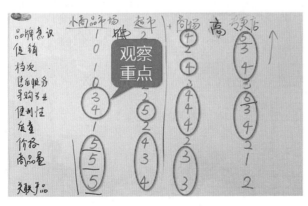

图7-2-10　会议中确认观察重点　　　　　　　　　　　图7-2-11　调研中的观察提纲

以沃尔玛超市的观察提纲为例说明如下。

1）导航。

家纺商品区的位置和导向（平面地图、导向图标和指示牌）。

商品区间如何关联（行进路线上看到了什么类商品及顺序）。

2）价格与促销。

如何体现出实惠和物美价廉。

超市的商品价格区间（什么区间卖的最好和关注缺货）。

如何推荐打折货。

促销广告的形式特征。

促销文案的内容和特征。

促销广告和促销商品在货架附近的位置。

3）导购服务——人。

导购员的服务态度：当人多、人少的时候，怎么对待顾客？

导购员的导购方式，如何判断消费者需求（如：询问、观察……）。

导购员问些什么问题？询问顺序？哪些具体属性需被翻译成用户的语言？

导购员介绍的产品亮点。

4）导购服务——物。

超市中的导购资讯的形式特征和位置特征。

导购的文案内容及特征。

辅助物件（如尺）。

5）商品量。

如何传达商品量（种类、数量）丰富。

商品如何陈列？分类的维度？（品类？色系？花色？新旧？……）货架高度和位置。

新上市和过季的商品分别如何陈列。

6）关联产品。

关联产品有哪些？

关联产品货架的具体安排（具体品类的顺序和距离）。

7）便利性与用户购物行为。

消费者特征（年龄、穿着和性别……）。

特地来买？顺便购买（关注购物车中的其他商品）

关注什么及顺序？提问什么及顺序？

人是怎么决策购买的？主要参考什么？

进行同类商品比较时的行为。

是一个人还是有朋友陪逛？

一次购买多少件同类商品和关联商品？

8）设计。

总体的感觉（第一映像）。

货架、展台的设计怎么符合他的人群定位。

（4）分组分工。

由于需要到 4 个场地的调研，所以要安排每个调研地点的时间和参与人员。每个调研 team 可以邀请不同的角色，产品经理、市场运营和设计师，甚至可以邀请开发工程师一起参与进来。因为每个工作角色的专业背景和视角是不同的，当大家一起在做同一件事情的时候，会得到相对全面的结论和相对活跃的交流氛围。根据每个角色的专业优势安排不同的观察任务，譬如设计师可以专注于发现超市导航设计、店铺装修、商品促销海报设计、商品包装设计和促销文案设计等内容；市场运营可以专注于观察超市的关联营销、导购员的导购方式等。而在这个过程中，千万不要把任务完全独立的责任到人。如表 7-2-3 中可以看出，对任何一个观察内容都安排了 2 ～ 3 人同时观察，这样的理由是为了就观察的内容可以相互讨论。当然，对于观察提纲中的所有内容，研究员必须全程参与。

表 7-2-3   分组分工调研

调研时间	xxxx-xx-xx 周 x
调研地点	沃尔玛超市
研究员	研究员 Richard
参加人员	产品经理 Peter 交互设计师 Dora、视觉设计师 Denis 市场运营 Oscar 工程师 Edison
导航	研究员 Richard、交互设计师 Dora 和视觉设计师 Denis
价格与促销	研究员 Richard、市场运营 Oscar 和研究员 Richard
导购服务——人	研究员 Richard、产品经理 Peter 和工程师 Edison
导购服务——物	研究员 Richard、产品经理 Peter 和工程师 Edison
商品量	研究员 Richard、市场运营 Oscar 和产品经理 Peter
关联产品	研究员 Richard、市场运营 Oscar
便利性与用户购物行为	研究员 Richard、交互设计师 Dora 和产品经理 Peter
设计	研究员 Richard、交互设计师 Dora 和视觉设计师 Denis

（5）有组织的观察。

正式开始有组织的观察调研，需要做到 3 点：首先，按照预先安排好的分工和提纲，结构化地开展；其次，留心人、环境、人们的行为、人们的对话；第三，观察过程中进行记录，使用相机、笔记，甚至手绘图。不是所有调研环境都适合拍照的，譬如当不想因为拍照打扰到调研对象时，或者调研场地不允许时，往往需要借助手绘。如图 7-2-12 所示就是由设计师由当场手绘转成电子稿的超市家纺区的平面图，用于导航以及关联营销的研究。

（6）成为用户。

成为用户要求 team 中的人都亲自做一回顾客，尝试购买挑选，以一个普通买家的身份亲自与超市中的导购员沟通交流。这其实是一种类似角色扮演的方法，一方面可以帮助 team 成员更好地了解我们的调研对象；另一方面有利于发现我们对研究对象的理解和实际的差异。

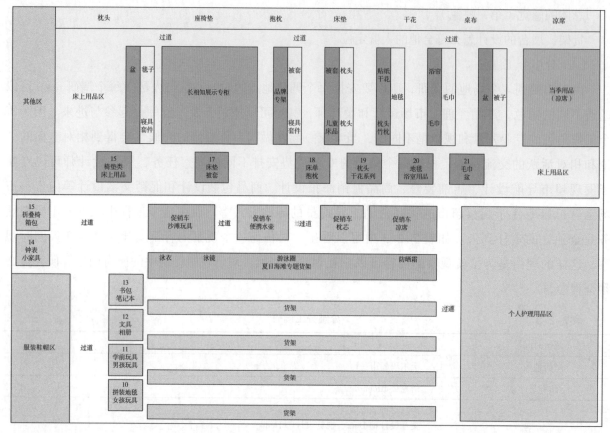

图 7-2-12　沃尔玛超市家纺区关联产品平面图

（7）实物收集。

实物收集也是一种常用的调研方式，在深入观察的过程中，可以收集和观察与行为相关的实物。在调研中收集不同品牌的宣传海报、产品手册和广告传单（见图 7-2-13），这些资料可以帮助视觉设计师更好地把握家纺页面的视觉风格和用色基调。

（8）迅速讨论总结。

提倡在调研结束当天就安排一场小组讨论（见图 7-2-14）。要知道，刚刚从调研现场回来的时候，往往是最敏感最有感触的时候。会上，将每个人的新发现和大家分享和讨论，并把所有的发现转录下来，转化成分析的形式，以建立一种容易理解的框架，便于进行分类和组织。最终概括分析出研究情况的本质，使其在后续设计中可用。

图 7-2-13　实物收集

图 7-2-14　当天调研，当天总结

1）信息提炼。

需要把粗略的记下的笔记整理得更加清晰，包括视频、音频和相片文件进行有效的转录和筛选。在将记录文档化的过程中，要尽可能多的保留其原始信息，最重要的保留那些没有用语言表达的细节。

2）分类和组织。

当浏览原始资料和所转录的资料时，会希望从中找出不同内容的主题和倾向。要有效地完成这种模式识别任务，具备概括所有资料细节的能力是非常必要的。其中，有一种办法是去认识观察结果之间的相互关系，也就是说，需要认识到某些数据可以归为特定的一类，而后再用合适的标签将观察值标注出来。

3）成果转化头脑风暴。

对原始资料进行归类和组织之后，团队成员应该对所研究的问题脉络越来越清晰的，对问题的解决方案也会有一定自己的想法。在这个时候，团队成员不妨一起坐下来，对分类的信息及需求点来一个头脑风暴，找出最贴切的行为关键词和解决方案，以及方案的可行性。

（9）出具报告。

最后汇总所有定性观察数据，出具观察部分的调研报告。

7.3 交互设计过程中的需求建立

在交互设计过程中建立用户需求是指通过用户观察、用户访谈和问卷调查等用户研究形式收集到的用户需求原始信息的基础上，采用易于交流和理解的规范形式，以便于在设计阶段转换为产品概念。

7.3.1 用户需求模板

用户需求模板提供了一种用户需求的规范表达形式，可参照 Atlantic System Guild（www.atlsysguild.com）公司的 Volere 需求模板（Volere Requirements Specification Template）编写（下载网址：http://wenku.baidu.com/view/4a99408002d276a200292eae.html）。使用模板能够突出需要寻找的信息，并且能够作为数据解释与分析的指南[4]。虽然 Volere 需求模板主要是针对软件开发编写的，但对其他类型的交互系统也具有参考价值，主要包括 5 个方面的内容。

1. 项目驱动力（Project Drivers）

（1）产品的目标（The Purpose of the Project）。

（2）客户、顾客及其他当事人（The Client, the Customer, and Other Stakeholders）。

（3）产品的使用者（Users of the Product）。

2. 项目约束（Project Constraints）

（1）法定约束（Mandated Constraints）。

（2）命名约定与定义（Naming Conventions and Definitions）。

（3）相关事宜与假设（Relevant Facts and Assumptions）。

3. 功能需求（Functional Requirements）

（1）工作的范围（The Scope of the Work）。

（2）产品的范围（The Scope of the Product）。

（3）功能与数据需求（Functional and Data Requirements）。

4. 非功能需求（Nonfunctional Requirements）

（1）外观和感觉方面的需求（Look and Feel Requirements）。

（2）可用性与人性化需求（Usability and Humanity Requirements）。

（3）性能需求（Performance Requirements）。

（4）操作与环境需求（Operational and Environmental Requirements）。

（5）可维护性与配套性需求（Maintainability and Support Requirements）。

（6）安全性需求（Security Requirements）。

（7）文化与政治需求（Cultural and Political Requirements）。

（8）法律需求（Legal Requirements）。

5. 项目问题（Project Issues）

（1）已知问题（Open Issues）。

（2）现有解决方案（Off-the-Shelf Solutions）。

（3）新问题（New Problems）。

（4）任务（Tasks）。

（5）移植到新产品（Migration to the New Product）。

（6）风险（Risks）。

（7）成本（Costs）。

（8）用户文档与培训（User Documentation and Training）。

（9）待处理事项（Waiting Room）。

（10）解决方案构思（Ideas for Solutions）。

Volere 需求模板的应用示例可访问 http://www.volere.co.uk/template.htm 网站，如图 7-3-1 所示为第 9 项"功能与数据需求"的需求单（Requirements Shell），其基本信息包括需求编号（Requirement #）、需求类型（Requirement Type）、事件/业务用例/产品用例编号［Event/BUC（Business Use Case）］/PUC（Product Use Case）、描述（Description）、原理（Rationale）、来源（Originator）、满足标准（Fit Criterion）、使用满意度（Use Satisfaction）、客户满意度（User Dis satisfaction）、相关性（Relevance）、相冲突的需求号（Conflict）、支持材料（Supporting Material）和历史（History）等。

7.3.2　任务描述

任务描述（Task description）主要是指用户为了实现目标的一系列活动过程之表述，用于需求分析、原型构建和评估等阶段，常用情节、用例和任务分析等工具。

1. 情节

情节或称为情景（Scenarios），是以叙述的方式描述用户需求、行为和使用环境，是用文字来描述用户使用产品或产品提供服务的故事，故事中的主角就是用户。设计师使用情节来描述人物角色（用户）在特定场景中为完成任务的一系列活动，模拟问题出现和解决问题的方法。在确定目标用户的基础上，使用不同的角色通过情节描述可以发现最终产品应包含的需求。

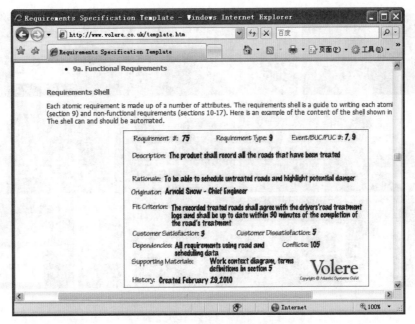

图 7-3-1　Volere 需求单示例

（1）情节描述的内容。

1）人物角色（Who）：目标用户。

2）做什么（What）：用户需求。

3）如何做（How）：采取的行为。

4）时间和空间（When/Where）：在什么时候和什么环境做这件事。

（2）情节描述的具体实例。

下面是米兰理工大学产品系统服务设计专业（PSSD）学生关于"Domenica in Famiglia"（意大利语，中文意为"星期天之家"）专题设计的情节描述。

Epon 是米兰理工大学的大四学生，每逢周日都会觉得无聊而想家。某一天他在超市中看到了关于 Domenica in Famiglia 的广告就注册了"星期天之家"服务平台，通过平台他认识了 Lisa 并约好一起去超市买相关的材料，最终他们和另外一个朋友 Emy 约好一起去"主人"Dipa 家做客，4 个人忙碌并享受了一次快乐的周末聚餐。最后，Epon 上传了此次的"家庭聚会"，并得到了很多人的评价和留言。

1）人物角色：Epon。

2）做什么：一个服务平台，通过这个平台大家可以组织周末聚餐等活动。

3）如何做：通过注册发表信息组织周末聚餐等活动。

4）时间和空间：周日前通过网络。

2. 故事板

故事板（Storyboards）是在媒体制作中，故事板指带有大概情节的挂板，主要用来描述电影、卡通片，电视片或电影广告中的连续画面中的情节、行为或人物，展示一系列的交互动作。在交互设计中使用故事板中的一系列图片来描述具体的产品使用和体验过程，用直观的形式表示用户与系统之间交互动作和行为，以及与这些行为相关的场景等（见图 7-3-2）。

故事板的特点主要表现为 3 个。

图 7-3-2　鼹鼠的故事制作过程故事板
（作者：朱璟，赵婷，黄剑波，王荣，高艳；指导教师：李世国）

（1）形象生动，易于理解。与主要采用文字描述的情节工具相比，故事板更加生动、形象和有趣，是人们乐于接受和易于理解的一种形式。

（2）由静到动，场景融合。将单幅的"静"画面串接而形成"动"之效果，将用户、产品和发生的行为置于特定的场合之中，有利于表现用户目标、动机和行为。另一方面，故事板的场面围绕人物角色发生的故事展开，也易于发现使用产品或接受产品服务过程中的问题。

（3）形式多样，制作简单。故事板可以用手绘、图片和照片制作，画面突出主题，有时可以辅之以必要的少量的文字（见图 7-3-3）。既可直接在记事贴、白纸、硬纸板上直接绘制或粘贴图片，也可以采用拍照、绘制与电脑软件相结合制成故事板的电子文档。

停车，进超市　　领取购物车　　随意逛逛　　试吃食物

货比三家　　查看商品信息　　看打折信息　　导购指示不清，寻求帮助

排队等待付款　　商品结算　　刷卡付钱

图 7-3-3　"SELF"购物流程故事板
（作者：王玉珊，INTER 服务设计课题）

故事板中"人"是主体，故事围绕人物角色展开。交互设计系统中的"角色、场景、产品和行为"，与故事基本构架中的"人、境、物和用"对应（见图7-3-4）[5]，可以认为，交互设计就是设计师对故事的演绎，只不过设计故事中的"人"是用户，是目标用户的具体化。

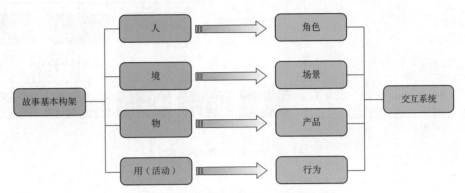

图 7-3-4　故事基本架构与交互系统关系图

3. 用例

用例（Use Case）是一种描述工作流程形式化和结构化的方法。设计师使用"用例"时不需要考虑系统内部的结构和行为，而专注于分析用户为什么要使用系统，或如何使用系统。用户（角色）为了某一目的使用交互系统时，交互系统就执行特定的"Use Case"来达到目的。

用 Use Case 来描述需求采用 Use Case Diagram（用例图）的形式，由行为者（Actor）、用例（Use Case）、系统边界和连接线等组成，如图7-3-5所示。

用例图的行为者可以是一个或多个（共同使用一个系统），行为者使用系统的每个目标（如图7-3-5所示的"设置目的地"、"模拟导航"和"开始导航"等）都是一个用例。关于"用例"的构建方法、功能和实例在文献［6］中有详尽的论述，这里不再赘述。用例图可

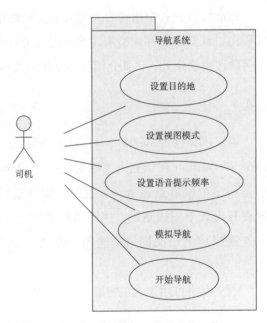

图 7-3-5　设置导航系统用例图

使用 StartUML 软件工具绘制。StartUML 是一套开放源码的软件，可绘制用例图、类图、序列图、状态图、活动图、通信图、模块图、部署图以及复合结构图等，支持 JPG、JPEG、BMP、EMF 和 WMF 等格式的文件导出。

4. 任务分析

任务分析（Task analysis）是指借助一定的手段与方法，分析用户想要达到的目标以及如何达到这些目标，反映任务的执行情况，并以此作为建立新的需求和设计新任务的基础。在任务分析中，应用最为广泛的是层次任务分析（Hierarchical Task Analysis，HTA）。所谓的层次任务分析是将一项任务逐层分解成若干下级子任务，以表达任务的执行顺序和途径，通常用任务描述和任务的图形分析表示。如图7-3-6所示的"SELF"购物流程层次任务分析如下。

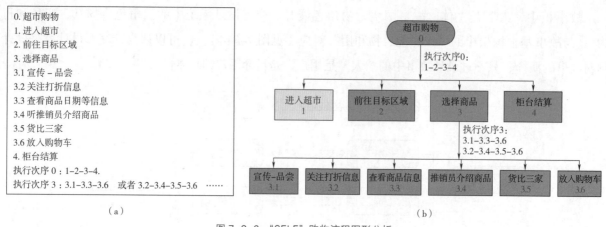

图 7-3-6 "SELF" 购物流程图形分析

7.4 设计阶段的有关工具

概念设计过程中用到的工具或方法主要有头脑风暴、卡片分类、语义网络、角色、情节、情绪板、流程图、认知走查和原型构建等。这些工具或方法不只是在设计阶段用到，有时在用户需要分析和评估等阶段也会用到，下面介绍其中常用的几种。

7.4.1 语义网络

语义网络（Semantic Network）源自 Tim Berners Lee 提出的语义网（Semantic Web）概念，是 1968 年 Quilian 在研究人类联想记忆时提出的心理学模型，是知识表示的一种方法[7]。简单说来，就是用一个根节点表示一个主题（如概念、术语、菜单项和功能等），再按该主题的逻辑关系或联想展开为若干下级主题，用于表达主题与下级主题之相互关系，形成一个由根节点、多层次级节点和连线组成的语义网络描述图，连线（带箭头或不带箭头的线段和弧线）表示节点之间的语义关系。

语义网络可用于人工智能、互联网构建、界面设计、交互设计等领域，用来表示研究对象的描述、构成和属性。在交互设计中用语义网络图可以清晰地表达设计概念的展开以及互相之间的关系；交互界面的信息构架和层次关系；菜单的结构、组成与调用关系；功能的分解以及任务执行的路径等。图 7-4-1 是 iPhone 手机"通用"选项的语义网络图，图中清晰地反映了各下级选项之间的关系。

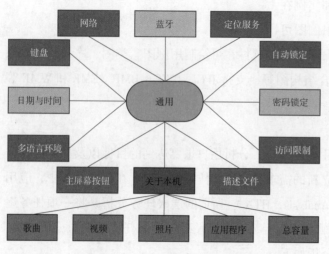

图 7-4-1 基于 iPhone "通用" 设置选项的语义网络图

7.4.2 情绪板

情绪板（Mood Boards）的概念可以从两个方面来理解：首先是由文字、图形、图片、照片、剪报和版式等资源组合而成的一个版面，其次是版面中的元素通过视觉引起受众在情绪上的反应，因而这种版面称为情绪板。

在设计阶段设计师可以用情绪板启发思路。有时设计师不能确定产品的定位或者不知道该用什么样式或者颜色来设计这个产品时，就可以通过制作情绪板来收集这些信息，从中获得灵感，从而确定产品的定位。另一方面利用情绪板可以生成多个产品概念，并对产品概念的不同方面进行分析和探讨，找到产品的关键点和这些关键点之间的相互关系[8]。设计师用情绪板来传达最终设计的感觉，也是考虑产品情感内容的一种方式[9]。

情绪板的设计制作过程可分为收集、浏览、分类、制作情绪板和扩展情绪板 5 个步骤[9]。

（1）确定主题和收集图片。围绕主题寻找能够传达这种视觉效果的图形、图片或照片等。

（2）图片浏览和信息交流。浏览收集到的图片，对目标用户和界面进行思考，甚至可能会构建出一个故事。并带着这些图片把自己的想法和同事、客户进行讨论和协商。

（3）图片筛选和分类。对产生不同感觉的图片进行分类，挑选出重要和次要的图片，开始考虑会用哪些图片，还要思考它们是什么样的布局。

（4）图片处理和情绪板制作。根据需要对一些图片进行裁剪，进行适当处理以突出主要角色；也可以添加文字和线条，采用能激发灵感的布局。

（5）情绪板扩展。该步骤其实就是把情绪板做成 PPT 来展示，包括增加气氛的背景音乐和动态图片演示等一系列可以扩展灵感的来源。

情绪板的表现形式灵活，制作媒介不受限制。可以是用来悬挂的纸质版面的，也可以是数字或其他方式创建的媒体，如图 7-4-2 所示为用实地拍摄的照片来表现地铁"爆满""适中"和"空荡"三种情形的情绪板。

图 7-4-2　表现地铁"爆满""适中"和"空荡"三种情形的情绪板

7.4.3 流程图

流程图（Flow Diagram）是由约定形状图框和图框中的文字或符号以及箭头流程线组成的图形，主要用于表示执行操作的先后次序和选择路径的逻辑关系。由于流程图直观地描述了操作步骤，有利于准确了解具体的过程并从中发现和解决存在的问题，因而在软件工程、网页设计、界面设计以及产品概念设计过程中非常有用。常用流程图符号和意义如图7-4-3所示。

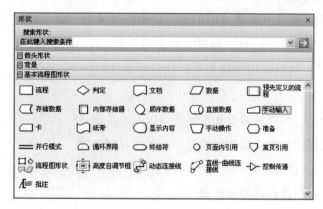

图7-4-3 Microsoft Office Visio 的基本流程图符号与意义

绘制流程图有一般采用图形软件，如 Visual Graph、Microsoft Office Visio 和 Power Designer 等，如图7-4-4所示是用 Microsoft Office Visio 绘制的 iBook 界面流程图。

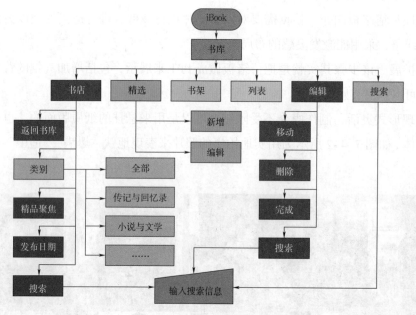

图7-4-4 iBook 界面流程图

7.4.4 认知走查

认知走查（Cognitive Walkthrough，CW）是1990年 Lewis 等人提出常用的一种可用性评估方法，它主要通过分析用户心理加工过程来评价用户界面，适用于界面设计的初期[10]。基于用户完成某一特定任务而进行的操作序列的认知过程，分析者可以按一定情景进行操作，从而发现导致操作过程中出现的某些设计问题。所谓走查实质就是模拟用户的认知进行操作，验证和发现操作是否能达到用户的目标，其过程是否顺利，完成任务的步骤和难度如何等。

网页认知走查法（Cognitive Walkthrough for the Web，CWW）是 Blackmon 等人在 CW 的基础上于2002年提出的一种半自动化的网页可用性评估工具，可应用于网站开发的各个阶段，评估对象是网页的标题和链接标签等导航功能组件的可用性[11]。CWW 方法沿用了 CW 中的部分认知问题，并根据网页浏览操作特性做了相应修正（下面列出的 Q3a 和 Q3）。

Q1：用户试图去完成正确的目标吗？

Q2：正确的操作对用户来说足够明显吗？

Q3a：通过标题信息，用户能把当前目标与正确的网页分区联系起来吗？

Q3b：通过链接标签信息，用户能把当前目标与正确的组件联系起来吗？

Q4：用户能正确理解系统对用户操作行为的反馈吗？

下面以如图 7-4-3 所示的 iBook 为例说明认知走查的应用。

如在 iPad 中使用 iBook 阅读图书的认知走查可分为以下两种情景。

（1）情景 1：需要的书已存在 iBook 书柜中，书较少。

1）点击 iBook 图标进入书库界面。

2）浏览书目。

3）找到书目并打开。

4）阅读图书。

过程简单，只需要点击两次即可达到目标。

（2）情景 2：需要的书已存在 iBook 书柜中，但书较多。

1）点击 iBook 图标进入书库界面。

2）浏览书目，但由于书多，不易发现需要查找的书目，此时有多种操作选择。

a. 点击"精选"，设定书目中显示的图书格式，以显示指定格式的书目。

b. 点击"书架"图标，按书架的形式显示。

c. 点击"列表"图标，按列表的形式显示。

d. 点击"探索"，输入书名。

3）选择书目并打开。

4）阅读图书。

显然，操作过程与用户对 iBook 按钮的认知有关。如果了解"精选"的功能是按设定的图书格式显示，则可从减少了要选择所需要书目浏览操作；如果了解"列表"图标是为了在一页中显示更多的内容，也可减少要选择所需要书目浏览操作。在这种情况下，操作时点击次数至少是 3 次以上。如果对用图标表示的"列表"和"书架"等按钮的意图不清楚，则操作的次数可能会更多。因此，通过认知走查，可发现对于"列表"和"书架"图标表示的意义对用户来说并不明显，存在上面提到的 Q2 问题。当然，选择"探索"直接输入书名可以快速定位到所需要的图书，但需要正确输入书名或关键字。

7.4.5 线框图

线框图（Wire frame）源自建筑图纸，在网站设计中称为页面布局图（Page-Layout），是用图形和文字来表示界面结构、层次关系、组成元素和内容和一种可视化的表现形式。通常线框图由线框图本身、对线框图的注释和有关线框图的信息 3 部分组成。

（1）线框图本身。大致表现出产品或界面的形式，包括可操作的控件（图标、菜单、按钮、输入框和导航条等）、内容（标题栏、文本、图片、视频和动画等）、形态与布局，其总体与组成部分尺寸关系尽可能与实际大小相符或按正确比例作图。

（2）注释。用于描述线框图上不易理解或难于表达清楚的条目或内容。如用户对控件进行操作时将会发生的事情、由于空间原因不能显示的内容（下拉菜单之类）、有条件和受约束的操作等。

（3）线框图的附加信息。与线框图设计相关的数据，如设计者、设计与修订日期、版本信息与更新内容、相关文档、遗留问题及有关说明等。

线框图是交互设计师在创作产品时仅次于原型的重要文档[12]，可以既清楚又直观地表达设计概念、界面布局和各级界面之间的协调关系，便于项目组成员之间的交流和与相关人员的沟通。在设计的初期，线框图通常采线手绘的形式，尔后可用 Visio、Balsamiq、Axure 和 Photoshop、Illustrator 等工具来绘制。前者用于低保真线框图（见图 7-4-5）、后者用于高保真线框图（见图 7-4-6）。

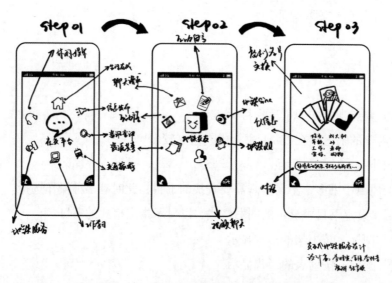

图 7-4-5　交互式地铁信息终独端界面低保真线框图
（作者：李婧雯）

图 7-4-6　Wish manager/Dreamer 项目的高保真线框图
（作者：谭慧，张明真，李冠男，马迪）

本章小结

Preece 提出的交互设计的过程模型包括识别需要并建立需求、开发可选择的多个设计方案、构建设计方案的可交互版本和评估设计 4 个阶段，而 Heim 则简化为发现、设计和评估 3 个阶段，如图 7-4-7 所示，实际上这两种模型在本质是并没有多大区别，可以互相转换。如果为了突出在交互设计过程原型的地位，完全可以用需求分析、概念设计、原型构建和设计评估 4 个阶段来表示。

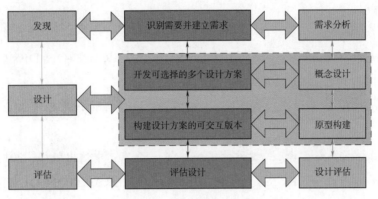

图 7-4-7　交互设计模型转换图

显然需求分析、概念设计、原型构建和设计评估的 4 个过程应采用迭代式而不是单一的瀑布式，或者将瀑布模型作为一次迭代中的完整过程，即局部为瀑布模型总体为迭代模型。

用户研究是需求分析的基础，本章第 2 节关于用户研究方法的综述、分析与应用的相关内容均由淘宝网用户研究—技术研发部的资深用户体验研究员费钎提供，她的独到见解来自设计的第一线，很有参考价值。

将基于用户研究信息转变为用户需求，以便转变为设计概念，需要采用一定的方式和技术。Volere 需求模板提供的范式，可以系统、准确和规范的表示用户需求，值得学习和灵活应用。在任务描述中采用情节、故事板、用例和任务分析等以及在概念设计阶段用到的语义网络、情绪板和流程图等方法和技术在交互设计中是十分有用的，有些工具还可以在交互设计过程中的不同阶段使用。

本章思考题

（1）交互设计之迭代模型中的评估与用户行为的 7 个阶段的评估有什么不同？

（2）在基于产品原型的迭代模型中，每一次循环的结果均是上一次产品原型的改良或逐步完善，这意味着需要复构建产品原型。如此一来就有可能提高产品开发过程中的成本，请对这一问题提出多个解决方案。

本章课程作业

请针对 Steven Heim 提出的交互设计过程通用模型 3 个阶段（发现—设计—评估），按照迭代模型的特征进行再设计，并用于电子书下载服务网站的界面设计。

具体要求：

（1）构建改良的交互设计过程通用模型，绘出模型图；

（2）根据新的通用模型图列出各阶段可能会用到的方法和工具；

（3）按照新的通用模型图给出的过程与方法，设计一个可用于智能手机的电子书下载服务网站，将最终的设计结果用线框表示出来。

本章参考文献

［1］Jennifer Preece,Yvonne Rogers and Helen Sharp.INTERACTION DESIGN beyond human-computer interaction.John Wiley&Sons,Inc.2002：169.

［2］Steven Heim（美）.李学庆，等，译.和谐界面——交互设计基础［M］.北京：电子工业出版社，2008，5：64.

［3］Bill Moggridge.许玉铃，译.关键设计报告［M］.北京：中信出版社，2011，6.

［4］Jennifer Preece,Yvonne Rogers and Helen Sharp.INTERACTION DESIGN beyond human-computer interaction.John Wiley&Sons,Inc.2002：219.

［5］邹志娟，李世国.交互设计中的故事演绎及产品个性追求［J］.包装工程，2009，9（30）：155-157.

［6］高焕堂.USE CASE入门与实例［M］.北京：清华大学出版社，2008，1：2.

［7］李洁，丁颖，语义网.语义网格和语义网络［J］.计算机与现代化，2007，7（143）：38-41.

［8］郑秋荣，李世国.情绪板在交互设计中的应用研究［J］.包装工程，2009，11（30）：126-129.

［9］Dan Saffer（美）.陈军亮，等，译.交互设计指南.原书第2版［M］.北京：机械工业出版社，2010，6.

［10］李宏汀，桑松玲，葛列众.情绪板在网页可用性评估的CWW（网页认知走查法）研究概况.人类工效学，2009（2）：60-63.

［11］BlackmonM H,Polson P G,Kitajima M,et al.Cognitive for the Web［C］//.CH I 2002：Minneapolis,Minnesota,USA,ACM Press,2002：463-470.

第8章
Chapter 8

原型构建与设计评估

原型构建与评估是交互设计过程中的两个重要阶段，是迭代过程模型中关键步骤。其中低保真原型和高保真原型是原型设计中最主要的两种类型，本章将主要阐述有关概念、设计工具、评估原则与方法。

8.1 原型的意义与类型

8.1.1 原型的概念与意义

在文学艺术作品中，原型（Prototype）指原来的类型或模型，表示塑造角色或道具所依据的现实生活中的人和物。在交互设计中，所谓的原型是对产品概念的形象化和具体化，是设计师构想的一种体现。原型不是模型。模型更像产品，建立模型是为了表达设计意图或是产品的仿真；原型则是对产品的一种近似的和有限的表示形式，如表示产品形态的外观原型、用于验证产品功能的实验性原型以及表达产品外观、操作、界面、内部功能和结构等的综合性原型等。原型不是产品，构建原型是为了发现问题，是为了逐步接近最终产品，因而原型设计的方法又称为"快速失败法（fail fast）"[1]。

原型是产品开发过程中用来表达产品概念的一种方式，设计师通过原型来传达设计意图，用户则通过原型对未定型的产品进行评估。由于原型的可视性、可触摸性和可操作性，决定了基于原型的评估更具有客观性、全面性和合理性，因而在交互设计过程中原型设计是不可或缺的一个必要过程。"原型的重要性怎么强调都不过分，事实上，许多设计师觉得原型制件是设计活动，做设计就是做原型"[2]。

在交互设计的迭代过程中，每一个过程都需要设计原型，每一次迭代都需要利用原型进行评估，通过"原型—评估—修改—原型—评估—修改……产品"的不断重复（见图8-1-1），最终获得用户满意的产品。不难看出交互设计过程中的原型设计具有多重性和递进性。一方面，多重性反映了设计过程中为了评估需要多个原型；递进性则说明了后一个原型是前一个的改进。另一方面，既然强调用户与产品的交互，那么在对原型的评估必然包含对交互行为的评估。显然，交互设计过程中的原型必须在一定程度上支持交互行为。

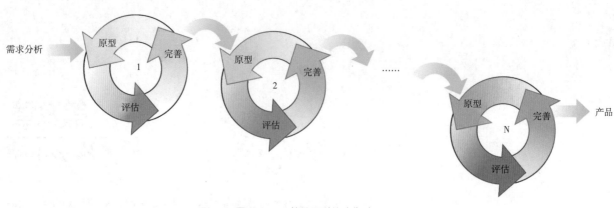

图 8-1-1　基于原型的迭代过程

8.1.2　原型的分类与类型选择

原型的种类繁多，一般可以分成以下 4 个方面[3]。

1. 按原型的表现方式

（1）实体原型（Physical prototype）。用一种或多种材料经过加工、塑造和组合等手段来构建可以触摸的产品雏形。

（2）外观原型。外观、手感和材质与产品极为相似的原型。

（3）概念验证原型。用来快速验证某个创意的原型。

（4）实验性硬件原型。用于快速验证产品的功能的原型。

（5）数字化原型（Digital prototypes）。用数字化方式表达产品，使用这类原型，设计师关注的是视觉效果和产品特性等，如计算机仿真和计算机三维模型等。

2. 按原型制作的材料

（1）油泥原型。

（2）纸板原型。

（3）聚苯乙烯泡沫塑料原型。

（4）石膏原型。

（5）树脂原型。

（6）塑料原型。

（7）金属原型等。

3. 按原型表达产品的真实程度

（1）低保真原型（Low-fidelity prototype）。用简单的方式来快速、近似地表示产品概念。

（2）高保真原型（High-fidelity prototype）。构建的原型更接近于最终产品。

4. 按原型表达产品功能的完善程度

（1）水平原型（Horizontal prototype）。原型只表示系统顶层的功能，不表示下级功能，这种原型主要用于了解功能的概况，而不是了解功能执行的细节（见图 8-1-2）。

（2）垂直原型（Vertical prototype）。构建的原型具有某些特定功能的全部细节，可用于较为真实的测试，以便于评估执行该项功能的所有子功能。

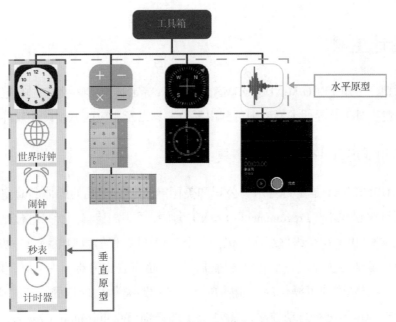

图 8-1-2　iPhone 工具箱功能的水平和垂直原型

由于原型设计以快速、低成本和准确表达设计概念以及便于测试为目标，因而在交互设计中更受关注的将是低保真和高保真原型。

设计低保真原型时，通常选用便于快速组合到一起的材料，如直接绘在纸上的草图、利用软件简单绘制并打印的图稿等纸面原型、利用现成的部件或从旧产品上拆下来的部件拼凑的实物原型等。这类原型对交互性要不高，以静态为主，可用辅助手段来表示交互性，如通过人工移动纸面或部件表示切换的动作等。

设计高保真原型时，需要更多的时间和资源，与产品更为接近。高保真原型并不是指在所有方面都与产品相似，可以是外形的相似，也可以是功能的相似而形态并不一定相似。高保真原型具有较高的交互性和可操作性。如图 8-1-3 所示的自动售货机原型就是一种可操作的原型，功能部分主要由 LEGO MINDSTORMS NXT 积木构建。

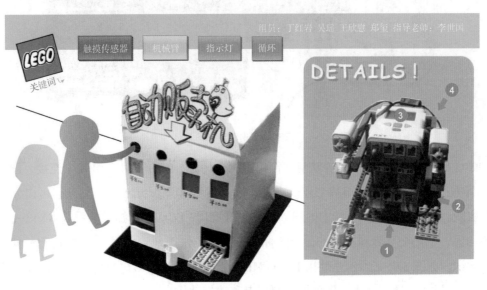

图 8-1-3　用 LEGO MINDSTORMS 构建的自动售货机原型

8.2 原型设计工具

对于实物类原型，可用 LEGO MINDSTORMS、Arduino 等工具与实物模型、功能部件和电子元器件相结合的形式来构建，对于软界面类原型则可利用手绘工具以及相应的原型设计软件系统来构建。

8.2.1 LEGO MINDSTORMS NXT 工具

LEGO MINDSTORMS NXT 是由丹麦乐高公司和美国麻省理工学院的媒体实验室（MIT Media Lab）等共同开发的一项可编程积木（Programmable Brick）套件，可用于创新设计和概念验证原型的构建工具。NXT 蓝牙套装 9797 由 431 个组件组成，包括一个 NXT 可编程的微型电脑，一块可充电的锂电池，三个伺服电机，两个触动传感器，一个光电传感器，一个超声波传感器，一个声音传感器和乐高积木等（见图 8-2-1）。可用来构建可操作的、能感知声、光和距离等物理量的交互式产品原型，并可以通过图形编程工具对动作等进行自动控制，有关 NXT 的详细信息可访问 http://www.semia.com/ 和 http://www.lego.com/zh-cn/Default.aspx 网站。

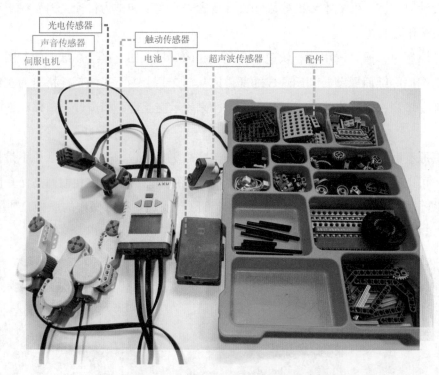

图 8-2-1 LEGO MINDSTORMS NXT 组件图

基于 LEGO MINDSTORMS NXT 的原型制作包括概念构思、选择部件、组装、连接、图形编程、调试和运行等基本过程。各部件的组装、连线方法、图形编程和调试技术并不复杂，可以参照使用说明书完成，在实践过程中不断完善。其中的图形编程软件可用 LEGO 本身提供的系统 NXT—G，软件操作简单、功能强大，利用交互界面提供的命令图标，可以方便快速地实现对 NXT 的编程，使用者不需要专业的编程知识。如图 8-2-2 所示是使用 LEGO MINDSTORMS NXT 构建的名为 "Tidy Wally" 清扫机原型，Tidy Wally 通过蓝牙通信技术，用手机控制行走和清扫动作。

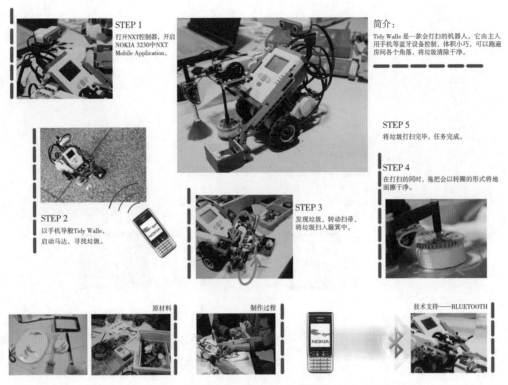

图 8-2-2 Tidy Wally 原型构建

（作者：陈志刚 谭慧 马丽娜 指导：李世国）

8.2.2 Arduino 工具

1.Arduino 资源

Arduino 是源自意大利的一个开放源代码的硬件项目，该平台包括一片具备简单 I/O 功效的电路板以及一套程式开发环境软件，是一种制作交互原型、互动作品、人机接口、体感互动、数字艺术等的接口工具。

在 Arduino 的官方网站（http://www.arduino.cc，中文官方网站 http://arduino.org.cn）上提供了有关 Arduino 的详细信息，主要栏目及内容包括以下内容。

（1）Download。可下载 Arduino 的软件（Download the Arduino Software），接口程序和编程环境，支持 Window、Mac Os X 等操作系统。

（2）Learning。给出了大量的实例。

（3）Products。介绍了 Arduino 家族的所有硬件（Arduino 开发板）。

（4）Buy。提供了购买 Arduino 的有关地区和国家的商家信息。Arduino 的资源、所需的接口软件均是免费的，下载网址：http://arduino.org.cn/software/。

2.Arduino 的硬件

Arduino 的硬件包括两大部分。

（1）Arduino 可编程 I/O 开发板。提供写入和存储控制程序、数字量和模拟量的输入 / 输出，DC 电源输出等功能，是 Arduino 的关键硬件。Arduino 产品更多信息访问 http://arduino.org.cn/products，如图 8-2-3 所示。

图 8-2-3 Arduino 中文官网主页

（2）Arduino 外围部件。主要有扩展板、各类传感器、开关、连线、LED 灯和面包板等。扩展板方便了 Arduino 可编程 I/O 开发板与外接传感器、输入 / 输出等器件的联接，面包板用于接线。

3. 基于 Arduino 的原型构建实例

构建交互式产品原型需要开发环境（Arduino Software）和 Arduino 的硬件（Arduino 可编程 I/O 开发板和 Arduino 外围部件），后者需要购买（龙凡汇众网可供 Arduino 套件）。用 Arduino 构建原型的基本步骤包括概念构思、选择传感器与 Arduino 开发板的联接、编程、程序上传到开发板、运行和调试等过程。如果有配扩展板，传感器与 Arduino 开发板的连接非常方便。关于程序设计，官方网站提供了详尽说明与实例，易于理解，具有良好的可学习性和可操作性，可以边学边做。

交互作品——多彩流星雨介绍如下。

组成：硬件包括 Arduino 开发板、声音传感器和接线以及 pin13 位置的 LED 灯（用来监测传感器和面板是否正常工作）。软件包括 Arduino 程序和 Processing 程序。Arduino 程序用于将声音传感器的模拟信号转化成计算机中的数字信号，Processing 程序用于读取由声音传感器经 Arduino 传输到计算机中的数字信号。

操作：对着声音传感器吹气，画面中球形的组成线条运动加速，球形扩大，吹的劲愈大变化范围越大。当有线条碰触屏幕边缘后，线条发生变化，同时鼠标点击屏幕，画面颜色发生变化，形成多彩雪花降落般的美妙景象（见图 8-2-4）。

8.2.3 用于交互界面的原型制作工具

1. 纸面原型

纸面原型（Paper prototype）属于低保真原型，以纸和笔作为原型设计工具。设计师用笔直接在纸上描绘，通过图形、符号和少量的文字来快速表达产品的概念，绘出界面的元件和布局。纸面原型可以是一个界面或一个界面的不同状态（见图 8-2-5）。

纸面原型并不等同于草图。用草图是表达产品概念的一种手段，可以突出主题，如外形、结构和色彩等，作为交互界面原型，需要表达操作界面，因而界面的元素、布局与尺度尽可能符合实际要求，便于评估。

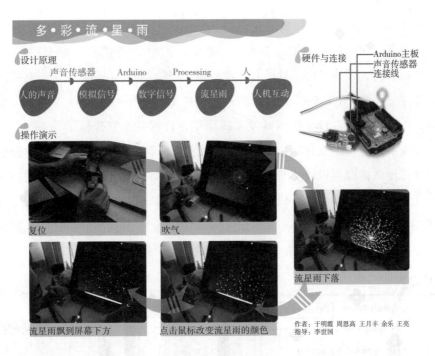

图 8-2-4　多彩流星雨

2. 原型制作软件

（1）Microsoft Office Visio 和 CorelDRAW。Visio 除了可以用来绘制流程图、网络图、工作流图和数据库模型图之外，还可能用来制作 UI 界面原型，具有 Windows 风格的窗口、对话框、按钮、列表框和选项卡等各类控件的图形及图标，使用非常方便。与 Visio 相比，用 CorelDRAW 制作的原型更为逼真，但需要制作者具有一定的绘图技能。Visio 适合制作低保真原型，而 CorelDRAW 可用于制作高保真原型（见图 8-2-6）。

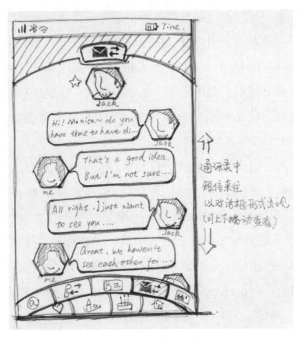

图 8-2-5　手机界面纸面原型（作者：王玉珊）

图 8-2-6　用 CorelDRAW 制作的手机界面（作者：王玉珊）

（2）Balsamiq Mockups：由自加利福尼亚州的 Balsamiq 工作室开发，是一款具有手绘风格的产品原型设计工具，具有 9 类 50 多个常用的 UI 控件。可用于桌面应用程序、手机软件界面以及 Web 的原型设计。其特点是：易用、手绘风格（见图 8-2-7）、控件多（包含 iPhone 元素、支持快捷键和可使用 XML 语言保存元素），也可以导出 PNG 图片、跨平台支持（Windows、Mac OS 和 Linux）。

（3）Mockflow：基于 Adobe Flex 技术开发在线原型设计软件。它提供了与 Balsamiq Mockups 基本相似的功能，基于 web 的存储的文件可以在任意电脑上打开，以便于其他人进行的分享，并收集在线反馈意见，适合虚拟团队的原型设计交流。MockFlow 内置了许多常用控件，如：按钮、图片、文字面板、下拉式菜单和进度条等，可用于人机交互界面（窗体、iPhone、iPad 和 Android 等）应用程序的原型的设计（见图 8-2-8）。访问 http://www.mockflow.com/desktop/ 可下载客户端软件，安装并免费创建一个基本账号后，便可使用 Mockflow 创建一个原型（页数不受限制）。

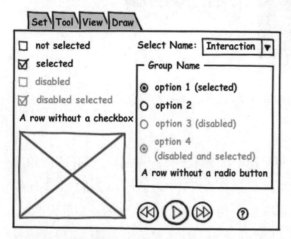

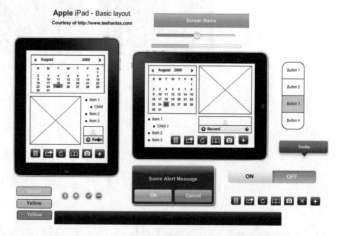

图 8-2-7　用 Balsamiq Mockups 构建的具有手绘风格的界面原型　　　图 8-2-8　用 Mockflow 设计的 iPad 界面原型

（4）Axure RP：美国 Axure Software Solution 公司的原型制作软件。Axure RP 提供了丰富的组件样式，能够创建低保真和高保真界面。丰富的脚本模式，可以通过点击和选择快速完成界面元素的交互，如链接、切换和动态变化等效果，Axure 借鉴了 office 的界面，用户可以快速学会使用。

（5）POP（Prototyping on Paper）：由台湾 Woomoo 团队开发的基于纸面原型的原型制作 APP（https://popapp.in/），可以在 iPhone、iPAD 和安卓系统上使用。操作简便，基本步骤为：绘制纸面原型；使用 POP 对纸面原型拍照；在图片区域设置链接热区；演示原型。POP 内嵌的交互动作，如侧滑、展开、消失等，可满足一般的动态演示需要。图 8-2-9 为操作界面实例。

（6）Pencil Project：开源的 GUI 原型制作工具，可以作为一个独立的 APP，也可以作为 Firefox 插件。通过内置的模板，可以创建可链接的文档，并输出成为 HTML 文件、PNG、OpenOffice 文档、Word 文档、PDF。Pencil Project 可以通过访问 http://pencil.evolus.vn/Downloads.html 下载。

（7）Proto.io：基于 Web 环境，带有 IOS 和安卓下的调试器的原型制作工具，支持滑动、轻触、缩放、长按等移动触摸等手势。开发者可以为 iOS、Android 等各种移动平台设备设计可交互的原型。

（8）moqups：免费的 HTML5 在线应用程序（https://moqups.com/），用于创建线框图、模型和 UI 设计。可以直接使用的内置模板包括单选按钮、链接、图像占位符、文本框、滑块、iPhone 和 iPad 模板、iOS 相关的按钮、提示框、picker、菜单、开关以及键盘等，可预览和分享线框图（见图 8-2-10）。

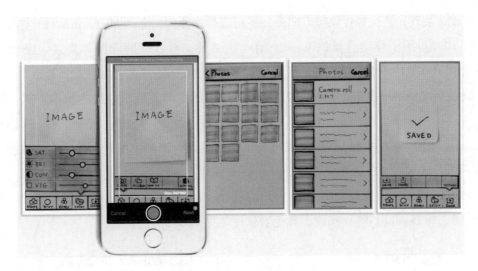

图 8-2-9　POP 原型设计工具

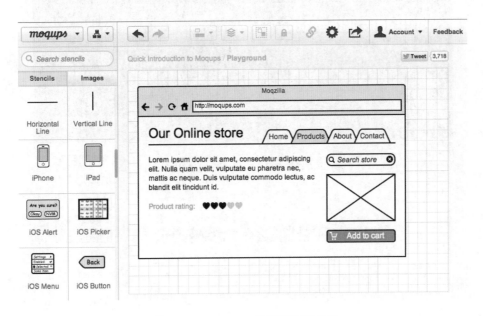

图 8-2-10　moqups 在线原型设计示例

（9）UXPin：Web 应用程序（https://www.uxpin.com/），用户可以借助 UXPin 在线协作完成线框图和原型设计。UXPin 支持响应式设计，创建的响应式原型和线框图可以运行在不同的设备和分辨率上。其版本控制和迭代功能，可轻松的共享预览，直观的注解和实时的协同编辑、聊天。内置 Web、iOS、Android 等用户界面元素，且具有快速、灵敏的响应拖放接口。

（10）Omnigraffle：由 The Omni Group 制作的一款带有大量模版可以用来快速绘制线框图、图表、流程图、组织结构图以及插图等类型图的 App。采用拖放的所见即所得界面，可以用钢笔工具绘制自定义的模版或者图形，此外还自带 Graffletopia 提供的多个 iPhone、iPad 以及 Android 模版。OmniGraffle 只能在 Mac OS X 和 iPad 平台运行，曾获得 2002 年的苹果设计奖。

（11）JustinMind：由西班牙 JustinMind 公司出品的原型制作工具，可以输出 Html 页面。与目前主流的交互设计工具 axure，Balsamiq Mockups 等相比，Justinmind Prototyper 更为专属于设计移动终端上 App 应用。JustinMind 可以帮助开发者设计可交互的线框图，包含了 iPhone、Android 以及 iPad 常用手势、滑动、缩放、旋转，甚至捕捉设备方向等，还可以导出原型信息到 Microsoft Word 生成文档。

（12）Fluid UI：用于移动开发的 Web 原型设计工具，可以帮助设计师高效地完成产品原型设计。内置超过 1700 款的线框图和手机 UI 控件，且无设备限制，无平台限制（Windows、Mac 以及 Linux 系统），支持 Chrome 和 Safari 浏览器。Fluid UI 使用简单，采取拖拽的操作方式，也不需要编写代码。

（13）iPlotz：用于网站和 App 快速创建可点击的原型设计工具。允许在页面上拖放和连接，设置热点。提供了基于 Adobe AIR 的客户端软件，从而方便用户在 Windows、Mac OS X 和 Linux 等不同平台上使用。iPlotz 界面简洁，支持协同工作、可分享的编辑权限、任务管理以及评价系统。读者可访问 http://iplotz.com/ 选择 Dowload iPlotz 按钮下载免费软件（见图 8-2-11）。

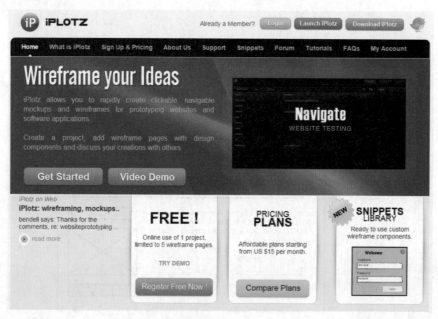

图 8-2-11　iPlotz 主页

8.3　交互设计过程中的评估

评估是交互设计过程中的一个重要任务，在交互设计过程中的各个阶段都会用到不同形式的评估。在概念设计阶段，评估的目的是判定产品概念包含的内容是否与用户的需求相符，何种方案更能满足用户需求；在物理设计阶段的评估为了测试交互式产品在可用性和用户体验两个层面存在的差距，发现其中的问题，寻求改进意见。总之，评估就是为了通过原型与直接用户或间接用户进行沟通，以便更透彻地了解用户需求，改进设计。

8.3.1　DECIDE 评估体系

交互设计的评估并没有一种通用的模式和一成不变的技术与方法，通常可根据具体的要求选择。Preece 提出的评估体系对交互设计过程中的评估很有参考价值，核心内容包括评估的 4 种范式、5 类技术和 6 步 DECIDE 框架[4]，如图 8-3-1 所示。

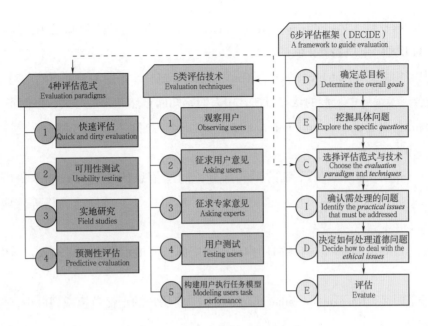

图 8-3-1　Preece 提出的评估体系

　　快速评估是在自然环境或实验室条件下的一种非正式的评估方式。在评估过程中不需要评测人员过多的控制，强调快速了解用户对产品概念或原型的意见，用书面、草图、情景和录音等非正式形式描述用户的反馈意见。可用性测试以产品原型为基础，参与者为真实用户（不是设计团队成员），评测者可以是测试者一人或测试小组（管理者、数据记录员、技术员、设计者和专家等），主要目的是记录用户执行任务时的具体情况，如完成时间、出错次数、用户的行为和表情等，通过量化的数据发现设计中的问题。实地研究在自然环境下进行，评测者以观察者或参与者的角色了解用户使用产品的实际工作情况。预测性评估是专家根据对典型用户的了解，由专家列出可用性方面可能存在的问题，并提出解决方案。

　　5 类评估技术中的"构建用户执行任务模型"是在制作复杂原型之前，通过构建的人机交互模型预测设计的有效性，发现设计中可能存在的问题。观察用户和征求用户意见的评估技术主要用于快速评估、可用性测试和实地研究 3 种评估范式，征求专家意见的评估技术主要用于可用性测试和预测性评估范式，构建用户分析模型主要用于预测性评估范式。

　　评估框架中的"决定如何处理道德问题"主要是考虑对参与评估的用户个人信息和隐私等保护问题，同时也是为了避免引起诉讼问题。

8.3.2　启发式评估

1. 启发式评估的概念

　　启发式评估（Heuristic Evaluation）或译为经验式评估，是由 Jakob Nielsen 和 Rolf Molich 在 1990 年提出，之后 Jakob Nielsen 进行了改进。其基本思想是通过评估者根据可用性原则和自己的经验对用户界面进行测试，发现设计中存在的可用性问题。这种评估方法目标明确、针对性强、评估效率高、操作性好，适用于网站、软件以及涉及交互界面的产品设计过程之中的评估。

2. 可用性原则

　　（1）Nielsen 提出的可用性原则主要针对软件系统，具体内容包括以下 10 条原则。

1）系统状态的可视性（Visibility of system status）。系统应随时让用户知道正在发生什么，通过采用文字或非文字的形式向用户提供正确的反馈。

2）系统与现实相匹配（Match between system and real world）。采用简洁而自然的对话，系统向用户提供的信息应符合现实世界中人们的认知习惯，用人们熟知的自然和合理方式，以便于用户理解。

3）用户控制和自由（User control and freedom）。用户需要拥有自由的控制权，允许用户进行尝试、纠错、回退以及取消等操作。

4）一致性（Consistency）。在系统的不同部分，同样信息的表达方式和术语应相同；系统向用户传递的信息（如图标采用的图形、菜单项命名、常用控件、布局与风格等）应符合相关标准和习惯。

5）防错措施（Error strategy）。有预防用户出错的措施，如提示用户正确输入，给出必要的操作提示等。

6）识别而不是回忆（Recognition rather than recall）。将用户的记忆负担减到最小，使操作选项等可视，而不是依靠记忆。

7）灵活和有效的使用（Flexibility and efficiency of use）。为用户提供灵活、快捷和高效的使用方式。

8）美观和简约的设计（Aesthetics and minimalist design）。界面美观和信息简洁，便于识别。

9）帮助用户识别、判断和从错误操作中恢复（Help users recognize, diagnose, and recover from errors）。系统显示的出错信息应便于用户能理解，而不是采用错误代码等形式，并有助于用户从错误中恢复正常。

10）帮助和说明文档（Help and Documentation）。具有必要的在线帮助和用户指南。

上述 10 条原则包含了在用户界面可用性的主要方面，在制定评估标准可以此作为参照，具体应用时可根据交互系统的实际情况进行必要的增删和细化。

（2）Apple 公司针对 iOS 开发者（iOS Developer）提出了关于 Apple 应用程序用户界面的设计原则[5]，这些原则也可以作为启发式评估的可用性准则，主要包括以下 6 条原则。

1）审美的完整性（Aesthetic Integrity）。美观与实用的平衡，反映了应用程序界面的外观与功能完美结合的程度。

2）一致性（Consistency）。采用一定的标准和用户乐于接受的样式。判断应用程序是否遵循一致性原则，应该考虑以下 3 方面的内容。

a. 是否与 IOS 的标准相一致？使用系统提供的控件、视图和图标是否正确？是否以可靠的方式融合了设备的特征？

b. 在应用程序内的表达是否一致？文本是否应用了统一的术语和字型？同一个图标是否代表相同的含义？当人们在不同地方执行相同的功能后，他们是否可以预测将要发生什么？整个程序中定制的界面元素的外观和行为是否相同？

c. 在合理的范围内，应用程序是否与早期版本相同，其术语和意义是否仍然相同？重要的概念是否从本质上未曾改变？

3）直接操作（Direct Manipulation）。由于多点触控界面的产生，手势给用户带来更大的亲和力和控制欲，用户可不使用类似于鼠标的中间媒介。在 IOS 应用程序中，用户可体验的直接操作有以下 3 个。

a. 旋转或移动设备来使屏幕上的物体发生变化。

b. 使用手势操控屏幕上的物体。

c. 能够即时看到行为的结果。

4）反馈（Feedback）。反馈是对用户行为的反应，使用户确信过程正在进行。

5）隐喻（Metaphors）。用现实世界中的对象和行为来隐喻应用程序中的虚拟对象和行为时，用户就能够很快理解如何使用应用程序。软件中隐喻的典型实例是文件夹，由于人们在现实世界中，是将文件之类放入文件夹中，因而就很容易理解在计算机中将文件放入文件夹的概念。IOS 中的隐喻包括以下 4 个。

a. 轻击 ipod 回放控件。

b. 在游戏中拖拽、轻触或者敲击对象。

c. 用滑动来打开和关闭开关。

d. 浏览照片的页面。

6）用户控制（User Control）。人（不是应用程序）应该能够着手和控制行为。虽然应用程序可以对行为给出建议或对后果危险的行为提出警告，但让应用程序而不是用户来决策的做法通常是错误的。好的应用程序应赋予用户在需要时处理问题的能力和为避免出现危险后果提供帮助之间找到合适的平衡。

3. 评估人员的选择和评估过程

Nielsen 认为，由多个评估人员进行评估以提高效率，也可避免单个评估人员的局限性。研究表明，每个评估人员可发现大约 35% 的可用性问题，5 名评估人员可发现约 75% 问题，合适的评估人员为 3~5 人。发现可用性问题的百分比 P 可按下式计算：

$$P=1-（1-\lambda）^i$$

式中：λ 为评估者发现问题的概率。不具备可用性知识的新手发现问题的概率为 0.22；具可用性专业知识但不是相关领域专家发现问题概率为 0.41；具可用性专业知识和相关领域专业知识的专家发现可用性问题的概率为 0.60，通常可取 λ=0.31 进行测算[6]。

在评估过程中，评估人员单独多次查看和检测界面，并与可用性原则进行比较，逐项进行评估，并根据可用性原则说明理由。在所有评估结束之前与其他评估人员不进行交流，以确保每个评估人员独立的、无偏见地逐项进行评估。评估观察者可回答评估人员的问题或在评估人员遇到问题时给予提示，从而充分利用评估时间。评估结果可以通过评估者自己记录成手写的报告或者将评估结果口述由观察者记录。通常，一次启发式评估需要持续 1~2 小时或更长，具体时间与系统的复杂程度有关。

启发式评估方法可用于交互设计过程中基于原型的评估，与原型—评估—修改构成迭代过程。选择对系统较为了解的评估人员可发现大多数可用性方面的问题，但由于不涉及真实的用户，因而无法在用户需求方面有特殊的发现。

施乐公司（Xerox Corporation）的 Denise Pierotti 提出了启发式评估的操作流程[7]，主要过程如图 8-3-2 所示。

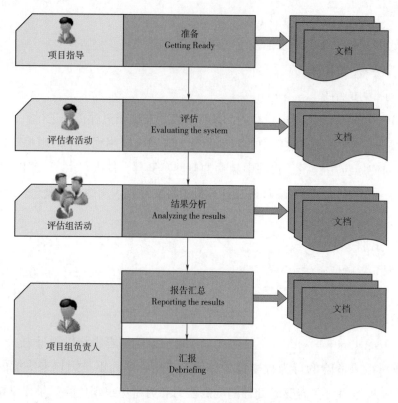

图 8-3-2　启发式评估过程

（1）准备（项目指导）。

1）确定可用性准则。

2）确定由 3 ~ 5 个可用性专家组成的评估组。

3）计划地点、日期和每个可用性专家评估的时间。

4）准备或收集材料，让评估者熟悉系统的目标和用户。将用户分析、系统规格、用户任务和用例情景等材料分发给评估者。

5）设定评估和记录的策略。是基于个人，还是小组来评估系统？指派一个共同的记录员还是每个人自己记录？

（2）评估（评估者活动）。

1）尝试并建立对系统概况的感知。

2）温习提供的材料以熟悉系统的设计。按评估者认为完成用户任务时所需的操作进行实际操作。

3）发现并列出系统中违背可用性准则之处。列出评估注意到的所有问题，包括可能重复之处。确保清楚地描述发现了什么？在何处发现？

（3）结果分析（组内活动）。

1）回顾每个评估者记录的每个问题。确保每个问题能让所有评估者理解。

2）建立一个亲和图（affinity diagram，又称 KJ 法、A 型图解法），把相似的问题分组。

3）根据定义的准则评估并判定每个问题。

4）基于对用户的影响，判定每组问题的严重程度。

5）确定解决问题的建议，确保每个建议基于评估准则和设计原则。

（4）报告汇总（项目组负责人）。

1）汇总评估组会议的结果。每个问题有一个严重性级数，可用性观点的解释和修改建议。

2）用一个容易阅读和理解的报告格式，列出所有出处、目标、技术、过程和发现。评估者可根据评估原则（heuristics）来组织发现的问题。一定要记录系统或界面的正面特性。

3）确保报告包括了向项目组指导反馈的机制，以了解开发团队是如何使用这些信息的。

4）让项目组的另一个成员审查报告，并由项目领导审定。

（5）汇报（项目组负责人）。

1）若用户要求，可安排一个时间和地点做口头报告演示。

2）聚焦于主要的可用性问题，以及可能的解决方案。

3）突出设计的正面特性。

4）必需时让项目指导补充。

（6）关于严重性的评级尺度。

可以按5级或3级评定。

1）5级制。

a.辅助，不会影响系统的可用性，可以修正。

b.次要，用户易处理问题，较低的优先级。

c.中等，用户遇到阻碍，不过能迅速适应，中等优先级。

d.重要，用户遇到困难，不过能够找到解决方法。

e.灾难性的，用户无法进行他们的工作。

2）3级制。

a.辅助的或次要的，造成较小的困难。

b.造成使用方面的一些问题或使用户受挫，不过能够解决。

c.严重影响用户使用，用户会失败或遇到很大的困难。

8.3.3 模糊综合评价

1.基本概念

模糊综合评价（或称评估）在模糊数学中称为模糊综合决策，是指应用模糊数学中的模糊算法对评价对象所涉及的因素进行评价，给出该对象的一个总体评估结果。简单说来，模糊综合评价就是针对具有模糊属性的事物或对象，利用模糊数学中的方法进行处理，最终得到一个确切的结果。譬如，将一个产品在易用性方面分成5、4、3、2、1共5个等级，并规定5级为好，1级为差。然后请用户用等级来评价。也许会有人认为该产品在易用性方面属于5级，有人认为属于4级，还有人认为属于2级。显然用户的选择会有所不同，对于这种情况就可以利用模糊综合评价的方法来得到结果。

2.评价因素与评语

任何被评价的对象都可以用一组属性来衡量。如身高、体重和腰围等属性来判定人的体型，用外观造型、功能配置、操纵性能、加速特性、止动性能和百公里油耗等属性来判断小汽车的品质。这些

属性就是所谓的评价因素（或称评价指标）。在模糊数学中，将多个评价因素构成的集合称为评价因素集（或称评价指标集），表示为

$$U=\{u_1,\ u_2,\ u_3,\ \cdots,\ u_n\}\ (n\ \text{为因素的个数})$$

对于如图8-3-3所示的家庭影音娱乐平台界面原型，可以设置若干评价因素，如界面的美学性、易用性、趣味性、互动性和一致性。用评价因素集的形式表示为

$$U=\{\text{"美学性"},\ \text{"易用性"},\ \text{"趣味性"},\ \text{"互动性"},\ \text{"一致性"}\}$$

设计说明

以涂鸦为创作的基本来源，把这种有趣的形式搬到家庭里面，使平面的东西更加生动。把家庭生活中各种娱乐休闲方式结合起来，创造出一种新的、奇妙的形式来实现家庭成员之间的互动与交流。整体由一个液晶屏面和一个遥控笔组成，我们可以用遥控笔绘制各种图形，通过识别会出现相应的功能满足需求。遥控笔在我们娱乐的时候也可以当做遥控器使用，方便我们远距离和近距离的使用。

图8-3-3　Sky- 家庭影音娱乐平台界面

（作者：王月，刘飚，王欣慰，杜辉；指导教师：李世国）

评语是对评价因素的一种评价，一般可用形容词，如好、较好、一般、不太好和不好等，也可用等级，如：5、4、3、2、1或A、B、C、D、E等。也可以用范围，如：90~100、80~89、70~79、60~69、<60等来表示。如果以等级来表示对评价因素的评价，则称为评价等级。由评语或评价等级构成的集合称为评语集或评价等级集，一般形式为

$$V=\{v_1,\ v_2,\ \cdots,\ v_m\}\ (m\ \text{为评语或等级的个数})$$

如果用等级来表示，则可写为

$$V=\{5,\ 4,\ 3,\ 2,\ 1\}$$

$$R=\begin{bmatrix} r_{11} & r_{21} & r_{31} & \cdots & r_{m1} \\ r_{12} & r_{22} & r_{32} & \cdots & r_{m2} \\ r_{13} & r_{23} & r_{33} & \cdots & r_{m3} \\ \vdots & \vdots & \vdots & \vdots & \vdots \\ r_{1n} & r_{2n} & r_{3n} & \cdots & r_{mn} \end{bmatrix}$$

图8-3-4　模糊评价矩阵的一般形式

3. 模糊评价矩阵与评价模型

模糊评价矩阵 R 是通过对评价因素集 U 中的因素对照评语集逐一进行评价，并经过汇总和归一化后得到的矩阵，一般形式如图8-3-4所示。

用模糊数学的术语来说，R 是论域 U 上给定的模糊矩阵。

依据模糊数学理论，评价模型为

$$B=A \cdot R=(b_1, b_2, b_3, \cdots, b_n)$$

式中：B 表示评价结果，是 A 对 R 的模糊乘积（或称 A 对 R 的合成）；A 为权重分配矩阵，$A=(a_1, a_2, a_3, \cdots, a_n)$，为考虑评价因素重要性的权重值；$R$ 为模糊评价矩阵（或称综合评价变换矩阵）；$A \cdot R$ 为矩阵 A 和 B 的合成运算，其运算法分为三种模型。

（1）主因素决定型模型。

该模型采用了扎德算子，称为主因素决定型模型，记为：$M(\wedge, \vee)$。按照主因素决定型模型，评价结果 B 中元素之值按下式计算。

$$b_i=(a_1 \wedge r_{i1}) \vee (a_2 \wedge r_{i2}) \vee \cdots \vee (a_n \wedge r_{mn})$$

式中：$\wedge$ 表示取小，$\vee$ 表示取大。计算过程为：先分别对各对括号中两两比较取小值，然后再取大值。

例如，对如图 8-3-5 所示的界面评价因素"美学性、易用性、趣味性、互动性和一致性"的权重分配矩阵 $A=(0.25, 0.15, 0.18, 0.22, 0.2)$，模糊评价矩阵 R 的第 1 例，即对评价等级 5 的用户评价结果 $r_1=(0.35, 0.25, 0.10, 0.05, 0.01)$（表示用户对美学性、易用性、趣味性、互动性和一致性 5 项评价因素达到 5 级用户比例分别为 35%、25%、10%、5% 和 1%）。

$$b_1=(0.25 \wedge 0.35) \vee (0.15 \wedge 0.25) \vee (0.18 \wedge 0.10) \vee (0.22 \wedge 0.05) \vee (0.22 \wedge 0.01)$$
$$=0.25 \vee 0.15 \vee 0.10 \vee 0.05 \vee 0.01=0.25$$

数值 0.25 是对 5 项评价因素用户认为达到 5 级的量化。

（2）主因素突出型模型。

记为 $M(\cdot, \vee)$，其模糊算子采用"实数乘法"与"取大"运算，算法为下面的公式。

$$b_i=(a_1 \times r_{i1}) \vee (a_2 \times r_{i2}) \vee \cdots \vee (a_n \times r_{mn})$$

（3）加权平均型模型。

记为 $M(\cdot, \oplus)$，算法为下面的公式。

$$b_i=(a_1 \times r_{i1}) \oplus (a_2 \times r_{i2}) \oplus \cdots \oplus (a_n \times r_{mn})$$

式中：$x \oplus y$ 表示取（$x+y$，1）中的最小值，计算过程如图 8-3-5 所示。

计算结果表明，对于 5 项评价因素，认为达到 5 级的数值 $b_1=0.2992$。

显然不同的模型，最后的计算结果会有所不同。采用 $M(\wedge, \vee)$ 和 $M(\cdot, \vee)$ 模型适用于突出权重最大的评价因素，而 $M(\cdot, \oplus)$ 模型适用于兼顾所有评价因素的全部信息。

4. 模糊评价结果

利用评价模型，得到的数据也是一种集合的表现形式。

如上所述，$b_1=0.25$（主因素决定型模型）和 $b_1=0.2992$（加权平均型模型），是针对 5 级的评价。同理，可以分别求出针对 4 级、3 级、2 级和 1 级的 b_2、b_3、b_4、b_5 之值，如按主因素决定型模型求出 b_1、b_2、b_3、b_4、b_5 之值分别为 0.25、0.35、0.28、0.15、0.10，写成集合的形式：

$$B=A \cdot R=(b_1, b_2, b_3, \cdots, b_n)=(0.25, 0.35, 0.28, 0.15, 0.10)（例中 n=5）$$

由于 0.25+0.35+0.28+0.15+0.10 = 1.13，为了便于用百分比的形式表示，将其作归一化处理，即各项除以 1.13，使和为 1，结果为：

$$B=(0.22, 0.31, 0.25, 0.13, 0.09)$$

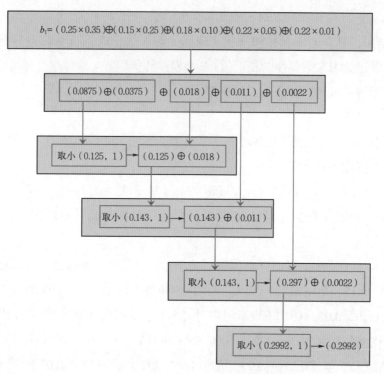

图 8-3-5　加权平均型模型的算法示意图

对于如图 8-3-5 所示的界面，按 5 个评价因素进行评价的结果为：认为该界面为 5 级、4 级、3 级、2 级和 1 级的评估者占总人数百分比分别为 22%、31%、15%、13% 和 9%。用规范的术语表示为评价结果为：

隶属于 5 级（好）的程度为 0.25；

隶属于 4 级（较好）的程度为 0.31；

隶属于 3 级（一般）的程度为 0.15；

隶属于 2 级（较差）的程度为 0.13；

隶属于 1 级（差）的程度为 0.09。

按最大隶属度原则，综合评价结果为 4 级（较好），但隶属度只有 0.31，有改进的必要。

取隶属度集为 {1.0，0.8，0.6，0.4，0.2}[10]，得到综合评价分数 =（1.0 × 0.25+0.8 × 0.31+0.6 × 0.15+0.4 × 0.13+0.2 × 0.09）× 100=65.8

5. 交互设计过程中的模糊综合评价

（1）确定评价指标。

根据被评价对象的特点，从可用性和用户体验目标两个层面的物质、行为和精神 3 个维度上制定评价指标（评价因素）。

（2）确定评价等级（评语）集。

评价等级可以用等级的形式表示，可分成 3、5 级或 7 级，或用语意差异表示，可分为 3~7 种语意差异。

（3）确定评价指标的权重。

权重表示了每个评价指标的重要程度，评价指标的权重分配可采用二元择优比较法确定。二元择优比较法也可称为01法，即将评价指标两两比较，重要者计为1，不重要者计为0，统计比较结果可得到权重值。

设有5项指标，由8位参评者对评价指标进行比较，得到参评者比较的汇总与权重计算见表8-3-1。

表8-3-1　　　　　　　　　　　　　　　　二元择优比较结果与权重计算

评价指标	指标1	指标2	指标3	指标4	指标5	小计	权重
指标1		4	6	5	3	4+6+5+3=18	18/82=0.22
指标2	4		3	7	7	4+3+7+7=21	21/82=0.26
指标3	2	5		5	4	2+5+5+4=16	16/82=0.20
指标4	5	1	3		1	5+1+3+1=10	10/82=0.12
指标5	5	1	4	7		5+1+4+7=17	17/82=0.21
合计						82	1

1）确定模糊评价矩阵。

首先由评估者根据评价指标选择评价等级，然后汇总，并表示为矩阵的形式。

2）综合评价的计算与结果分析。

模糊综合评价结果由评价模型 $B=A \cdot R$ 确定，通常可以用计算机程序来完成[3]。

最后的结果可以用上述的评价分数形式表示。按隶属度集中确定的各级系数，不仅可以计算综合评价分，还可以计算单项评价指标的分值。

3）多个综合评价群体的综合评价结果。

交互设计中的评估常常是多个群体，如用户、专家组和其他当事人等。由于各群体的知识结构、专业背景、要求和喜好的不同，因此得出的评价结果必定会有差异。为了得出总体结果，可按以下步骤进行。

a.分别求出不同群体的评价结果，并根据评价结果构建新的评价矩阵。

b.按各评价群体的重要程度，确定不同评价群体的权重。

c.选择评价模型，按模糊矩阵的运算方法得到最后的综合评价结果。

本章小结

原型设计是交互设计中的一个重要步骤，构建原型的目的是为了便于对产品进行评估以发现设计中的问题。采用水平原型有利于评估者对产品全部功能的了解，而基于垂直原型的评估则有利于发现与该功能相关的更深入的问题。在交互设计的概念设计阶段，低保真原型具有直观、快速、低廉、易于制作和便于修改等特点，在人机交互界面中使用极为普遍。

采用 LEGO MINDSTORMS NXT 和 Arduino 来构建功能原型有利于验证其可行性，同时也可以重复使用以减小原型制作的成本；对于界面设计通常用手绘或软件来设计原型，如 Microsoft Office Visio、CorelDRAW、Balsamiq Mockups 和 Mockflow 等。

Preece 提出的 4 种范式、5 类技术和 6 步 DECIDE 框架包含了评估中可能用到的技术和方法，具有很好的参考价值。启发式评估，主要是以专家为主的评估方式，可以发现交互设计中在可用性方面的问题。

Nielsen 提出的 10 项可用性原则和 Apple 公司提出的 6 项原则主要针对人机交互界面设计，在本质上并没有多大区别，均可作为启发式评估的准则。

模糊综合评价是现代综合评价方法中最常用的方法之一，此方法可用于概念、原型以及产品的评估，适用对多个评估群体的评估结果的综合，并可以得到量化的评估数据。除此之外，层次分析法、数据包络分析法、人工神经网络法和灰色综合评价法等也是一种十分有用的综合评价方法[10]。综合评价方法较为复杂，最好利用计算机软件来完成。简单的评价方法有名次计分法、分功能评价法、评分法和意象尺度法等[11]。

本章思考题

（1）分析原型与模型的异同，为什么在原型设计中要强调低保真原型和高保真原型？

（2）为什么说采用启发式评估，可以有效地发现可用性方面的问题，而不是用户体验方面的问题？

本章课程作业

以 5 ~ 10 人为一组，提出基于多点触摸技术的平板电脑人机交互界面列出启发式评估的可用性原则，并应用模糊评估方法给出操作流程。

具体要求：

（1）构建评价因素（评价指标）集和评语集。

（2）采用二元择优比较法评价指标进行权值计算。

（3）如果有三个评估团队进行评估，绘出得到综合评价结果的操作流程图。

本章参考文献

［1］Matt Jones（美）.Mobile Interaction Design［M］.San Francisco：John Wiley & Sons Press,2005.

［2］Dan Saffer（美）.陈军亮，等，译.交互设计指南.原书第 2 版［M］.北京：机械工业出版社，2010.

［3］李世国.体验与挑战：交互设计［M］.南京：江苏美术出版社，2008.

［4］Jennifer Preece,Yvonne Rogers and Helen Sharp.INTERACTION DESIGN beyond human-computer interaction.John Wiley & Sons,Inc.2002.

［5］Apple Inc.Human Interface Principleshttp://developer.apple.com/library/ios/#documentation/userexperience/conceptual/mobilehig/Princip les/Principles.html#//apple_ref/doc/uid/TP40006556-CH5-SW1,2011,02.24.

［6］Jakob Nielsen.刘正捷，等，译.可用性工程［M］.北京：机械工业出版社，2004.

［7］Denise Pierotti.Usability Techniques Heuristic Evaluation Activities.http://www.stcsig.org/usability/topics/articles/he-activities.html.

［8］李安贵，张志宏，等.模糊数学及其应用［M］.第2版.北京：冶金工业出版社，2005.8：251-254.

［9］李伟明.多元描述统计方法［M］.上海：华东师范大学出版社，2001.

［10］杜栋，庞庆华，吴炎纺.现代综合评价方法与应用［M］.第2版.北京：清华大学出版社，2008.

［11］罗仕鉴，朱上上.用户体验与产品创新设计［M］.北京：机械工业出版社，2010.

第9章
Chapter 9

交互设计作品

本章主要介绍几种典型的交互设计作品。这些作品源自产品交互设计课程的学生作业和实际项目。作品以信息交流和用户体验为主题，对交互设计思想和方法在产品开发中的应用进行了探索和实践。

1. 电梯体感交互灯（见图 9-1 ～ 图 9-3）

小组成员：杜聪、王稳、杜一曼、曹逸清
指导老师：李世国、蒋晓

"Ti"
——电梯的体感交互灯

图 9-1　电梯体感交互灯（1）

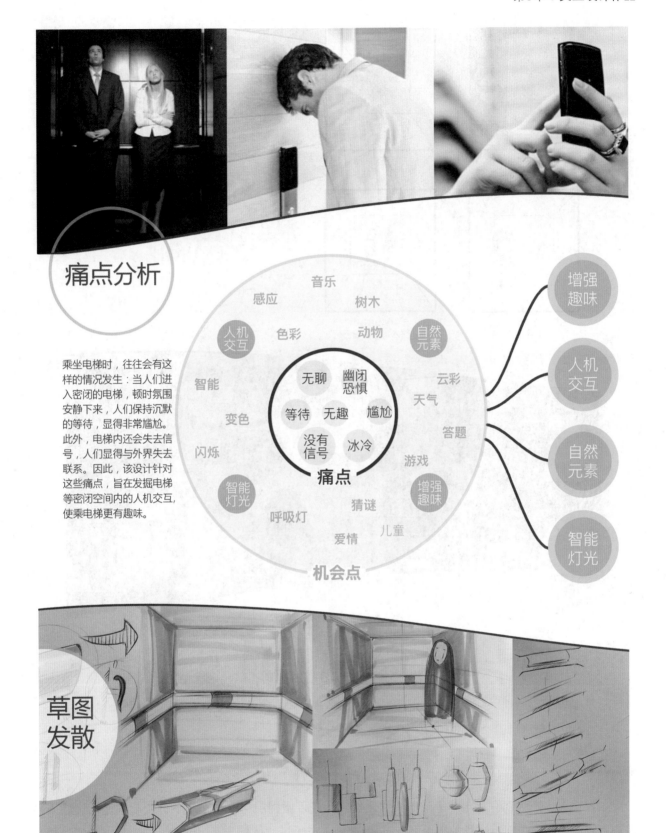

痛点分析

乘坐电梯时，往往会有这样的情况发生：当人们进入密闭的电梯，顿时氛围安静下来，人们保持沉默的等待，显得非常尴尬。此外，电梯内还会失去信号，人们显得与外界失去联系。因此，该设计针对这些痛点，旨在发掘电梯等密闭空间内的人机交互，使乘电梯更有趣味。

音乐
感应
色彩
树木
动物
人机交互
自然元素
智能
云彩
天气
答题
变色
无聊 幽闭恐惧
等待 无趣 尴尬
没有信号 冰冷
闪烁
痛点
智能灯光
呼吸灯
游戏
增强趣味
猜谜
爱情 儿童
机会点

增强趣味
人机交互
自然元素
智能灯光

草图发散

Ti

"Ti"——电梯的体感交互灯

图9-2 电梯体感交互灯（2）

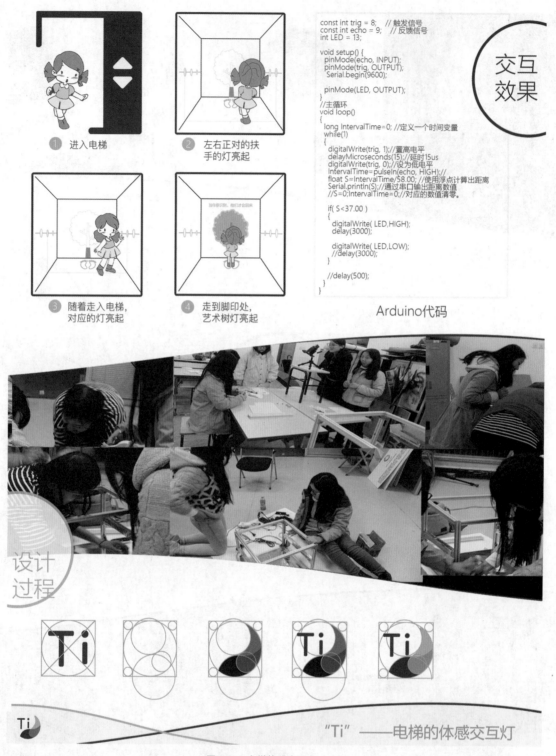

```
const int trig = 8;    // 触发信号
const int echo = 9;    // 反馈信号
int LED = 13;

void setup() {
  pinMode(echo, INPUT);
  pinMode(trig, OUTPUT);
  Serial.begin(9600);

  pinMode(LED, OUTPUT);
}
//主循环
void loop()
{
  long IntervalTime=0; //定义一个时间变量
  while(1)
  {
    digitalWrite(trig, 1);//置高电平
    delayMicroseconds(15);//延时15us
    digitalWrite(trig, 0);//设为低电平
    IntervalTime= pulseIn(echo, HIGH);
    float S=IntervalTime/58.00; //使用浮点计算出距离
    Serial.println(S);//通过串口输出距离数值
    //S=0;IntervalTime=0;//对应的数值清零。

    if( S<37.00 )
    {
      digitalWrite( LED,HIGH);
      delay(3000);

      digitalWrite( LED,LOW);
      //delay(3000);
    }

    //delay(500);
  }
}
```

① 进入电梯
② 左右正对的扶手的灯亮起
③ 随着走入电梯，对应的灯亮起
④ 走到脚印处，艺术树灯亮起

Arduino代码

交互效果

设计过程

"Ti"——电梯的体感交互灯

图9-3　电梯体感交互灯（3）

点评：大多数人都有在电梯上"不爽"之经历，或下错楼层，或该上却下，或超载退出，或人多拥挤，或面面相觑。面对这样的"无可奈何"，设计者产生了"体感交互"创意。即让乘电梯的过程变得轻松一些、快乐一些、有趣一些。为此，他们进行了探索和设计，并制作了产品原型，主要交互功能通过 Arduino 与传感器得以实现，较好地展示了体感交互的设计理念。虽然离实际应用还有较大的差距，但其创意还是值得肯定的。

2. 听障人群可穿戴设计（见图9-4和图9-5）

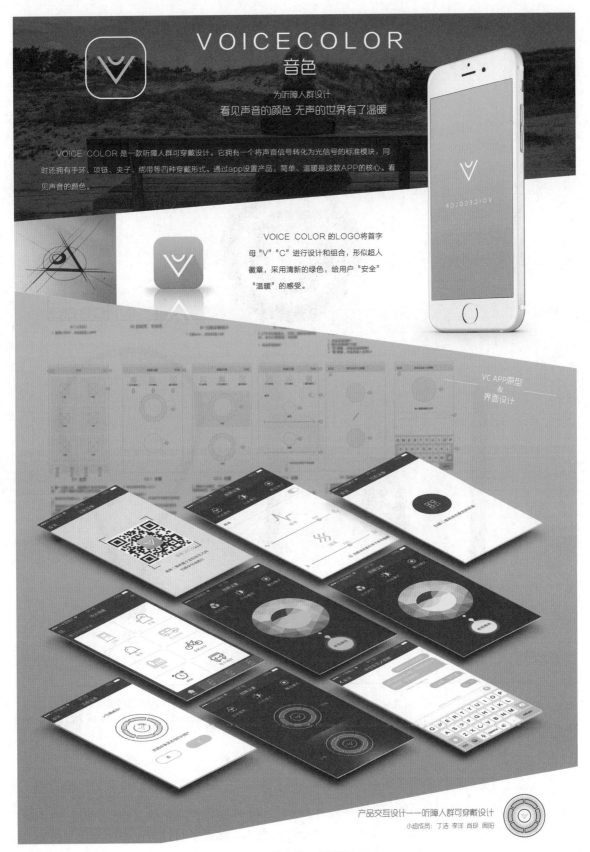

图9-4　听障人群可穿戴设计（1）

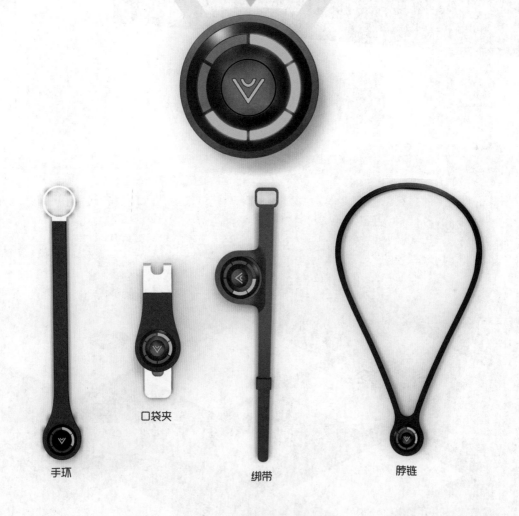

VOICECOLOR

音色

"声"与"光"的转换

听障人群可穿戴设计

手环　　　　口袋夹　　　　绑带　　　　脖链

产品交互设计——听障人群可穿戴设计

小组成员：丁洁　李洋　肖珍　周阳

图 9-5　听障人群可穿戴设计（2）

　　点评：通过对听障群体的实地调查和对该群体的需求分析，明确了设计的定位与产品功能，为听障者设计可穿戴产品提出了合适的解决方案。作品在产品形态及可穿戴使用方式、APP 功能架构、交互流程以及 App 原型设计等方面进行了尝试，其设计理念不仅体现了对特定人群的关注与关爱，同时也体现了现代技术在交互设计中的应用。

3. 可交互的吊灯（见图9-6和图9-7）

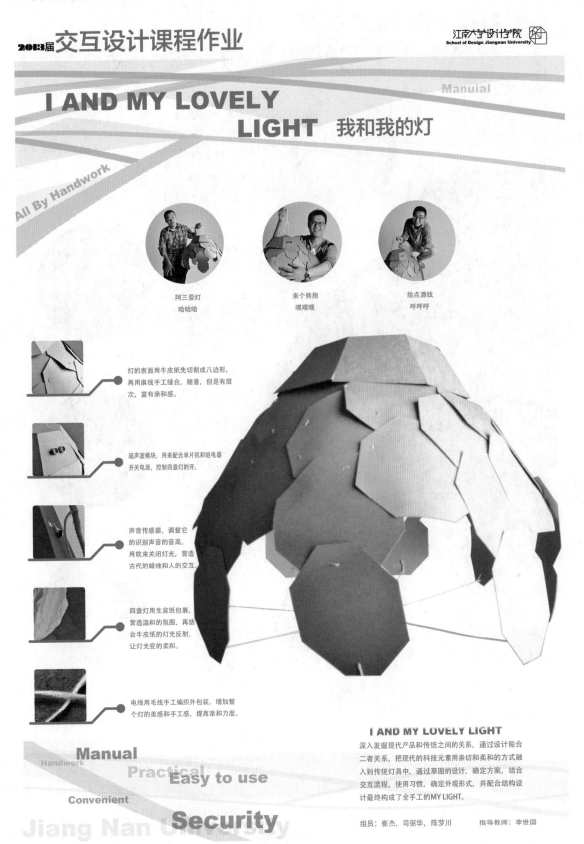

图 9-6 可交互的吊灯（1）

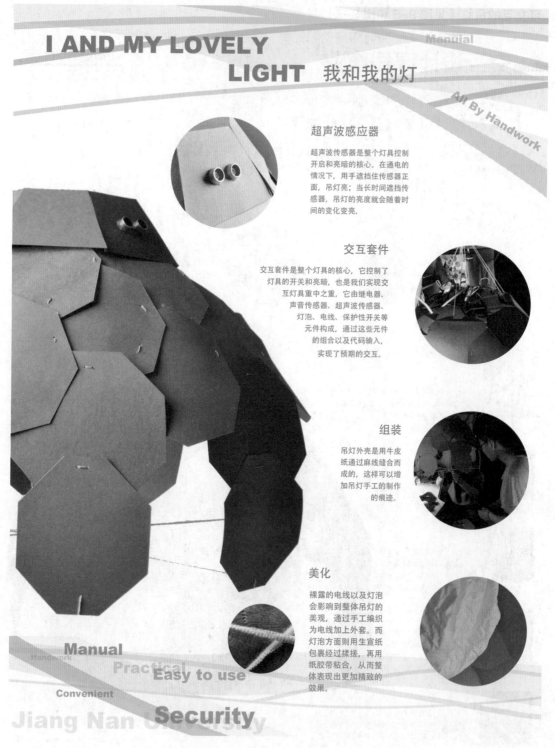

I AND MY LOVELY LIGHT 我和我的灯

Manual

All By Handwork

超声波感应器

超声波传感器是整个灯具控制开启和亮暗的核心。在通电的情况下，用手遮挡住传感器正面，吊灯亮；当长时间遮挡传感器，吊灯的亮度就会随着时间的变化变亮。

交互套件

交互套件是整个灯具的核心，它控制了灯具的开关和亮暗，也是我们实现交互灯具重中之重，它由继电器、声音传感器、超声波传感器、灯泡、电线、保护性开关等元件构成，通过这些元件的组合以及代码输入，实现了预期的交互。

组装

吊灯外壳是用牛皮纸通过麻线缝合而成的，这样可以增加吊灯手工的制作的痕迹。

美化

裸露的电线以及灯泡会影响到整体吊灯的美观，通过手工编织为电线加上外套。而灯泡方面则用生宣纸包裹经过揉搓，再用纸胶带粘合，从而整体表现出更加精致的效果。

Manual
Handwork
Practical
Easy to use
Convenient
Jiang Nan University
Security

图 9-7 可交互的吊灯（2）

点评：这是一个有趣的交互式灯具设计。设计者利用在交互设计课程中学到的知识，将声敏传感器用于吊灯设计之中，实现了由"动手"的"开"与"关"变成了"嘴吹"的"亮"与"灭"。对专业技术人员而言，这种交互技术只不过是"小儿科"而已，但对设计类学生来说却是从概念设计到模型展示的超越。另一方面，电子元器件的应用、材料的选择、交互方式以及造型的设计较好体现了设计主题。

4. 智能募捐箱（见图 9-8 和图 9-9）

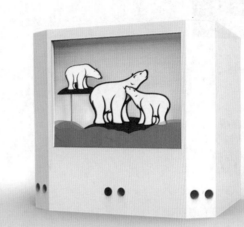

Polar Bear Savior 智能募捐箱

基于 Arduino 的智能募捐箱设计

交互式设计 扩大捐款价值
提高捐款积极性
情感化设计 触动人心

缓解温室效应 阻止气候变暖
遏制冰川融化 拯救北极熊

设计人：秦安然 刘璐
指导老师：蒋晓 李世国

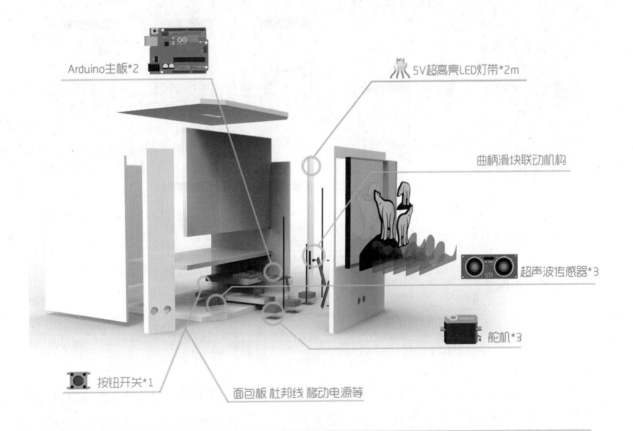

Arduino 主板*2

5V 超高亮 LED 灯带*2m

曲柄滑块联动机构

超声波传感器*3

舵机*3

按钮开关*1

面包板 杜邦线 移动电源等

图 9-8 智能募捐箱（1）

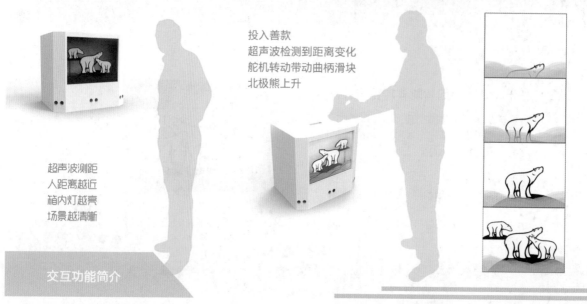

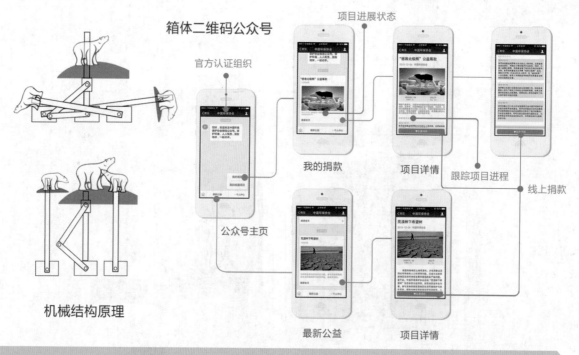

图 9-9　智能募捐箱（2）

点评：设计者应用 Arduino 开发板以及超声波传感器、舵机等常用硬件模块并结合曲柄滑块机构，巧妙利用北极熊不同情境的变化，实现了捐款后的即时反馈，能恰到好处地激发人们内心的情感，也使捐款者能切身感受到募捐的价值。在产品原型的基础上，设计小组与 ARX 公司工程师合作，实现了产品的全部功能。

5. HAPPY PUPU（见图9-10和图9-11）

设计：郭君 赵雅鹏
指导老师：李世国

图 9-10　HAPPY PUPU(1)

图9-11 HAPPY PUPU(2)

　　点评：HAPPY PUPU 是一款基于智能手机的移动小游戏，设计者以游戏和社交为主题，采用一分钟的游戏模式可以使玩家在任何环境下进行简单而快速的娱乐，使之在游戏的同时又能体验交友的乐趣。只要摇一摇或吹一吹即可进入主界面，"沙漠气球""海底探险""海底惊魂"等主题别有风味，多人共玩和名次分享其乐融融。当然作品还停留在原型阶段，要变成真正的产品还需要后续的程序设计。

6. Treedy（见图 9-12 和图 9-13）

交互设计专题研究
趣味微交互艺术灯具设计

组员：王炜宇 程欣怡 孙晨光
指导老师：李世国

Treedy

产品采用仿生的设计方法，模拟植物生长与绽放的形态。使用内嵌式交互技术，当使用者向灯喷水时，灯上的灯片会展开，并且发光，带给人趣味的交互体验。

向Treedy的土壤上轻轻喷水

感应到湿度变化，
灯片展开发出光线

当水挥发干后

灯片渐渐合上光线变暗

图 9-12　Treedy(1)

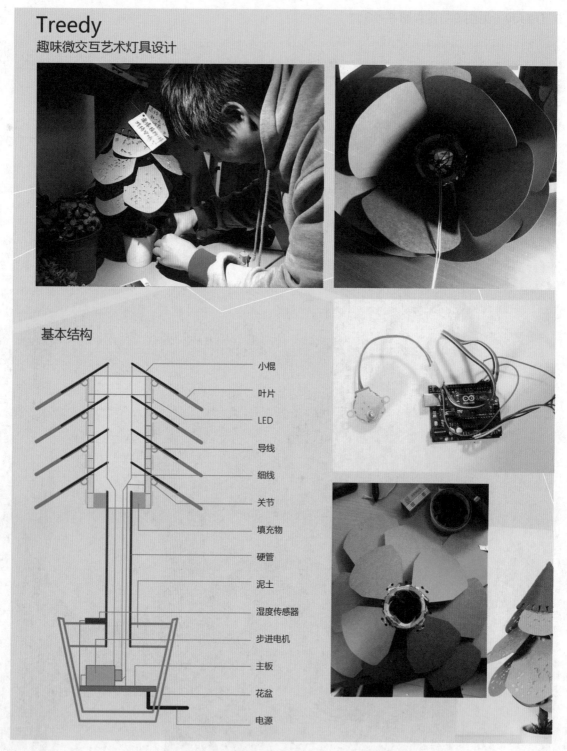

图 9–13 Treedy(2)

点评：作品造型简洁、朴实，似乎无动人之处，创意在于人与 Treedy 的交互。当向 Treedy 花盘喷水时，叶片会缓缓张开，灯光会逐渐变亮。设计者采用 Arduino 控制版、湿度传感器、LED 光带和步进电机基本实现了设计意图，经历了从概念、设计、原型、评估和改进的整个流程。与纯粹的概念设计相比，小组成员收获的是设计过程带来的体验。如果将 Treedy 置于一特定环境，也许还会演绎一场浪漫的故事（http://v.youku.com/v_show/id_XMTQzMDIxNzc2NA==.html?from=y1.7-1.2&qq-pf-to=pcqq.c2c）。

7. 智能磨爪喂食器（第九届国际大学生 iCan 创新创业大赛中国总决赛二等奖）（见图 9-14）

产品简介

产品定义
SCRATCHER 是一款培养宠物在固定地点磨爪习惯的奖励自动喂食器。

设计痛点
宠物猫有磨爪破坏家具的习惯，也有不爱运动肥胖的特点；主人上班在外，猫咪无人照料。

解决方案
通过磨爪奖励食物的方式培养小猫定点磨爪的习惯，将磨爪和喂食结合起来，增加猫咪运动量，主人可以与小猫互动。

主人可以通过 APP 进行远程监控以及喂食，观察宠物的行为。现代白领一般朝九晚五并且有时候会有短期的出差旅游，远程操控能够让在外工作的主人随时观察到宠物在家中的情况，这样的设计更符合现代白领的生活习惯。

部件备注
1. 顶盖
2. 上部外壳
3. 螺钉
4. 食物仓
5. 压力传递外壳
6. 磨抓绳索
7. 底座
8. 食盆
9. 食槽
10. 马达
11. 控制板
12. 压力传感器
13. 压力传递圈
14. 食物分离格
15. 食物分离格扇叶
16. 反射型红外传感器
17. 对射型红外传感器
18. 旋转片
19. 摄像头

产品爆炸图

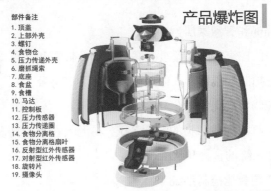

功能原理

SCRATCHER 自动喂食器主要包括定量喂食\磨抓压力传感\摄像监控三大系统。产品主要是通过宠物在外壳上磨爪时候产生压力，将压力传导到下方的压力传感器，当压力传感器接收到了足够的压力时出食的转轮会转动起来，每次奖励会转动一格，并且掉出一格食物。

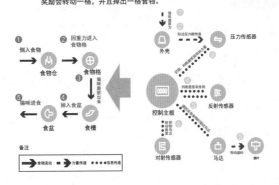

图 9-14　智能磨爪喂食器

　　点评：猫的可爱和淘气在给人们带来快乐的同时，不良的习惯往往也会影响人们的情绪。作者采用了奖励方式来帮助宠物形成良好的习惯，每当宠物在 SCRATCHER 上磨爪时，会给宠物少量的食物作为奖励，从而解决主人的烦恼。产品原型的智能主要体现在"磨爪 + 喂食"两方面，APP 则主要表现了主人可以通过远程操作设置每天的粮食量和猫咪的健康状况监控的设计概念。

附录1

交互设计课程大作业

一、推荐选题

1. 节能环保和智慧家居

手机远程监控家电的温湿度、亮度、烟雾报警和并可以用手机远程控制空调和电灯的开关。

手机远程拍照和摄像，人体感应监控，防盗报警。

2. 家庭宠物自动化饲养（无人在家的情况）

设计一个给宠物猫和狗的喂食系统，在无人在家的情况下，能够通过手机远程视频监控喂食系统，并且控制喂食系统的食物和水的添加。

3. 生态家园智能控制系统

自动检测家中的氧气和甲醛的含量，如果超过设定的标准，自动打开通气风扇，浓度在标准范围内时，通气扇自动关闭。

4. 智能睡眠检测器

自动检测年记录睡眠的质量，如是否曾翻来覆去、打呼、说梦话、惊醒，体温、心率是否正常等。

5. 智能风筝

有风力发电，气象监控与自动高度调节和保持功能。可以航拍摄像，用马达调整方向。

6. 智能防盗背包

带有自动防盗功能。

7. 智能艺术灯

可以根据外界的光线强度，自动调节发光度。要有一个奇特的外形与灯光融为一体。

二、任务、分组及说明

（1）完成产品的外观和结构设计，并与电子模块紧密结合，用3D打印机做出产品的样品。

（2）完成海报与微电影的产品宣传制作。

（3）2～4人团队，完成创意设计，并且要在生活中找到实用的案例，最好有用户的体验。

三、计划与要求

1. 第1次分小组活动

（1）内容：确定小组成员和选题，提出5个以上的产品概念，选择其中2个方案，绘制方案草图，在课后完成下次课需要汇报的PPT（根据小组讨论的结果，采用图文结合的形式表示，重点说明所选择的方案，10页左右）。

（2）形式：分小组活动。

2. 第1次集中汇报

（1）内容：每个小组5分钟内，按第1组、第2组……的次序。小组成员均要参加，每个成员汇报的内容由小组长确定。

（2）形式：PPT。

3. 成果发布（最后一次课）

（1）次序：第1组、第2组……，各小组成员全部参加，由小组长确定每人介绍的内容。

（2）内容：小组设计报告、操作演示动画。

（3）要求：介绍时间5分钟，提问2分钟，准备好PPT和动画文件。

四、作业要求

1. 小组设计报告一份（PPT文稿）

主要内容如下。

（1）作业名称。

（2）目录。

（3）小组成员介绍：照片、姓名、分工。

（4）进度安排。

（5）需求分析。

（6）概念设计。

（7）方案与详细设计。

（8）最后提案：设计相关的内容。对含界面设计的选题，要表达清楚各界面（包括小组成员设计的界面）之间的关系（用网络图、流程图的形式表示）。

（9）存在的问题分析和改进意见。

（10）参考文献。

2. 展示版面（2~3幅）每小组一份（A4尺寸，300dpi）

3. 可上传作品到优酷（在报告中注明网址）

4. 演示动画（每小组1个）

5. 个人报告（每人一份）

（1）形式：PPT。

（2）内容：本人所作的主要工作。

6. 作业提交形式：光盘

（1）每小组一个文件夹（命名：成员1姓名_成员2姓名_成员3姓名）。

（2）该文件夹的内容包括：

1）小组报告（PPT文件）、版面和Flash播放文件。

2）下级文件夹:\源文件\包括PPT和版面中用到的图片文件、Flash源文件、程序文件等。

7. 上交时间

最后一次课时上交。

面向老年人的手机交互设计（节选）

设计：古丽敏，刘源，魏华蕊，张翰亓

指导：李世国

一、设计背景分析

我国已进入老龄社会，且正处于快速老龄化社会阶段，是世界上老年人口最多的国家之一，约占全球老年人口总量的五分之一（附图 2-1）。

对于 55 ~ 65 岁的老年人群体来说，家庭生活大多以和老伴共同生活为主，与亲人之间的信息交流多以手机为主，为他们设计符合自身要求的智能手机十分必要。

附图 2-1

1. 老年人用户基本特征梳理

	老年人经常出现重听现象、听话不清楚、听错话、反应慢。听力在不知不觉中下降，等到发现的时候听力已经严重受损。这些都是听力衰退的自然表现。 注意点：手机的音量调整
	老年人视觉系统有一定程度的衰退，其眼睛对冷色调颜色如蓝、绿及紫色不易区别，而对暖色调系统如红色、黄色、橘色还比较敏感。 注意点：手机屏幕亮度、字体大小的调整配色再设计
	由于皮肤内的神经老化，老年人对触觉的敏感性逐渐减低，如触及冷、热物或被按受压，对皮肤破损的感觉均缺乏敏锐的反应。 注意点：实体按键模拟技术

2. 老年人手机界面设计特性

（1）色彩设计。

研究表明老人通常辨别不出蓝色，在老年人眼里蓝色看起来是偏向黑色的，即使含有蓝色的颜色

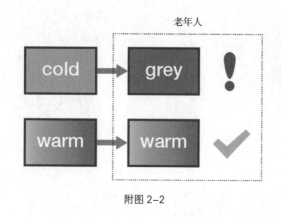

老年人

附图 2-2

在他们眼里看起来也是发生了变化的，老年人也不能很好地区分深浅不同的蓝色。老年人一般都喜欢暖色系的颜色，如黄色、红色、粉色等，所以图标、文字等可以优先考虑使用这些颜色（附图 2-2）。

（2）注意特性。

减少界面的信息量，并把重要的信息放在屏幕的左上方。突出刺激目标，采用鲜明的色彩或者醒目的字体、图标。增大刺激物与背景之间的对比度。

（3）设计特性。

1）减少不必要的信息。需要对菜单树进行优化，把信息量减少到最低。

2）把信息编成组块。"信息组块"即对菜单、选项进行逻辑上的分类、归纳，这样较利于记忆、查找。

3）充分利用形象记忆。在智能手机中应更易于做到形象记忆。声音、振动等形式，也利于用户记忆。

4）充分利用意义理解记忆。"对功能的理解"也就是操作流程，和用户预期中的一致，即符合了用户的"心智模型"。

3. 提取关键词

桌面调研，从色彩、风格以及功能方面总结若干关键词（附图 2-3）。

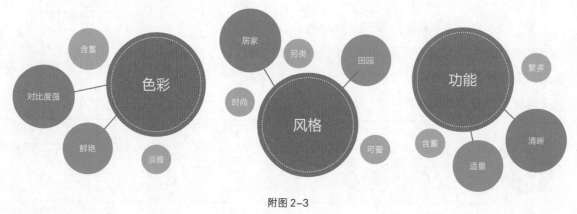

附图 2-3

二、用户调研

调研对象：4 组 8 位老年人。

调研方法：问卷调研抽样。

调研目的：通过对五款手机倾向喜好的实验，获得老年人对手机界面风格、操作功能、特色功能等方面因素的认知。

手机型号：DESAY-M589（大按键）、DESAY-M689（大屏手写，支持血压检测）、DESAY-C699（翻盖）、DESAY-TS908（智能）、NEXUS（智能）。

1. 用户调研内容

（1）智能手机偏好。

被访者对智能手机的态度是"好是好的，但用起来太烦了""我的女婿刚买了一个，屏幕比这个还要大……""我用不来，小孙子用的比我还好……""我不敢（帮儿子接电话）接，省得给你搞坏了"，表现老年人对智能手机的态度是"爱却恐惧"——对新科技产品有认知，认为是好东西，但害怕去尝试，也害怕造成新产品的损坏（附图2-4）。

（2）手机类型。

老年人使用的手机以普通按键手机为主，占样本总数的61.2%。智能手机的比例较小，为3.5%。使用老年人手机的比例为19.7%。

（3）手机价位。

老年人手机价位集中于1000元以下，占到样本总数的80.7%。手机来源方式以儿女送的新手机为主，除话费赠送的手机价位偏低外，自己购买和儿女购买手机价位无显著性差异。

（4）手机不满意的地方。

对于手机最不满意的地方，字小难以阅读最为不满意45.9%，其次为声音和按键大小，再者为电池充放电时间等。其他为垃圾短信等（附图2-5）。

附图2-4

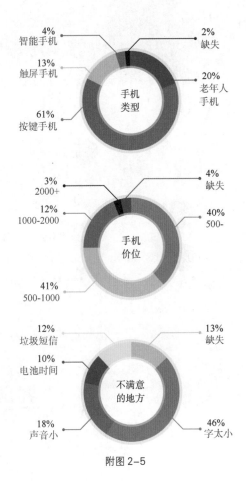

附图2-5

（5）用户分析速查表。

调研中遇到的用户，对智能手机的态度，以及熟练程度差异比较大，因此利用表格整理出来，方便在初期确定我们的产品需求（附图2-6）。

2. 关爱功能需求点调研

为了理解关爱特色功能的需求点，调研得出老年用户认为手机应该满足如附图2-7所示的需求，根据问卷结果排序。

由需求点得出，关于健康、情感关爱、生活辅助三大类16个小项的需求点。根据商业价值和用户价值的相关性进行分析整理（附图2-8）。

	抵触型	被动型	自主型	工具型
智能手机熟悉程度	认为是高科技，没用过。	有一定的了解，不太会用。	接受能力强，常用的功能使用比较熟练。	很了解，自己研究怎么使用。
遇到问题的情况	不会用。	误操作，字体小。操作繁琐，不习惯。	触屏过于灵敏，容易误操作。	基本没有什么问题。
对老人手机的看法	电池待机时间要长。	字体大，图标大但要保证美观。操作不要太复杂。	方便操作，功能不用太多，简单易用。	没有使用过老人手机。
预制功能常用程度	基本不用。	生活辅助类工具才用。	喜欢用音乐，收音机等娱乐类功能。	接受能力强，常用的功能使用比较熟练。
使用行为	出门时候才拿、经常忘记。	比较常忘了给手机充电，会随身带。	随身带，生活里用到的比较多。	社交活动多，比较懂得用，随身带。

附图 2-6

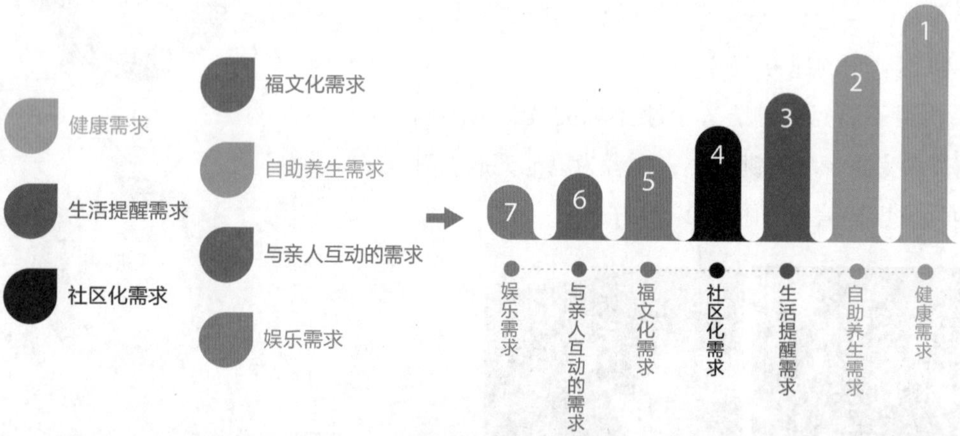

附图 2-7

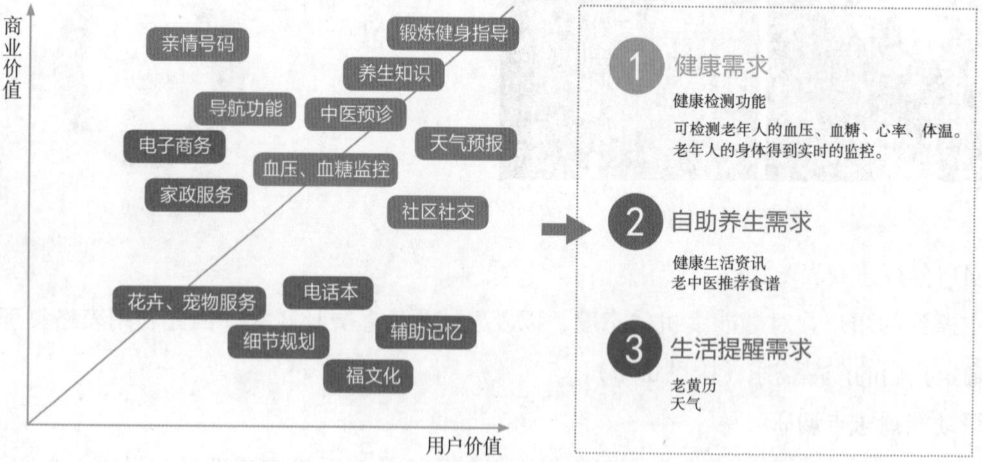

附图 2-8

三、TS-XXX 场景式交互界面

1. 设计草图

打破常规程序图标排列，让功能触发图标融入到家居环境中，消除老年人使用手机的紧张感，减少认知障碍。各项子功能的视觉表现，也与生活环境紧密结合，例如短信功能，表现为放在抽屉中的信封。同时，手机也为老年人提供健康检测、健康生活咨询、老中医推荐食谱等关爱功能，提高老年人生活品质（附图2-9）。

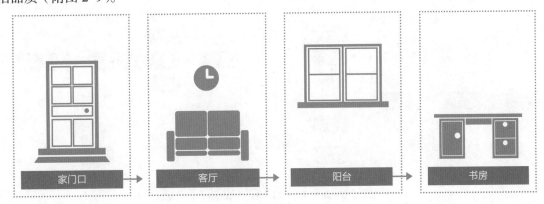

附图2-9

2. 低保真原型迭代设计

对家门、客厅、阳台、书房等家居场景转换，以及功能图标的位置进行低保真原型的探讨，见附图中场景式桌面的迭代详细设计（附图2-10），并在一稿的基础上细化丰富场景的视角和图标（附图2-11）。

● **待机界面**
● 新增待机界面，模拟一个普通住宅的门口，视觉上方的挂牌可提示未读短信和未接来电。

● **门厅**
● 进门是门厅，把主要的基础功能放在第一页，利用墙和柜子把他们整合在一起，同时注意疏密。

● **阳台**
● 经过较封闭的门厅来到阳台，窗外可以看到天气，相对应放一些较为休闲轻松的娱乐功能。

● **书房**
● 进而走到书房，这一部分主要放置德赛特色关爱功能。

附图 2-10　场景式桌面迭代设计之一

● **待机界面**
● 扩大场景视角，添加了可以表示四季变换的植物盆栽，细化屋后的远景，地毯可显示日期。

● **门厅**
● 模拟家居生活场景，桌面上通话记录、拨号、通讯录和亲情号功能，后景中的电视可播放视频。

● **阳台**
● 点击爱心沙发即可进入关爱功能，玻璃窗外的景色会随着真实天气而变化。

● **书房**
● 健康管理空间，点击药箱进入健康监测管理，书架提供养生阅读知识，点击电脑可播放视频。

附图 2-11　场景式桌面迭代设计之二

3. 交互流程

以下节选了通讯录及亲情号码的流程图（附图 2-12 和附图 2-13）。

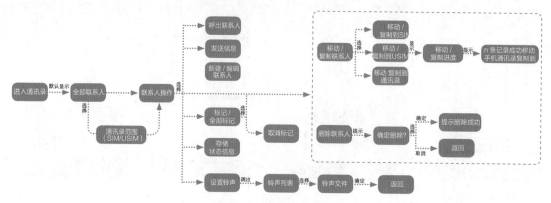

附图 2-12　通讯录流程图

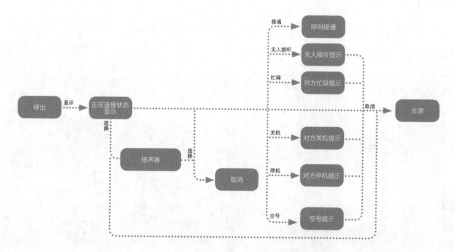

附图 2-13　亲情号码流程图

4. 高保真原型设计

（1）场景式桌面。

长幅连续展开的家居场景界面（附图 2-14）。手机原生功能分布在场景式桌面上（附图 2-15）。锁屏界面的场景元素保持一致性原则，会根据时节、天气、日期变化（附图 2-16）。

附图 2-14

附图 2-15

附图 2-16

（2）原生功能界面。

以下节选了原生功能的关键界面（附图 2-17）。

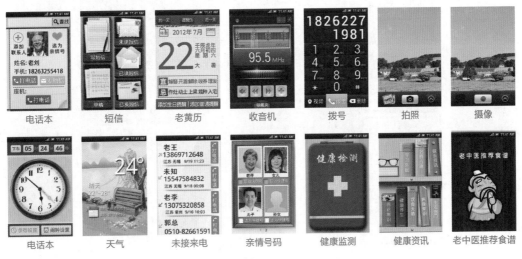

附图 2-17

四、TS-XXX CARE 交互界面

1. 设计草图

TS-XXX 预装场景式界面外供用户选择另一种简约的模式：CARE UI。

（1）概念模型。

智能手机普遍采用水平方向的滚动方式，如附图 2-18 所示。这种根据人的视线移动的方式，适合于功能应用多需要分屏放置的场景，而对于老年人来说，单一方向的视线滚动，开始和结束的地方明确，能够满足用户预期，避免迷失方向。因此，单手大拇指操作时，根据手部活动的关节，上下滑动的动作最为自然。

（2）桌面功能排列。

把手机所有的基础功能列出来，根据调研结果进行需求优先级排序，按照功能类型分组分块（附图 2-19）。

附图 2-18   附图 2-19

2. 低保真原型迭代设计

根据基础通讯、常用功能及自定义等功能类型分组分块并简化排列（附图 2-20）。

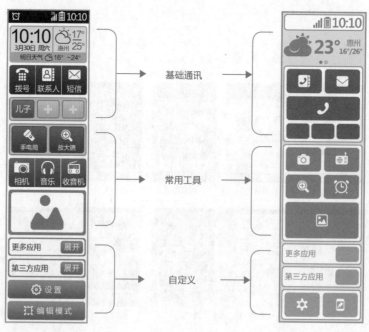

附图 2-20

3. 高保真原型设计

（1）模仿真实按键触感。

在视觉上，按钮模拟显示按钮突出效果，视角是平视视角，点击会有强烈的真实感反馈。手接触屏幕时不会激活应用，先接触后点击，时间比平常使用的长按手势要短。点击按钮后会有震动反馈，震感在可感知和警告震感之间，模拟真实按键的触感，减少老年人误操作的可能（附图2-21）。

（2）自定义编辑。

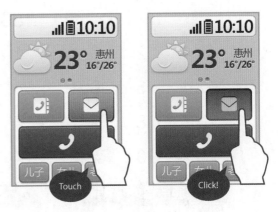

附图2-21

为用户设计了页面布局的默认值后，不免会有个体差异，例如喜欢桌面更简洁的，或者预设的功能也不常用的用户，要为他们提供另一个选择，即自定义编辑模式（附图2-22）。

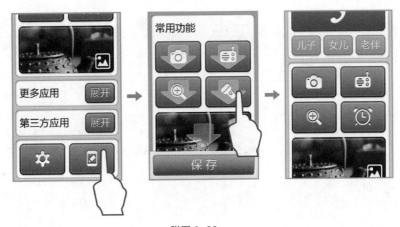

附图2-22

（3）原生功能界面设计。

1）短信放大功能：点击任意一条短信，放大该短信内容，为用户提供更舒适的阅读感受。标签导航分为全部及仅看联系人，让用户过滤掉垃圾短信，只看联系人短信（附图2-23）。

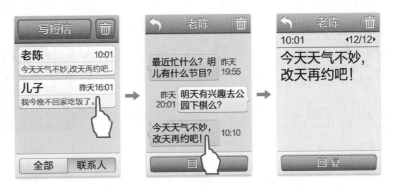

附图2-23

2）拨号全屏大键盘：全屏白底的大键盘，视觉上舒适自然，按钮大小达80px高，无干扰操作体验（附图2-24）。

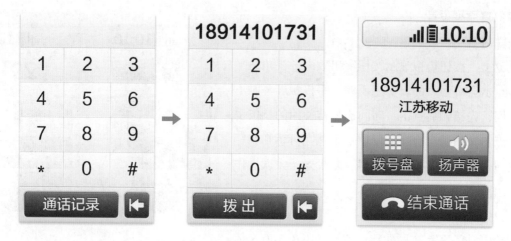

附图 2-24

3）天气：标签式导航，转到其他城市栏，查看其他城市当地的天气（附图 2-25）。

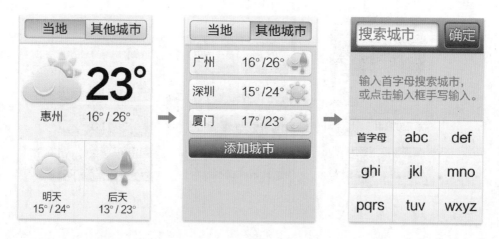

附图 2-25

4）收音机：颇受老年人欢迎的收音机功能，功能按钮清晰突出（附图 2-26）。

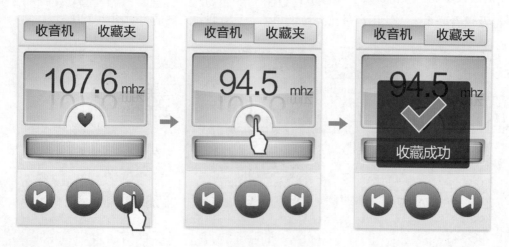

附图 2-26

5）手电筒：初始界面默认为第一种亮度，连续按开关键可切换亮度（附图 2-27）。